Springer-Lehrbuch

Michel Chipot

Mathematische Grundlagen der Naturwissenschaften

 Springer Spektrum

Michel Chipot
Institut für Mathematik
Universität Zürich
Zürich, Schweiz

ISSN 0937-7433
ISBN 978-3-662-47087-9   ISBN 978-3-662-47088-6 (eBook)
DOI 10.1007/978-3-662-47088-6

Die Deutsche Nationalbibliothek verzeichnet diese Publikation in der Deutschen Nationalbibliografie; detaillierte bibliografische Daten sind im Internet über http://dnb.d-nb.de abrufbar.

Springer Spektrum
© Springer-Verlag Berlin Heidelberg 2016

Planung: Clemens Heine

Gedruckt auf säurefreiem und chlorfrei gebleichtem Papier.

Springer-Verlag GmbH Berlin Heidelberg ist Teil der Fachverlagsgruppe Springer Science+Business Media
(www.springer.com)

Geleitwort

Mathematik ist für viele naturwissenschaftliche Disziplinen ein sehr nützliches Werkzeug. Es ist jedoch schwierig, ein Werkzeug zu verwenden, ohne zu wissen wie es funktioniert. In vielen Büchern, die sich an ein großes Publikum richten, werden häufig Beweise ausgelassen. Meiner Meinung nach ist ein guter Beweis immer sehr einfach und kann von vielen Studierenden verstanden werden. Deshalb folge ich hier diesem Prinzip in den meisten Fällen. Eine andere Tendenz im mathematischen Unterricht – welche in einem gewissen Sinne auf dem Glauben beruht, dass die Studierenden schwach in Mathematik oder nicht erwachsen genug seien – ist, das fundamentale Konzept in einer Liste trivialer Beispiele zu ertränken. Im tatsächlichen Leben würde das dazu führen, dass die Studierenden mit einem Stein einen Nagel einschlagen oder mit einem Messer eine Schraube anziehen, weil ihnen niemand beigebracht hat, dass es bereits Hammer und Akkuschraubenzieher gibt. Um dieses Ziel der bestmöglichen Vollständigkeit zu erreichen, berücksichtige ich, dass der Leser nur knapp mit dem Stoff aus dem Gymnasium vertraut ist. Deshalb beginne ich mit relativ kurzen Kapiteln und ergänze diese mit erläuternden Beispielen. Die Lösungen der Übungen sind ausführlich und detailliert. Die Idee dahinter ist einerseits, den Leser nicht zu entmutigen, und andererseits, ihn zu überzeugen, dass genügend Übung unerlässlich ist, um sich Wissen anzueignen und Inhalte zu verstehen. Es gibt noch einen weiteren Gedanken: Mathematik ist sowohl ein Werkzeug als auch eine spezielle Art des Denkens, welche akribisch ist und nicht belegte Behauptungen vermeidet. Dies ist eine fundamentale Haltung in jeder wissenschaftlichen Disziplin und ein weiteres Ziel, welches wir verfolgen. Nach dieser ausführlichen Einführung am Anfang des Buches werden in späteren Kapiteln mehr Anstrengungen vom Leser verlangt: Neue Stoffe werden viel kompakter in ein Kapitel eingebaut, und die Lösungen der Übungen sind vergleichsweise knapp. Wir hoffen, dass unser Leser inzwischen ein selbstständiger Studierender geworden ist. Da sich dieses Buch nicht an eine spezifische Zielgruppe – wie Physiker, Chemiker, Finanzwissenschaftler oder ähnliche – richtet, hoffe ich, dass jeder davon profitieren kann.

Ich möchte an dieser Stelle allen meinen Assistierenden danken, die mich beständig unterstützt haben. Mein ganz besonderer Dank geht an Christian Stinner, der zahlreiche

Übungen und Ideen für dieses Buch beigetragen hat. Wei Xue und Julian Fischer danke ich für das Korrekturlesen. Ein herzliches Dankeschön geht an Gerda Schacher, die das Buch in LaTeX erfasst hat. Ebenfalls möchte ich mich bei Agnes Herrmann und Clemens Heine von Springer für die gute Zusammenarbeit bedanken.

Zürich, im April 2015   M. Chipot

Inhaltsverzeichnis

Elementare Begriffe

In diesem Kapitel werden Mengen, reelle Zahlen und Funktionen eingeführt, die als Grundlage für die späteren Themen gebraucht werden.

1.1 Mengen

Definition 1.1 Eine Menge ist die Zusammenfassung von gewissen Objekten, *Elemente* genannt, zu einer Einheit.

Es gibt verschiedene Möglichkeiten, Mengen zu beschreiben:

a) aufzählende Form:

$$M = \{a_1, a_2, \ldots, a_n\} \qquad \text{(endliche Menge)}$$
$$M = \{a_1, a_2, a_3, \ldots\} \qquad \text{(unendliche Menge)}$$

b) durch Eigenschaften:

$$M = \{x \mid x \text{ besitzt verschiedene Eigenschaften}\} \qquad \text{„|“ bedeutet „sodass“.}$$

Beispiele

$$M = \{1, 2\},$$
$$M = \mathbb{N} = \{0, 1, 2, 3, \ldots\} \text{ die natürlichen Zahlen,}$$
$$M = \mathbb{Z} = \{\ldots -2, -1, 0, 1, 2 \ldots\} \text{ die ganzen Zahlen,}$$
$$M = \{x \mid x \text{ ist eine natürliche Zahl mit } 1 < x \le 5\}$$
$$= \{2, 3, 4, 5\},$$

© Springer-Verlag Berlin Heidelberg 2016
M. Chipot, *Mathematische Grundlagen der Naturwissenschaften*, Springer-Lehrbuch,
DOI 10.1007/978-3-662-47088-6_1

$$M = \{x \mid x \text{ ist eine natürliche Zahl mit } x^2 + 4 = 0\}$$
$$= \emptyset \quad \text{die } \textit{leere Menge.}$$

Falls a ein Element von M ist, schreibt man $a \in M$ (a gehört zu M). Falls a kein Element von M ist, schreibt man $a \notin M$ (a gehört nicht zu M).

Beispiele

$$-1 \in \{x \in \mathbb{Z} \mid x^2 = 1\} = \{-1, 1\},$$
$$2 \notin \{x \in \mathbb{Z} \mid x^2 = 1\}.$$

Abkürzungen Die folgenden Abkürzungen werden verwendet, um Aussagen prägnanter und kürzer aufzuschreiben:

$$\forall : \text{für alle,}$$
$$\exists : \text{es existiert,}$$
$$\exists! : \text{es existiert genau ein.}$$

Beispiele

$$\forall x \in \{-1, 1\} \quad \text{gilt} \quad x^2 = 1,$$
$$\exists x \in \mathbb{N} \qquad \text{mit} \quad x^2 = 1 \qquad \text{(nämlich } x = 1\text{),}$$
$$\exists! x \in \mathbb{N} \qquad \text{mit} \quad x^2 = 1 \qquad \text{(es existiert ein einziges Element } x \in \mathbb{N}, \text{ sodass}$$
$$x^2 = 1\text{).}$$

Definition 1.2 A ist eine Teilmenge von B, wenn jedes Element von A zur Menge B gehört. Die symbolische Schreibweise lautet $A \subset B$ (A ist in B enthalten):

$$A \subset B \quad \Leftrightarrow \quad (a \in A \quad \Rightarrow \quad a \in B)$$

($\Leftrightarrow$ bedeutet „genau dann, wenn", $\Rightarrow$ bedeutet „impliziert").

Man kann die Menge mit einem Diagramm darstellen (siehe Abb. 1.1):

Beispiele $A = \{1, 2\}, \quad B = \{1, 2, 3\}, \quad C = \{3, 4\}$

$$A \subset B,$$
$$C \not\subset B, \quad \text{da} \quad 4 \notin B \quad (C \text{ ist nicht in } B \text{ enthalten).}$$

Abb. 1.1 Euler-Venn-
Diagramm

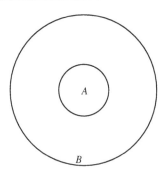

Definition 1.3 Zwei Mengen A, B heißen gleich, wenn jedes Element von A ein Element von B ist und umgekehrt:

$$A = B \quad \Leftrightarrow \quad A \subset B \text{ und } B \subset A \quad (A \text{ gleich } B).$$

Beispiele

$$\{-1, 1\} = \{x \in \mathbb{Z} \mid |x| = 1\}$$

(siehe Paragraf 1.3 für die Definition von $|\cdot|$)

$$\{1, 2, 3\} = \{3, 2, 1\}.$$

1.2 Mengenoperationen

In diesem Abschnitt beschreiben wir kurz, wie man mit Mengen rechnen kann. Wir führen Schnittmenge, Vereinigungsmenge und Differenzmenge ein.

Definition 1.4 Die Schnittmenge $A \cap B$ zweier Mengen A und B ist die Menge aller Elemente, die sowohl zu A als auch zu B gehören:

$$A \cap B = \{x \mid x \in A \text{ und } x \in B\} \text{ (gelesen: } A \text{ geschnitten mit } B),$$

$A \cap B$ ist der Durchschnitt der Mengen A, B (siehe Abb. 1.2).

Beispiele $A = \{x \in \mathbb{N} \mid x > 4\}, \quad B = \{x \in \mathbb{N} \mid x \leq 6\},$

$$A \cap B = \{x \in \mathbb{N} \mid 4 < x \leq 6\} = \{5, 6\}.$$

Definition 1.5 Die $A \cup B$ zweier Mengen A und B ist die Menge der Elemente, die zu A oder zu B oder zu beiden Mengen gehören:

$$A \cup B = \{x \mid x \in A \text{ oder } x \in B\} \text{ (gelesen: } A \text{ vereinigt zu } B).$$

Abb. 1.2 Durchschnitt der
Mengen A, B

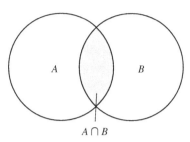

Abb. 1.3 Differenzmenge
$A \setminus B$

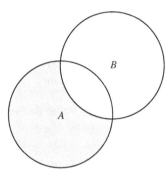

Beispiele

$$A = \{1\}, \quad B = \{0, 2, 3\}, \qquad A \cup B = \{0, 1, 2, 3\},$$
$$A = \{1\}, \quad B = \{1, 2\}, \qquad A \cup B = \{1, 2\},$$
$$A = \{x \in \mathbb{Z} \mid |x| \geq 4\},$$
$$B = \{x \in \mathbb{Z} \mid |x| < 6\}, \qquad A \cup B = \mathbb{Z}.$$

Definition 1.6 Die Differenzmenge $A \setminus B$ zweier Mengen A und B ist die Menge aller
Elemente von A, die nicht zu B gehören (siehe Abb. 1.3). ($A \setminus B$ wird A ohne B gelesen.)

Beispiele

$$A = \{-1, 1, 2\}, \quad B = \{-1, 2\}, \quad A \setminus B = \{1\},$$
$$A = \{x \in \mathbb{Z} \mid x \geq 4\},$$
$$B = \{x \in \mathbb{Z} \mid |x| < 7\} \quad A \setminus B = \{x \in \mathbb{Z} \mid x \geq 7\},$$
$$\mathbb{N} = \{0, 1, 2, 3 \ldots\}, \quad \mathbb{N}^* = \{1, 2, 3, \ldots\}, \quad \mathbb{N}^* = \mathbb{N} \setminus \{0\}.$$

1.3 Die Menge der reellen Zahlen

In diesem Abschnitt führen wir die Zahlen ein, mit denen wir rechnen. Dies sind die reellen Zahlen.

Definition 1.7 Eine reelle Zahl ist ein *Dezimalbruch*

$$\pm a_1 a_2 a_3 \ldots a_p, b_1 b_2 \ldots \quad \text{mit } a_i, b_i \in \{0, \ldots, 9\}.$$

Beispiele

$$0{,}1 = \frac{1}{10},$$
$$0{,}12 = \frac{1}{10} + \frac{2}{100} = \frac{1}{10} + \frac{2}{10^2},$$
$$10{,}12 = 1 \cdot 10 + 1 \cdot 10^0 + 1 \cdot 10^{-1} + 2 \cdot 10^{-2},$$
$$a_1 a_2 a_3, b_1 b_2 b_3 b_4 = a_1 \cdot 10^2 + a_2 \cdot 10 + a_3 + b_1 \cdot 10^{-1} + b_2 \cdot 10^{-2} + b_3 \cdot 10^{-3}$$
$$+ b_4 \cdot 10^{-4}$$

... und so weiter.

Es kann sein, dass die Entwicklung unendlich ist:

$$\pi = 3{,}14116\ldots,$$
$$\frac{1}{3} = 0{,}333\ldots$$

Bezeichnung: Die Menge der reellen Zahlen ist mit $\mathbb{R}$ bezeichnet.

Beispiele $\mathbb{N} \subset \mathbb{R}, \mathbb{Z} \subset \mathbb{R},$

$$\mathbb{Q} = \{p/q \mid p, q \in \mathbb{Z}, q \neq 0\} \text{ ist die Menge der rationalen Zahlen,}$$
$$\mathbb{Q} \subset \mathbb{R},$$
$$\frac{1}{2} = 0{,}5,$$
$$\frac{1}{3} = 0{,}33333\ldots,$$

Man kann $\mathbb{R}$ als die Punkte einer Geraden darstellen. Rechts von null sind die positiven Zahlen, links die negativen Zahlen (siehe Abb. 1.4)

Abb. 1.4 Zahlengerade

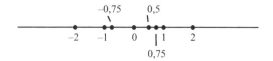

Auf $\mathbb{R}$ sind vier Operationen definiert:

+ eine Addition,
− eine Subtraktion (Umkehrung der Addition),
· eine Multiplikation,
: eine Division (Umkehrung der Multiplikation).

Wir nehmen das Beispiel der Addition: $1{,}14 + 1{,}17 = 2{,}31$.

$$1{,}14 + 1{,}17 = (1 \cdot 10^0 + 1 \cdot 10^{-1} + 4 \cdot 10^{-2}) + (1 \cdot 10^0 + 1 \cdot 10^{-1} + 7 \cdot 10^{-2})$$
$$= (1 \cdot 10^0 + 1 \cdot 10^0) + (1 \cdot 10^{-1} + 1 \cdot 10^{-1}) + (4 \cdot 10^{-2} + 7 \cdot 10^{-2}).$$

Wir bemerken, dass:

$$4 \cdot 10^{-2} + 7 \cdot 10^{-2} = 11 \cdot 10^{-2} = 10 \cdot 10^{-2} + 1 \cdot 10^{-2} = 1 \cdot 10^{-1} + 1 \cdot 10^{-2}$$
$$\Rightarrow \quad 1{,}14 + 1{,}17 = 2 \cdot 10^0 + 2 \cdot 10^{-1} + 1 \cdot 10^{-1} + 1 \cdot 10^{-2}$$
$$= 2 \cdot 10^0 + 3 \cdot 10^{-1} + 1 \cdot 10^{-2} = 2{,}31.$$

Deshalb kann man eine Addition für reelle Zahlen mit endlicher Entwicklung definieren. Bei Zahlen mit einer unendlichen Entwicklung geht das nicht – aber es gilt

$$a_1 a_2 \ldots a_p, b_1 b_2 \ldots b_q b_{q+1} \ldots = a_1 a_2 \ldots a_p, b_1 \ldots b_q + 0{,}0 \ldots 0 b_{q+1} b_{q+2} \ldots,$$

und die Zahl

$$0{,}0 \ldots 0 b_{q+1} b_{q+2} \ldots \leq \frac{1}{10^q}$$

wird sehr klein für große q. Man kann dann

$$a_1 a_2 \ldots a_p, b_1 b_2 \ldots b_q \ldots \text{ mit } a_1 a_2 \ldots a_p, b_1 b_2 \ldots b_q$$

näherungsweise identifizieren. So geht beispielsweise ein Computer vor.

Eigenschaften dieser Operationen

- $a + b, a - b, a \cdot b, a : b \in \mathbb{R} \quad \forall a, b \in \mathbb{R} \quad (b \neq 0 \text{ für die Division}),$

- Addition und Multiplikation sind *kommutative* Operationen:

$$a + b = b + a \qquad\qquad \forall\, a, b \in \mathbb{R},$$
$$a \cdot b = b \cdot a \qquad\qquad \forall\, a, b \in \mathbb{R}.$$

- Addition und Multiplikation sind *assoziative* Operationen:

$$a + (b + c) = (a + b) + c \qquad\qquad \forall\, a, b, c \in \mathbb{R},$$
$$a \cdot (b \cdot c) = (a \cdot b) \cdot c \qquad\qquad \forall\, a, b, c \in \mathbb{R}.$$

- $0, 1$ sind *neutrale Elemente* von Additionen und Multiplikationen:

$$0 + a = a \quad \forall\, a \in \mathbb{R}, \qquad 1 \cdot a = a \quad \forall\, a \in \mathbb{R}.$$

- Existenz von inversen Elementen:

$$a + (-a) = 0 \quad \forall\, a \in \mathbb{R},$$
$$a \cdot \frac{1}{a} = 1 \quad \forall\, a \neq 0, \quad a \in \mathbb{R},$$
$$-a, \frac{1}{a} \quad \text{sind die } \textit{inversen Elemente} \text{ von } a.$$

- Distributivität: $a \cdot (b + c) = a \cdot b + a \cdot c$.

Eine Menge mit zwei Operationen, bezeichnet mit $+, \cdot$, die diese Eigenschaften erfüllen, ist ein *Körper*. Wir werden $a \cdot b$ als ab schreiben.

Beispiel Weshalb gilt $\frac{1}{3} = 0{,}333\ldots$?

$$0{,}333\ldots = \frac{3}{10} + \frac{3}{10^2} + \frac{3}{10^3} + \cdots,$$
$$= \frac{3}{10}\left(1 + \frac{1}{10} + \frac{1}{10^2} + \cdots\right).$$

Für $a < 1$ gilt

$$(1 - a)(1 + a + \cdots + \cdots) = 1 - a + a - a^2 + a^2 \cdots = 1,$$
$$1 + a + a^2 + \cdots = \frac{1}{1 - a}$$

und dann

$$0{,}33\ldots = \frac{3}{10}\left(\frac{1}{1 - \frac{1}{10}}\right) = \frac{3}{10} \cdot \frac{10}{9} = \frac{1}{3}.$$

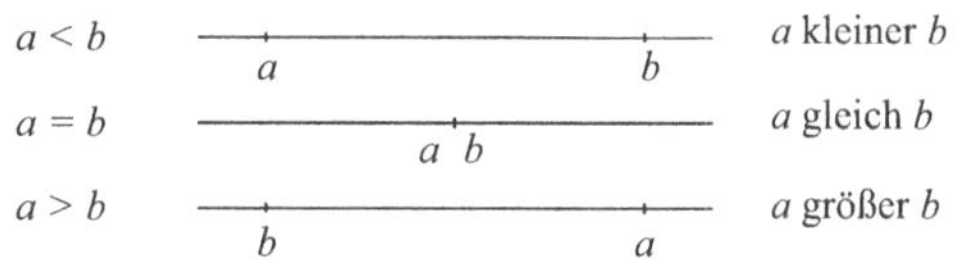

Abb. 1.5 Anordnung der Zahlengeraden

$$a < b \qquad \overline{\underset{a}{|}\underset{b}{|}} \qquad a \text{ kleiner } b$$

$$a = b \qquad \overline{\underset{a\ b}{|}} \qquad a \text{ gleich } b$$

$$a > b \qquad \overline{\underset{b}{|}\underset{a}{|}} \qquad a \text{ größer } b$$

Anordnung

Seien $a, b \in \mathbb{R}$. Dann stehen diese Zahlen in einer der folgenden Relationen:

$$a \leq b, \quad \Leftrightarrow \quad a \text{ kleiner oder gleich } b \quad \Leftrightarrow \quad a < b \text{ oder } a = b,$$
$$a \geq b, \quad \Leftrightarrow \quad a \text{ größer oder gleich } b \quad \Leftrightarrow \quad a > b \text{ oder } a = b.$$

Auf der Zahlengeraden (siehe Abb. 1.5).

Rechenregeln der Anordnung

$$\forall\, a, b, c \in \mathbb{R} \qquad a < b \qquad\qquad \Rightarrow \qquad a + c < b + c,$$
$$\forall\, a, b, c \in \mathbb{R} \qquad c > 0, a < b \qquad \Rightarrow \qquad ac < bc.$$

Achtung! $\quad 1 < 2 \quad \not\Rightarrow \quad (-1)1 < (-1)2 \text{ d.\,h. } -1 < -2.$

Absolutbetrag einer Zahl

$$|a| = \begin{cases} a & \text{falls } a > 0, \\ -a & \text{falls } a \leq 0. \end{cases}$$

Beispiel $\ |-1| = -(-1) = 1$

Satz 1.1

$$|a + b| \leq |a| + |b| \quad \forall\, a, b \in \mathbb{R},$$
$$|a \cdot b| = |a| \cdot |b| \qquad \forall\, a.b \in \mathbb{R}.$$

Beweis Es gilt $a \leq |a| \ \forall\, a \in \mathbb{R}$. Dann folgt

$$\left.\begin{array}{l} a + b \leq |a| + |b| \\ -(a+b) = -a + -b \leq |-a| + |-b| = |a| + |b| \end{array}\right\} \quad \Rightarrow \quad |a+b| \leq |a| + |b|.$$

$\square$

Teilmengen von $\mathbb{R}$

Hier werden einige wichtige Teilmengen der reellen Zahlen erläutert:

- $\mathbb{N} \subset \mathbb{Z} \subset \mathbb{Q} \subset \mathbb{R}$.
- *Intervalle*
  - *endliche Intervalle* $(a < b)$

$$[a,b] = \{x \mid a \le x \le b\} \quad \text{abgeschlossenes Intervall,}$$
$$[a,b) = \{x \mid a \le x < b\} \quad \text{halbabgeschlossenes Intervall,}$$
$$(a,b] = \{x \mid a < x \le b\} \quad \text{halbabgeschlossenes Intervall,}$$
$$(a,b) = \{x \mid a < x < b\} \quad \text{offenes Intervall.}$$

  - *unendliche Intervalle*

$$[a,+\infty) = \{x \mid a \le x\},$$
$$(a,+\infty) = \{x \mid a < x\},$$
$$(-\infty,b) = \{x \mid x < b\},$$
$$(-\infty,b] = \{x \mid x \le b\},$$
$$(-\infty,0) = \mathbb{R}^-,$$
$$(0,+\infty) = \mathbb{R}^+,$$
$$(-\infty,+\infty) = \mathbb{R}.$$

Abb. 1.6 Zahlenebene

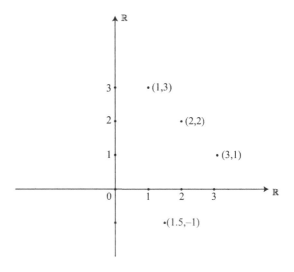

Zahlenebene

Die Zahlenebene ist definiert durch:

$$\mathbb{R} \times \mathbb{R} = \text{kartesisches Produkt von } \mathbb{R} \text{ mit } \mathbb{R}$$
$$= \{(a,b) \mid a,b \in \mathbb{R}\}$$
$$= \text{Menge der Paare von Elementen von } \mathbb{R}.$$

Darstellung

In Abb. 1.6 werden die Elemente der Zahlenebene grafisch dargestellt (siehe Abb. 1.6). $(1,3) \neq (3,1)$, $(a,b) \neq (b,a)$.

1.4 Funktionen

In diesem Abschnitt behandeln wir Funktionen. Dies sind Abbildungen, die sehr wichtig für die späteren Kapitel sind.

Einführung

Definition 1.8 A, B seien Mengen. Eine Funktion f ist eine Zuordnung, die jedem $a \in A$ ein eindeutiges Element $b \in B$ zuordnet, das dann mit $f(a)$ bezeichnet wird.

$$\text{Schreibweise:} \qquad f : \begin{array}{l} A \to B \\ a \mapsto f(a). \end{array}$$

Beispiele

1. $A = \{a_1, a_2, a_3\}, \quad B = \{b_1, b_2, b_3, b_4\}.$
    $f(a_1) = b_1, \quad f(a_2) = b_1, \quad f(a_3) = b_2,$ (siehe Abb. 1.7).
2. $A = \mathbb{R}, \quad B = [0, +\infty) \quad f(a) = a^2.$

Abb. 1.7 Abstrakte Abbildung oder Funktion

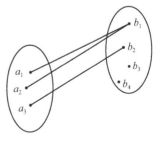

3. $A = \mathbb{R} \setminus \{0\}, \quad B = \mathbb{R} \quad f(x) = \frac{1}{x}$.

 $A = \text{Def}(f)$ heißt *Definitionsbereich* von f.

 $\text{Im } f = \text{Bild}(f) = \{f(a) \mid a \in A\}$ ist das *Bild* von f.

Für die obigen Beispiele:

1. $\text{Def}(f) = \{a_1, a_2, a_3\}, \quad \text{Im}(f) = \{b_1, b_2\}$.
2. $\text{Def}(f) = \mathbb{R}, \quad \text{Im}(f) = [0, +\infty)$.
3. $\text{Def}(f) = \mathbb{R} \setminus \{0\}, \quad \text{Im}(f) = \mathbb{R} \setminus \{0\}$.

Definition 1.9 Sei $f : A \to B$ eine Funktion.

- f heißt *injektiv*, falls gilt $\forall\, a, a' \in A, a \neq a' \Rightarrow f(a) \neq f(a')$,
- f heißt *surjektiv*, falls gilt $\text{Im}(f) = B$,
- f heißt *bijektiv*, falls f surjektiv und injektiv ist.

Für die obigen Beispiele gilt:

1. f ist nicht injektiv $(f(a_1) = f(a_2))$,
   f ist nicht surjektiv $\text{Im}(f) \neq B$.
2. f ist nicht injektiv $f(-a) = f(a)$,
   f ist surjektiv $\forall\, b \in [0, +\infty)\, \exists\, a = \sqrt{b} \in \mathbb{R}$ mit $f(a) = b$.

Bemerkung

$$f \text{ surjektiv } \Leftrightarrow \forall\, b \in B\, \exists\, a \in A \text{ mit } f(a) = b.$$
$$f \text{ bijektiv } \Leftrightarrow \forall\, b \in B\, \exists!\, a \in A \text{ mit } f(a) = b.$$

Reellwertige Funktionen einer Variablen

Eine wichtige Klasse von Funktionen sind reellwertige Funktionen. Mit ihnen können wir gut rechnen.

Definition 1.10 Sei I ein Intervall. Eine Funktion

$$f : I \to \mathbb{R}$$

heißt reellwertige Funktion einer Variablen.

Bemerkung Der Definitionsbereich ist nicht immer spezifiziert. Falls f durch eine Formel definiert ist, dann ist meistens der Definitionsbereich die Menge, für welche diese Formel sinnvoll ist.

Beispiele
- $f(x) = x^2 + 1 \quad D(f) = \mathbb{R}$,
  allgemeiner: $f(x) = a_0 + a_1 x + \ldots + a_n x^n, \quad a_i \in \mathbb{R} \quad D(f) = \mathbb{R}$,
  f ist ein *Polynom* vom *Grad n* (wenn $a_n \neq 0$).
- $f(x) = (x^4 + x^2 - 2)/(x^3 + 8) \quad D(f) = \mathbb{R} \setminus \{-2\}$,
  allgemeiner: $f(x) = P(x)/Q(x)$, wobei P, Q Polynome sind.
  f heißt *rationale Funktion*, $D(f) = \mathbb{R} \setminus \{x \mid Q(x) = 0\}$
- $f(x) = \sin x, \cos x, \tan x$.

Graph einer Funktion

Mit dem Graphen kann man eine Funktion veranschaulichen.

Definition 1.11 Sei $f : I \to \mathbb{R}$ eine Funktion. Dann ist der Graph von f definiert als

$$\text{Graph}(f) = \{(x, f(x)) \mid x \in I\} \subset \mathbb{R} \times \mathbb{R}.$$

Beispiele
- $f(x) = x^2 - 1$ (siehe Abb. 1.8).
- $f(x) = \frac{1}{x^2-1}$ (siehe Abb. 1.9).
- Allgemeiner (siehe Abb. 1.10).

Abb. 1.8 Parabel

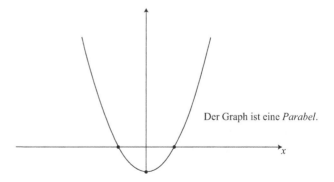

Der Graph ist eine *Parabel*.

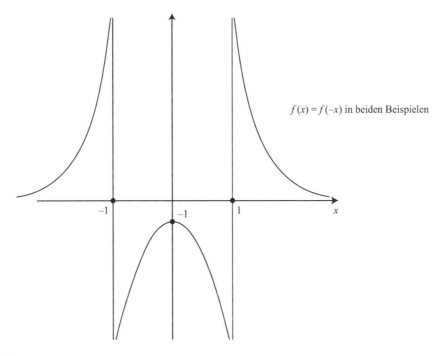

$f(x) = f(-x)$ in beiden Beispielen

Abb. 1.9 Gerade Funktion

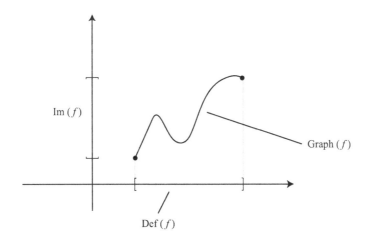

Abb. 1.10 Allgemeine Funktion

Operationen mit Funktionen

Die folgenden Operationen ermöglichen es, mit Funktionen zu rechnen:

(a) *Rationale Operationen mit Funktionen*
Seien $f, g : D \subset \mathbb{R} \to \mathbb{R}, \lambda \in \mathbb{R}$. Die Funktionen $f \pm g, \lambda f, f \cdot g, f/g$ sind definiert durch:

$$f \pm g : \begin{matrix} D \to \mathbb{R} \\ x \mapsto (f \pm g)(x) = f(x) \pm g(x), \end{matrix}$$

$$\lambda f : \begin{matrix} D \to \mathbb{R} \\ x \mapsto (\lambda f)(x) = \lambda f(x), \end{matrix}$$

$$f \cdot g : \begin{matrix} D \to \mathbb{R} \\ x \mapsto (f \cdot g)(x) = f(x) \cdot g(x), \end{matrix}$$

$$f/g : \begin{matrix} D' \to \mathbb{R} \\ x \mapsto (f/g)(x) = f(x)/g(x) \end{matrix} \qquad D' = \{x \mid g(x) \neq 0\}.$$

(b) *Komposition von Funktionen*

Definition 1.12 Seien $f : A \to \mathrm{Im}(f) \subset B, g : B \to C$ zwei Funktionen. Die Komposition von f mit g ist eine Funktion von A nach C definiert durch

$$(g \circ f)(x) = g(f(x)) \quad \forall x \in A.$$

(siehe Abb. 1.11).

Beispiel $f(x) = x^2, g(x) = x - 1, (g \circ f)(x) = x^2 - 1.$

(c) *Umkehrfunktion*
Sei $f : A \to B$ bijektiv (siehe Abb. 1.12). Dann gilt $\forall b \in B \exists! a \in A$ mit $f(a) = b$. Man schreibt $a = f^{-1}(b)$.

Abb. 1.11 Abstrakte Komposition

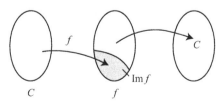

Abb. 1.12 Abstrakte Bijektion

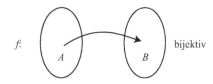

f^{-1} heißt *Umkehrfunktion* von f, und es gilt

$$f \circ f^{-1} = I_B \qquad f^{-1} \circ f = I_A,$$

wobei für eine Menge C, I_C die Identitätsfunktion ist, definiert mit

$$I_C : \begin{array}{c} C \to C \\ x \mapsto x \end{array}$$

d. h. $I_C(x) = x \; \forall \, x \in C$.

Beispiele

1. $f : \begin{array}{c} \mathbb{R} \to \mathbb{R}^+ \\ x \mapsto x^2 \end{array}$
   $f^{-1}(y) = \sqrt{y}$.

2. $f : \begin{array}{c} \mathbb{R} \to \mathbb{R} \\ x \mapsto e^x \end{array}$ (siehe Abb. 1.13).

Bemerkung $\mathrm{Graph}(f) = \{(x, f(x))\}$, $\mathrm{Graph}(f^{-1}) = \{(f(x), x)\} =$ der an der Diagonalen gespiegelte Graph von f.

Abb. 1.13 $\log x$: inverse Funktion der Exponentialen

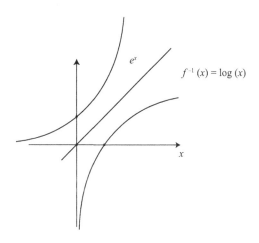

1.5 Übungen

Aufgabe 1

(a) Formuliere jeweils die Negation der Aussage sowohl in Kurzschreibweise als auch in einem ausformulierten Satz. Zeige außerdem jeweils durch Angabe einer geeigneten Menge M, dass die erhaltene Negation eine wahre Aussage ist.

(i) $\forall M \subset \mathbb{R} \; \exists \delta > 0 \; : (x + \delta) \in M \; \forall x \in M$.

(ii) $\forall M \subset \mathbb{R} \; \forall x \in M \; \exists y \in M \; : x + y \in M$.

(b) Es seien $A, B \subset \mathbb{R}$. Beweise die folgenden Aussagen:

(i) $A \subset B \quad \Longleftrightarrow \quad (\mathbb{R} \setminus B) \subset (\mathbb{R} \setminus A)$.

(ii) $(A \cap B) \subset (A \setminus B) \quad \Longrightarrow \quad (A \cap B) = \emptyset$.

Aufgabe 2 Beweise, dass $\sqrt{5}$ keine rationale Zahl ist.

Hinweis: Nimm an, dass $\sqrt{5} = \frac{p}{q}$ mit $p, q \in \mathbb{Z}, q \neq 0$ gilt und $\frac{p}{q}$ irreduzierbar ist (d. h. der Bruch $\frac{p}{q}$ ist vollständig gekürzt). Beweise zuerst, dass p durch 5 teilbar sein muss.

Aufgabe 3

(a) Bestimme alle Lösungen $x \in \mathbb{R}$ der folgenden Gleichungen bzw. Ungleichungen:

$$\text{(i) } |x - 3| = 7, \quad \text{(ii) } |(x + 1)(x - 3)| = -5,$$
$$\text{(iii) } |\pi - x| > 2, \quad \text{(iv) } |2x - 1| \leq |6x + 7|.$$

(b) Skizziere die Menge $\{ (x, y) \in \mathbb{R} \times \mathbb{R} \; : \; y = |(x - 1)(x + 2)| \}$ und bestimme daraus für jedes $a \in \mathbb{R}$ die Anzahl der Lösungen der Gleichung

$$|(x - 1)(x + 2)| = a.$$

Aufgabe 4

(a) Sei $x = 0,0\overline{12} = 0,0121212\ldots$. Finde $a, b \in \mathbb{Z}$ mit $x = \frac{a}{b}$.

(b) Vergleiche 1 und $0.\overline{9} = 0,999\ldots$.

(c) Es sei $\frac{a}{b}$ mit $a, b \in \mathbb{Z}$ und $b \neq 0$ ein irreduzierbarer Bruch. Finde und beweise notwendige und hinreichende Bedingungen dafür, dass $\frac{a}{b}$ eine Dezimalzahl ist. (Eine Dezimalzahl ist eine reelle Zahl, deren Dezimaldarstellung nur endlich viele Nachkommastellen hat, die ungleich null sind.)

Aufgabe 5 Bestimme für die folgenden Funktionen f jeweils den Wertebereich $Im(f)$, skizziere den Graphen von f und untersuche, ob f injektiv, surjektiv oder bijektiv ist:

(a) $f : [0, 2\pi] \to [-1, 1], \; x \mapsto f(x) := \cos(x)$,

(b) $f : [0, \infty) \to \mathbb{R}, \; x \mapsto f(x) := \frac{2}{3x^2 + 4}$.

Aufgabe 6 Bestimme für die folgenden Funktionen f und g jeweils die Definitionsbereiche $D(g \circ f)$ und $D(f \circ g)$ möglichst groß, sodass die Funktionen $g \circ f$ und $f \circ g$ wohldefiniert sind. Gib außerdem die Funktionen $g \circ f$ und $f \circ g$ an und bestimme die Wertebereiche $Im(g \circ f)$ und $Im(f \circ g)$.

(a) $f : \mathbb{R} \to \mathbb{R}, x \mapsto f(x) := x^3$ sowie $g : \mathbb{R} \to \mathbb{R}, x \mapsto g(x) := \frac{1}{x^2+1}$.
(b) $f : (\mathbb{R} \setminus \{0\}) \to \mathbb{R}, x \mapsto f(x) := \frac{1}{x}$ sowie $g : [1, \infty) \to \mathbb{R}, x \mapsto g(x) := \sqrt{x-1}$.

Aufgabe 7
(a) Es seien A, B, C Mengen sowie $f : A \to B$ und $g : B \to C$ Funktionen. Beweise die folgende Aussage: Wenn f und g injektiv sind, dann ist auch $g \circ f$ injektiv.
(b) Gib Mengen A, B, C sowie Funktionen $f : A \to B$ und $g : B \to C$ an, sodass $g \circ f$ injektiv, g aber nicht injektiv ist.

Aufgabe 8 Es sei die Funktion $f : [0, 5] \to \mathbb{R}, x \mapsto f(x) := \frac{2-10x}{1+x}$ gegeben. Zeige, dass die Funktion f injektiv ist und bestimme den Wertebereich $Im(f)$. Berechne dann die Umkehrabbildung $f^{-1} : Im(f) \to [0, 5]$. Gib außerdem die Funktion $f^{-1} \circ f$ und ihren Definitions- und Wertebereich an.

Aufgabe 9 Gegeben sei die Funktion $f : D(f) \to \mathbb{R}, x \mapsto f(x) := \frac{2}{x^2-3x+2}$. Bestimme den Definitionsbereich $D(f) \subset \mathbb{R}$ möglichst groß, sodass f wohldefiniert ist. Zeichne dann den Graphen der Funktion f und bestimme den Wertebereich $Im(f)$. Untersuche außerdem, ob f injektiv, surjektiv oder bijektiv ist.

Aufgabe 10 Gegeben sei die Funktion $f : \mathbb{R} \to \mathbb{R}, x \mapsto f(x) := x^3 - 1$. Weiter sei der Graph von f gegeben durch die Menge $Graph(f) = \{(x, y) \mid x \in \mathbb{R} \text{ und } y = f(x)\} \subset (\mathbb{R} \times \mathbb{R})$. Gib die Funktionen $g_1, \ldots, g_4$ an, sodass die folgenden Bedingungen erfüllt sind:

(a) Verschiebt man den Graph von f um zwei Einheiten nach links und eine Einheit nach oben, so erhält man den Graphen von g_1.
(b) Spiegelt man den Graphen von f an der x-Achse, so erhält man den Graph von g_2.
(c) Spiegelt man den Graphen von f an der y-Achse, so erhält man den Graph von g_3.
(d) Spiegelt man den Graphen von f an der Geraden $y = x$, so erhält man den Graph von g_4.

Aufgabe 11 Es sei $f(x) := 4(x + 1)^2 + 1$ für $x \in \mathbb{R}$. Bestimme ein möglichst großes Intervall $I \subset \mathbb{R}$, sodass $0 \in I$ gilt und die Funktion $f : I \to \mathbb{R}, x \mapsto f(x)$ injektiv ist. Bestimme dann den Wertebereich $Im(f)$ und berechne die Umkehrabbildung $f^{-1} : Im(f) \to I$.

Grenzwerte

2

In diesem Kapitel lernen wir Grenzwerte von Folgen und Funktionen kennen. Das wird insbesondere beim Ableiten und Integrieren von Funktionen wichtig sein.

2.1 Grenzwerte von Folgen

Definition 2.1 Eine reelle Folge ist eine Funktion

$$f : \begin{array}{l} \mathbb{N} \to \mathbb{R} \\ n \mapsto f(n) = x_n. \end{array}$$

$x_0, x_1, \ldots, x_n, \ldots$ sind die Glieder der Folge.

Definition 2.2 Sei $x_0, x_1, \ldots, x_n, \ldots$ eine Folge reeller Zahlen, und sei $a \in \mathbb{R}$. Wir sagen: x_n *konvergiert gegen* a, Schreibweise: $x_n \to a$, bzw. $\lim_{n \to +\infty} x_n = a$, wenn:

$$\forall\, \varepsilon > 0 \text{ existiert } n_0 \in \mathbb{N}, \text{ sodass } \forall\, n \geq n_0 \text{ gilt } |x_n - a| \leq \varepsilon.$$

(siehe Abb. 2.1).

Abb. 2.1 Beschreibung des Limes einer Folge

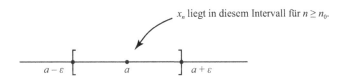

x_n liegt in diesem Intervall für $n \geq n_0$.

$a - \varepsilon$ a $a + \varepsilon$

© Springer-Verlag Berlin Heidelberg 2016
M. Chipot, *Mathematische Grundlagen der Naturwissenschaften*, Springer-Lehrbuch,
DOI 10.1007/978-3-662-47088-6_2

Beispiel $x_n = \frac{1}{n}, n \neq 0$ konvergiert gegen 0: Es gilt

$$0 < \frac{1}{n} < \varepsilon \Leftrightarrow n > \frac{1}{\varepsilon}.$$

Sei $\varepsilon > 0$, $n_0 \in \mathbb{N}$ mit $n_0 > \frac{1}{\varepsilon}$. Dann folgt

$$n \geq n_0 \quad \Rightarrow \quad 0 \leq \frac{1}{n} \leq \frac{1}{n_0} \leq \varepsilon \quad \Rightarrow \quad \left| \frac{1}{n} - 0 \right| \leq \varepsilon.$$

Bemerkung n_0 ist von ε abhängig! Für jedes feste $\varepsilon > 0$ muss man ein entsprechendes n_0 finden.

Es gibt Folgen, die nicht konvergieren:

$$x_n = (-1)^n, \qquad x_n = (-1)^n n \ldots$$

Auch mit Grenzwerten kann man rechnen.

Rechenregeln für Grenzwerte
Seien (x_n), (y_n) Folgen mit

$$\lim_{n \to +\infty} x_n = a, \qquad \lim_{n \to +\infty} y_n = b.$$

Sei $\lambda \in \mathbb{R}$. Dann gilt

$$\lim_{n \to +\infty} x_n \pm y_n = a \pm b,$$

$$\lim_{n \to +\infty} x_n \cdot y_n = a \cdot b,$$

$$\lim_{n \to +\infty} \lambda x_n = \lambda a,$$

$$\text{falls } b \neq 0: \ \lim_{n \to +\infty} x_n / y_n = a/b.$$

Beispiele
- $\lim_{n \to +\infty} \frac{n^2 + 1}{2n^2 - 1} = \frac{1}{2}$.

  Es gilt $\frac{n^2 + 1}{2n^2 - 1} = \frac{1 + 1/n^2}{2 - 1/n^2}$. Dann gilt

  $\lim_{n \to +\infty} \frac{n^2+1}{2n^2-1} = \left(\lim_{n \to +\infty} 1 + \frac{1}{n^2} \right) / \left(\lim_{n \to +\infty} 2 - \frac{1}{n^2} \right) = \left(1 + \lim_{n \to +\infty} \frac{1}{n^2} \right) / \left(2 - \lim_{n \to +\infty} \frac{1}{n^2} \right) = \frac{1}{2}$
- $a_n = a \ \forall \, n \Rightarrow \lim_{n \to +\infty} a_n = a$
- $a_n = b^n$ für ein festes b mit $|b| < 1 \Rightarrow \lim_{n \to +\infty} a_n = 0$. Ist dagegen $b = 1$, so gilt $\lim_{n \to +\infty} a_n = 1$.

Monotone Folgen sind oft hilfreich und werden wie folgt definiert:

Abb. 2.2 Monoton steigende, beschränkte Folge

Abb. 2.3 Unendlicher Limes

Definition 2.3 Eine reelle Folge heißt monoton steigend (fallend), wenn für alle n gilt

$$x_{n+1} \geq x_n \quad (x_{n+1} \leq x_n).$$

Satz 2.1 *Sei* (x_n) *eine monoton steigende (monoton fallende) Folge mit*

$$x_n \leq M, \quad (x_n \geq M),$$

dann konvergiert diese Folge gegen eine Zahl (siehe Abb. 2.2).

Es gibt auch Folgen, die beliebig großwerden.

Definition 2.4 Eine reelle Folge divergiert gegen unendlich – Schreibweise: $x_n \rightarrow \infty$, $(\lim_{n \to +\infty} x_n = +\infty)$, wenn

zu jedem $K \in \mathbb{R}$ ein $n_0 \in \mathbb{N}$ existiert, sodass aus $n \geq n_0$ die Abschätzung $x_n \geq K$ folgt.

(siehe Abb. 2.3).
$(\lim_{n \to +\infty} x_n = -\infty \Leftrightarrow \forall\, K \in \mathbb{R}\, \exists\, n_0 \in \mathbb{N} \text{ mit } n \geq n_0 \Rightarrow x_n \leq K.)$

Satz 2.2 *Sei* (x_n) *eine reelle Folge. Dann gilt*

- $\lim\limits_{n \to +\infty} x_n = \pm\infty \qquad \Rightarrow \qquad \lim\limits_{n \to +\infty} \dfrac{1}{x_n} = 0,$
- $\lim\limits_{n \to +\infty} x_n = 0, x_n > 0 \quad \Rightarrow \quad \lim\limits_{n \to +\infty} \dfrac{1}{x_n} = +\infty.$

2.2 Grenzwerte von Funktionen

In diesem Abschnitt definieren wir Grenzwerte von Funktionen mithilfe der gerade behandelten Grenzwerte von Folgen.

Sei $f : D \subset \mathbb{R} \to \mathbb{R}$ eine Funktion. Sei $a \in \mathbb{R}$; eventuell ist $a \notin D$.

Abb. 2.4 Graphen von
$f(x) = \frac{1}{x}$ und $\frac{1}{|x|}$

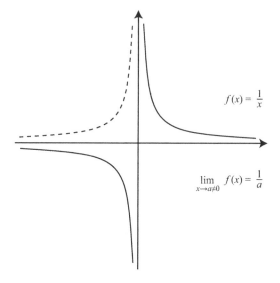

$$f(x) = \frac{1}{x}$$

$$\lim_{x \to a \neq 0} f(x) = \frac{1}{a}$$

Definition 2.5 Für x gegen a konvergiert $f(x)$ gegen b, falls für jede Folge (x_n) in D, die gegen a konvertiert, die Bildfolge $(f(x_n))$ gegen b konvergiert.

Schreibweise: $\lim_{x \to a} f(x) = b$.

Beispiel $f(x) = \dfrac{1}{|x|}$ $\lim_{x \to 0} f(x) = +\infty$ $(0 \notin D)$ (siehe Abb. 2.4).

Auch einseitige Grenzwerte spielen eine wichtige Rolle.

Definition 2.6 (rechtsseitige und linksseitige Grenzwerte)

$$\lim_{x \searrow a} f(x) = b,$$

falls für jede Folge in D mit $x_n > a$, die gegen a konvergiert gilt, dass $f(x_n)$ gegen b konvergiert (analog für $\lim_{x \nearrow a} f(x) = b$). Schreibweise auch $\lim_{x \to a^+} f(x) = b$ ($\lim_{x \to a^-} f(x) = b$).

Beispiele
- Sei $f(x) = \frac{1}{x}$. Dann ist $\lim_{x \to 0^+} f(x) = +\infty$, $\lim_{x \to 0^-} f(y) = -\infty$.
- Für $f(x) = \sin\frac{1}{x}$ gilt: $\lim_{x \to 0} f(x)$ existiert nicht ($f(\frac{2}{(2n+1)\pi}) = (-1)^n$).
- Sei $f(x) = x \sin\frac{1}{x}$. Dann gilt $\lim_{x \to 0} f(x) = 0$ (wegen $|x \sin\frac{1}{x}| \le |x|$).
- Sei $f(x) = \begin{cases} 1 \text{ für } x < 0 \\ x \text{ für } x \ge 0 \end{cases}$.   Dann gilt $\lim_{x \to 0^-} f(x) = 1 \neq 0 = \lim_{x \to 0^+} f(x)$.

Sehr wichtig sind stetige Funktionen, die wir nun definieren.

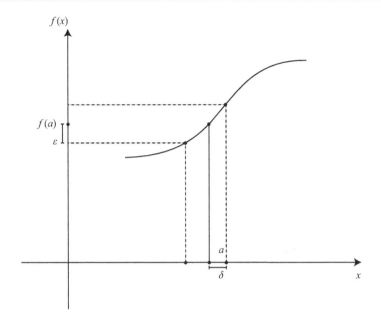

Abb. 2.5 Beschreibung der Stetigkeit

Definition 2.7 Sei $f : D \to \mathbb{R}, a \in D$. f ist *stetig* in a, wenn

$$\lim_{x \to a} f(x) = f(a).$$

Diese Bedingung ist äquivalent zu: $\forall\, \varepsilon > 0 \,\exists\, \delta > 0$ mit $|x - a| < \delta$, sodass $x \in D \Rightarrow$ $|f(x) - f(a)| < \varepsilon$ (siehe Abb. 2.5).

Für stetige Funktionen gelten folgende Rechenregeln:

Satz 2.3 (Rechenregeln) *Seien $f, g : D \to \mathbb{R}$ in a stetig, $\lambda \in \mathbb{R}$, dann*

> *sind $f \pm g$, $f \cdot g$, λf in a stetig;*
> *ist zusätzlich $a \in \{ x \mid g(x) \neq 0 \}$, so ist f/g in a stetig.*

- *Sei $f : D \to E$ stetig in a, $g : E \to \mathbb{R}$ stetig in $b = f(a)$, dann ist $g \circ f$ in a stetig.*
- *Sei $f : D \to E$ stetig in a, bijektiv, dann ist f^{-1} stetig in $f(a)$.*

Beispiele von stetigen Funktionen

- Polynome und rationale Funktionen sind stetig auf ihrem Definitionsbereich.

Beweis Es folgt aus Satz 2.3

$$x \mapsto x \text{ ist stetig,}$$

$$x \mapsto x \cdot x = x^2, \quad x \mapsto x^2 \cdot x = x^3, \ldots, x \mapsto x^n \text{ sind stetig,}$$

$$x \mapsto a_0, x \mapsto a_1 x, \ldots, x \mapsto a_n x^n \text{ sind stetig,}$$

$$x \mapsto a_0 + a_1 x + \cdots + a_n x^n \text{ ist stetig.} \qquad \square$$

- Die Funktionen $x \mapsto e^x$, $x \mapsto \sin x$, $x \mapsto \cos x$, $x \mapsto \tan x$, $x \mapsto \cot x$ sind stetig.
- Die Funktionen $x \mapsto \log x$, $x \mapsto \sqrt{x}$ sind stetig.

Eine wichtige Eigenschaft von stetigen Funktionen beschreibt der folgende Zwischenwertsatz:

Satz 2.4 (Zwischenwertsatz) *Sei* $f : [a, b] \to \mathbb{R}$ *stetig, dann nimmt* f *jeden Wert zwischen* $f(a)$ *und* $f(b)$ *an.* ($\forall c \in [f(a), f(b)], \exists p \in [a, b]$ *mit* $f(p) = c$.)

Bemerkung Die Aussage ist nicht mehr wahr für eine nichtstetige Funktion (siehe Abb. 2.6).

Damit erhält man eine Möglichkeit, um einfach zu überprüfen, ob eine Funktion eine Nullstelle hat.

Korollar 2.5 *Sei* f *eine Funktion mit* $f(a) < 0$, $f(b) > 0$. f *sei stetig auf* $[a, b]$. *Dann existiert ein* $p \in [a, b]$ *mit* $f(p) = 0$ *(eine Nullstelle von* f).

Beispiel
- $f(x) = \frac{1}{2} + \cos x$ auf $(0, \pi)$.

Beweis $f(0) = \frac{3}{2}$, $f(\pi) = -\frac{1}{2}$ und $\exists p \in (0, \pi)$ mit $f(p) = 0$. $\qquad \square$

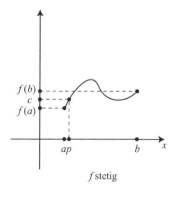
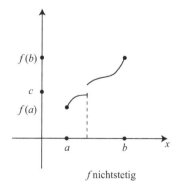

Abb. 2.6 Stetige Funktion und nichtstetige Funktion

2.3 Übungen

Aufgabe 1

(a) Untersuche, ob diese Folgen für $n \to \infty$ konvergieren, und berechne gegebenenfalls den Grenzwert.

$$\text{(i) } a_n := \frac{n^2 - 2n}{2n^3 + 3n^2 - 4}, \quad n \in \mathbb{N}, \qquad \text{(ii) } b_n := (-1)^n + \frac{1}{n+1}, \quad n \in \mathbb{N}.$$

(b) Es sei $a_n := \frac{n^2}{n^2+1}$, $n \in \mathbb{N}$. Berechne zunächst den Grenzwert a der Folge $(a_n)_{n \in \mathbb{N}}$. Bestimme dann zu jedem $\varepsilon > 0$ ein $n_0 \in \mathbb{N}$, sodass $|a_n - a| \leq \varepsilon$ für alle $n \geq n_0$ gilt.

Aufgabe 2 Untersuche, ob diese Folgen für $n \to \infty$ konvergieren, und berechne gegebenenfalls den Grenzwert.

(a) $a_n := \left(\frac{1}{3}\right)^n$, $\quad n \in \mathbb{N}$, $\qquad$ (b) $b_n := \frac{2n^2+3}{3-2n}$, $\quad n \in \mathbb{N}$,

(c) $c_n := (-1)^n + \frac{3n^2-2n+1}{n+10}$, $\quad n \in \mathbb{N}$, $\quad$ (d) $d_n := \left(-\frac{1}{2}\right)^n \cdot \frac{5n^3-10n^2+3n-6}{3n^3-1}$, $\quad n \in \mathbb{N}$.

Aufgabe 3 Berechne zunächst den Grenzwert a der Folge $(a_n)_{n \in \mathbb{N}}$. Bestimme dann zu jedem $\varepsilon > 0$ ein $n_0 \in \mathbb{N}$, sodass $|a_n - a| \leq \varepsilon$ für alle $n \geq n_0$ gilt.

(a) $a_n := \frac{5}{4^n}, n \in \mathbb{N}$,

(b) $a_n := \frac{3n^2-n+9}{2n^2+6}, n \in \mathbb{N}$.

Aufgabe 4 Es seien $a, b \in \mathbb{R}$ sowie $(x_n)_{n \in \mathbb{N}}$ und $(y_n)_{n \in \mathbb{N}}$ konvergente Folgen mit $\lim_{n \to \infty} x_n = a$ und $\lim_{n \to \infty} y_n = b$. Beweise, dass die Folge $(x_n + y_n)_{n \in \mathbb{N}}$ konvergent ist mit $\lim_{n \to \infty}(x_n + y_n) = a + b$. Gehe dazu wie folgt vor:

Es sei $\varepsilon > 0$ gegeben.

(i) Begründe zunächst, dass es $n_1, n_2 \in \mathbb{N}$ gibt, sodass $|x_n - a| \leq \frac{\varepsilon}{2}$ für alle $n \geq n_1$ sowie $|y_n - b| \leq \frac{\varepsilon}{2}$ für alle $n \geq n_2$ gilt.

(ii) Bestimme nun mithilfe von (i) ein $n_0 \in \mathbb{N}$, sodass $|x_n - a| \leq \frac{\varepsilon}{2}$ für alle $n \geq n_0$ und $|y_n - b| \leq \frac{\varepsilon}{2}$ für alle $n \geq n_0$ gilt.

(iii) Nach Satz 1.1 gilt die Dreiecksungleichung $|r + s| \leq |r| + |s|$ für alle $r, s \in \mathbb{R}$. Zeige nun mithilfe dieser Ungleichung und (ii), dass $|(x_n + y_n) - (a + b)| \leq \varepsilon$ für alle $n \geq n_0$ gilt.

Aufgabe 5 Berechne für die folgenden Funktionen f jeweils die Grenzwerte $\lim_{x \nearrow 0} f(x)$ und $\lim_{x \searrow 0} f(x)$.

(a) $f : \mathbb{R} \to \mathbb{R}, x \mapsto f(x) := \frac{x}{x^2+1}$,

(b) $f : \mathbb{R} \setminus \{0\} \to \mathbb{R}, x \mapsto f(x) := \begin{cases} \frac{x+1}{x}, & \text{falls } x > 0, \\[2mm] \frac{x^2+1}{x-5}, & \text{falls } x < 0. \end{cases}$

Aufgabe 6 Untersuche, ob die folgenden Funktionen f in $a = 0$ stetig sind.

(a) $f : \mathbb{R} \to \mathbb{R}, x \mapsto f(x) := \begin{cases} \frac{3x^2+5x}{2x}, & \text{falls } x \neq 0, \\ \frac{5}{2}, & \text{falls } x = 0. \end{cases}$

(b) $f : \mathbb{R} \to \mathbb{R}, x \mapsto f(x) := \begin{cases} \frac{5x^3+2}{x-1}, & \text{falls } x < 0, \\ \sin(x), & \text{falls } x \geq 0. \end{cases}$

Aufgabe 7 Es sei $f : [0, \infty) \to \mathbb{R}, x \mapsto f(x) := \sqrt{x}$. Zeige, dass f in jedem $a \in [0, \infty)$ stetig ist. Gehe dazu folgendermaßen vor:

(i)   Zeige durch Quadrieren der folgenden Ungleichung, dass für alle $x, y \in [0, \infty)$ mit $x \geq y$ gilt: $\sqrt{x} - \sqrt{y} \leq \sqrt{x - y}$.
(ii) Zeige mithilfe von (i), dass für alle $x, y \in [0, \infty)$ gilt: $|\sqrt{x} - \sqrt{y}| \leq \sqrt{|x - y|}$.
(iii) Es sei $a \in [0, \infty)$ beliebig. Bestimme mithilfe von (ii) zu jedem $\varepsilon > 0$ ein $\delta > 0$, sodass für alle $x \in [0, \infty)$ mit $|x - a| < \delta$ gilt: $|f(x) - f(a)| < \varepsilon$.

Aufgabe 8 Es seien $D, E \subset \mathbb{R}$ Intervalle und $a \in D$.

(a) Es seien $f, g : D \to \mathbb{R}$ Funktionen sowie f und g stetig in a. Zeige, dass die Funktion $f \cdot g : D \to \mathbb{R}$ stetig in a ist.
(b) Es seien $f : D \to E$ und $g : E \to \mathbb{R}$ Funktionen sowie f stetig in a und g stetig in $b = f(a)$. Zeige, dass die Funktion $g \circ f : D \to \mathbb{R}$ stetig in a ist.

Aufgabe 9 Es sei $f : \mathbb{R} \to \mathbb{R}, x \mapsto f(x) := x^4 - 64x + 96$. Zeige mithilfe des Zwischenwertsatzes, dass f im Intervall $[0, 3]$ mindestens eine Nullstelle hat. Entscheide dann mithilfe des Zwischenwertsatzes, ob diese Nullstelle im Intervall $[0, \frac{3}{2}]$ oder im Intervall $[\frac{3}{2}, 3]$ liegt (verwende dabei, ohne es zu beweisen, dass f im Intervall $[0, 3]$ nicht mehr als eine Nullstelle hat).

Differenzierbare Funktionen

3

3.1 Ableitung

Die Differentialrechnung ist ein wichtiges Teilgebiet der Mathematik. Zentrales Thema ist die Berechnung der Ableitung einer Funktion, welche die lokale Veränderung der Funktion beschreibt. Im geometrischen Sinne entspricht die erste Ableitung in einem Punkt x_0 der Steigung der Tangente in x_0. Außerdem liefern Ableitungen der höheren Ordnung weitere Informationen über die Funktion.

Definition 3.1 Sei $D \subset \mathbb{R}$, $f : D \to \mathbb{R}$, $a \in D$. f heißt differenzierbar in a, wenn der Grenzwert

$$f'(a) = \lim_{x \to a} \frac{f(x) - f(a)}{x - a} \quad \text{existiert.}$$

$f'(a)$ heißt Ableitung von f in a. f heißt differenzierbar, wenn f in jedem Punkt $a \in D$ differenzierbar ist.

Bemerkung $f'(a)$ ist die Steigung der Tangente im Punkt a (siehe Abb. 3.1). Eine weitere Eigenschaft der Ableitung ist folgende (siehe Abb. 3.2):

$$f'(a) = \lim_{h \to 0} \frac{f(a + h) - f(a)}{h}$$

$$\Leftrightarrow \quad f'(a) = \frac{f(a + h) - f(a)}{h} + \varepsilon(h)$$

$$\Leftrightarrow \quad f(a + h) = f(a) + h f'(a) + h \varepsilon(h) \quad \text{mit } \lim_{h \to 0} \varepsilon(h) = 0.$$

Beispiel der Geschwindigkeit

Ein Punkt bewegt sich auf einer Geraden (siehe Abb. 3.3). Er ist in $x(t)$ zur Zeit t.
Die Durchschnittsgeschwindigkeit zwischen t und $t + h$ ist $\frac{x(t+h) - x(t)}{h}$.
Die Momentangeschwindigkeit zur Zeit t ist $x'(t) = \lim_{h \to 0} \frac{x(t+h) - x(t)}{h}$.
Die Ableitung ist die Momentanrate der Änderung einer Funktion!

© Springer-Verlag Berlin Heidelberg 2016

M. Chipot, *Mathematische Grundlagen der Naturwissenschaften*, Springer-Lehrbuch, DOI 10.1007/978-3-662-47088-6_3

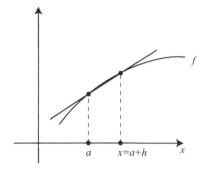

$\frac{f(x) - f(a)}{x - a}$ ist die Steigung
der Geraden durch $(a, f(a))$, $(x, f(x))$.

Abb. 3.1 Steigung einer Sekante

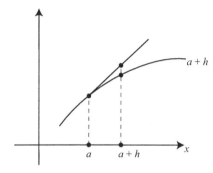

Wir haben gezeigt, dass
die Gerade $h \to f(a) + h f'(a)$
$f(a+h)$ approximiert.

Abb. 3.2 Approximation mit der Ableitung

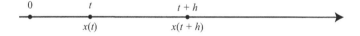

Abb. 3.3 Bewegung eines Punktes

Satz 3.1 (Rechenregeln für die Ableitung) *Seien f, g differenzierbar, $\lambda \in \mathbb{R}$. Es gilt*

- $(f \pm g)'(a) = f'(a) \pm g'(a)$,
- $(\lambda f)'(a) = \lambda f'(a)$,
- $(f \cdot g)'(a) = f'(a)g(a) + f(a)g'(a)$ *(Produktregel)*,
- $(f/g)'(a) = \frac{f'(a)g(a) - f(a)g'(a)}{g(a)^2}$ *(Quotientenregel)* $(g(a) \neq 0)$,
- $(g \circ f)'(a) = g'(f(a))g'(a)$ $(\mathrm{Im}(f) \subset \mathrm{Def}(g))$ *(Kettenregel)*,
- $(f^{-1})'(f(a)) = 1/f'(a)$.

Beweis (Beweis der Produktregel)

$$\frac{(f \cdot g)(a + h) - (f \cdot g)(a)}{h} = \frac{f(a + h) - f(a)}{h} \cdot g(a + h) + f(a)\frac{g(a + h) - g(a)}{h}$$

$$\rightarrow f'(a)g(a) + f(a)g'(a), \text{ wenn } h \rightarrow 0,$$

(siehe Aufgabe 1). □

Beispiele
- $f(x) \equiv c \quad \Rightarrow \quad f'(x) = 0 \,\forall\, x$.
- $f(x) = x \quad f'(x) = \lim_{h \rightarrow 0} \frac{x + h - x}{h} = \lim_{h \rightarrow 0} \frac{h}{h} = 1$.
- $f(x) = x^2 \quad f(x) = x \cdot x \quad f'(x) = 1 \cdot x + x \cdot 1 = 2x$ (folgt aus der Produktregel).
- $f(x) = x^n \quad f'(x) = (x^{n-1})' \cdot x + x^{n-1} = nx^{n-1}$ (nach Induktion).
  Die obige Formel kann durch vollständige Induktion bewiesen werden. Man zeigt zuerst, dass die Formel für $n = 0, 1, 2$ gilt, und nimmt an, dass diese Formel für $n - 1$ gilt. Unter dieser Annahme beweist man die Formel für den Fall n.
- $f(x) = \exp(x) = 1 + x + \frac{x^2}{2!} + \cdots$ Wir leiten die verschiedenen Terme der Summe ab.
  Es folgt

$$f'(x) = 1 + x + \frac{x^2}{2!} + \cdots \quad \Rightarrow \quad f'(x) = f(x).$$

(Man beachte, dass dies keinen Beweis, sondern nur eine formale Rechnung darstellt. Für einen Beweis muss man wegen der unendlichen Summe deutlich mehr Aufwand betreiben.)
- Für $f(x) = \sin x$ ist $f'(x) = \cos x$, für $f(x) = \cos x$ gilt $f'(x) = -\sin x$.

Beweis Ableitung von $\sin x$:

$$f'(x) = \lim_{h \rightarrow 0} \frac{\sin(x + h) - \sin x}{h}.$$

Es gilt (siehe Anhang A)

$$\sin(a + b) = \cos b \sin a + \cos a \sin b,$$
$$\sin(a - b) = \cos b \sin a - \cos a \sin b.$$

Es folgt

$$\sin(a + b) - \sin(a - b) = 2 \cos a \sin b.$$

Wir setzen $p = a + b, q = a - b$, und es folgt, da $a = \frac{p+q}{2}, b = \frac{p-q}{2}$,

$$\sin p - \sin q = 2 \cos \frac{p + q}{2} \sin \frac{p - q}{2} \quad \forall\, p, q \in \mathbb{R}.$$

So haben wir

$$f'(x) = \lim_{h \to 0} \frac{2\cos((2x+h)/2)\sin(h/2)}{h} = \lim_{h \to 0} \cos\left(x + \frac{h}{2}\right) \cdot \frac{\sin(h/2)}{(h/2)} = \cos x,$$

da $(\sin x)/x \to 1$ falls $x \to 0$ (siehe Anhang A). Die Funktion $\cos x$ erfüllt

$$\cos x = \sin\left(x + \frac{\pi}{2}\right).$$

Aus der Kettenregel folgt daher

$$(\cos x)' = \sin'\left(x + \frac{\pi}{2}\right) \cdot \left(x + \frac{\pi}{2}\right)' = \cos\left(x + \frac{\pi}{2}\right) = -\sin x. \qquad \square$$

- $f(x) = \exp(x^2) \qquad h(x) = x^2 \qquad g(x) = \exp(x)$
  $f(x) = g(h(x)) \quad \Rightarrow \quad f'(x) = g'(h(x)) \cdot h'(x) = 2x\exp(x^2)$ (Kettenregel).
- $f(y) = \log y \qquad f^{-1}(x) = \exp(x)$

$$(f^{-1} \circ f)(y) = y \quad \Rightarrow \quad (f^{-1})'(f(y))f'(y) = 1$$

$$\Rightarrow \quad \exp(\log y) \cdot f'(y) = 1 \quad \Rightarrow \quad f'(y) = \frac{1}{y}.$$

- $f(x) = \sqrt{x} \qquad f^{-1}(x) = x^2 \qquad (f^{-1})' = 2x$

$$f'(x) = \frac{1}{(f^{-1})'(f(x))} = \frac{1}{2\sqrt{x}}.$$

3.2 Kritische Punkte

Definition 3.2 Sei $f : I \to \mathbb{R}$ differenzierbar. $x_0 \in I$ heißt *kritischer Punkt* von f, wenn $f'(x_0) = 0$ gilt (siehe Abb. 3.4).

Abb. 3.4 Kritische Punkte

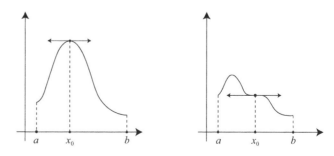

Abb. 3.5 Vier Extrema

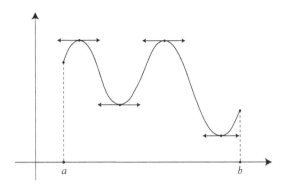

Definition 3.3 Sei $f : I \to \mathbb{R}$.

- f hat in x_0 ein absolutes Maximum (Minimum) auf I, falls

$$f(x_0) \geq f(x) \quad \forall\, x \in I \qquad (f(x_0) \leq f(x) \quad \forall\, x \in I).$$

- f hat in x_0 ein lokales Maximum (Minimum), wenn es ein $\eta > 0$ gibt, sodass

$$f(x_0) \geq f(x) \quad \forall\, x \in [x_0 - \eta, x_0 + \eta]$$
$$\big(\, f(x_0) \leq f(x) \quad \forall\, x \in [x_0 - \eta, x_0 + \eta]\,\big).$$

x_0 heißt relatives oder *lokales Extremum*.

Beispiel Die Funktion von Abb. 3.5 besitzt vier lokale Extrema (siehe Abb. 3.5).

Satz 3.2 *Sei* $f : (a,b) \to \mathbb{R}$ *differenzierbar. Hat* f *in* $x_0 \in (a,b)$ *ein lokales Extremum, dann gilt* $f'(x_0) = 0$, *und somit ist* x_0 *ein kritischer Punkt.*

Beweis Wir zeigen den Fall, in dem x_0 ein Maximum ist. Der andere Fall folgt analog. Es gilt $f(x_0 + h) - f(x_0) \leq 0$; daher folgt

$$\frac{f(x_0 + h) - f(x_0)}{h} \geq 0 \quad \text{für } h \leq 0, \quad \leq 0 \text{ für } h \geq 0.$$

Wir berechnen den Limes im Punkt x_0:

$$\lim_{h \to 0^+} \frac{f(x_0 + h) - f(x_0)}{h} = f'(x_0) \leq 0,$$
$$\lim_{h \to 0^-} \frac{f(x_0 + h) - f(x_0)}{h} = f'(x_0) \geq 0.$$

Es folgt also

$$f'(x_0) = 0. \qquad \qquad \square$$

Abb. 3.6 Extrema am Rand

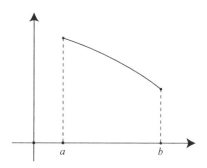

Bemerkung Für dieses Resultat muss x_0 in (a, b) liegen. $f'(x_0) \neq 0$ kann für einen Randpunkt nicht ausgeschlossen werden (siehe Abb. 3.6).

3.3 Mittelwertsatz

Satz 3.3 (Rolle) *Sei* $f : [a, b] \to \mathbb{R}$ *differenzierbar in* (a, b), *und sei* $f(a) = f(b)$, *dann gibt es einen Punkt* $x_0 \in (a, b)$, *sodass* $f'(x_0) = 0$ *ist.*

Beweis Siehe Abb. 3.7. $\square$

Korollar 3.4 *Zwischen zwei Nullstellen einer Funktion liegt eine Nullstelle der Ableitung (siehe Abb. 3.7).*

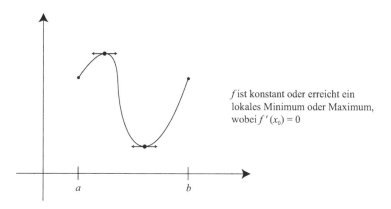

f ist konstant oder erreicht ein lokales Minimum oder Maximum, wobei $f'(x_0) = 0$

Abb. 3.7 Eklärung des Satzes von Rolle

Abb. 3.8 Erklärung des
Mittelwertsatzes

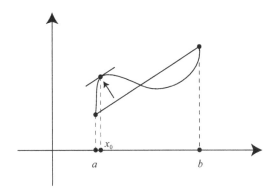

Satz 3.5 (Mittelwertsatz) *Sei $f : [a,b] \to \mathbb{R}$ auf (a,b) differenzierbar, dann gibt es einen Punkt $x_0 \in (a,b)$ mit*

$$f'(x_0) = \frac{f(b) - f(a)}{b - a}.$$

Beweis Verschiebt man die Gerade durch $(a, f(a))$, $(b, f(b))$ parallel durch den Punkt x_0, ist sie Tangente in diesem Punkt $\Rightarrow f'(x_0) = \frac{f(b)-f(a)}{b-a}$ (siehe Abb. 3.8). $\square$

Satz 3.6 (Schrankensatz) *Sei $f : [a,b] \to \mathbb{R}$ differenzierbar auf (a,b). Für die Ableitung gelte $|f'(t)| \leq M \ \forall \, t \in (a,b)$, dann gilt*

$$|f(x) - f(y)| \leq M|x - y| \quad \forall \, x, y \in [a,b].$$

Beweis Für ein $\xi \in (x, y)$ gilt:

$$|f(x) - f(y)| = |f'(\xi)(x - y)| = |f'(\xi)| \, |x - y| \leq M|x - y|. \quad \square$$

Beispiel Sei $f : \mathbb{R} \to \mathbb{R}$ eine Funktion mit $f(0) = 0$, $|f'(t)| \leq 1$. Dann gilt

$$|f(x)| \leq |x| \quad \Leftrightarrow \quad -x \leq f(x) \leq x \quad \forall \, x$$

(siehe Abb. 3.9). Zum Beispiel $|\sin x| \leq |x|$.

3.4 Weitere Ableitungen

Definition 3.4 (zweite Ableitung) Sei $f : (a,b) \to \mathbb{R}$ eine differenzierbare Funktion. f ist zweimal differenzierbar in x_0, falls f' differenzierbar in x_0 ist. Man schreibt:

$$(f')'(x_0) = f''(x_0).$$

Also f ist zweimal differenzierbar im Intervall (a,b), falls f' differenzierbar in (a,b) ist.

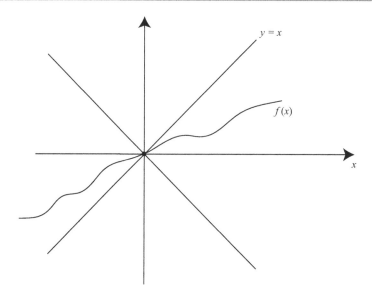

Abb. 3.9 Schranke einer Funktion

Definition 3.5 (höhere Ableitungen) Sei $k \in \mathbb{N}$. Wir definieren induktiv die höheren Ableitungen von f in x_0. Sei $f: (a,b) \to \mathbb{R}$ k-mal differenzierbar in (a,b), dann heißt f $(k+1)$-mal differenzierbar in x_0, falls f^k, die k-te Ableitung von f, differenzierbar ist. Man schreibt:

$$(f^{(k)})'(x_0) = f^{(k+1)}(x_0).$$

Bezeichnungen Die aufeinanderfolgenden Ableitungen können auf folgende Weisen geschrieben werden

$$f'(x_0), \ f''(x_0), \ f'''(x_0), \ f^{(4)}(x_0), \ldots.$$

oder

$$\frac{df}{dx}(x_0), \ \frac{d^2 f}{dx^2}(x_0), \ \frac{d^3 f}{dx^3}(x_0), \ldots.$$

Beispiel Sei $f(x) = a_0 + a_1 x + \ldots + a_n x^n$, $n \in \mathbb{N}$, $a_i \in \mathbb{R}$. Das Polynom f ist unendlich oft differenzierbar, und es gelten

$$f^{(n)}(x) = \frac{d^n f}{dx^n}(x) = n! a_n$$

und

$$f^{(k)}(x) = \frac{d^k f^k}{dx^k}(x) = 0 \quad \forall k \geq n + 1.$$

Definition 3.6 f ist k-mal stetig differenzierbar auf (a, b), falls f k-mal differenzierbar und $f^{(k)}$, die k-te Ableitung von f, stetig auf (a, b) ist.

3.5 Monotone Funktionen

Sei $f : I \to \mathbb{R}$ eine Funktion.

Definition 3.7

- f heißt *monoton steigend*, wenn für alle $x_1 < x_2$ in I gilt $f(x_1) \leq f(x_2)$.
- f heißt *streng monoton steigend*, wenn für alle $x_1 < x_2$ in I gilt $f(x_1) < f(x_2)$.
- f heißt *monoton fallend*, wenn für alle $x_1 < x_2$ in I gilt $f(x_1) \geq f(x_2)$.
- f heißt *streng monoton fallend*, wenn für alle $x_1 < x_2$ in I gilt $f(x_1) > f(x_2)$.

Satz 3.7 *Sei $f : I \to \mathbb{R}$ differenzierbar. Dann gilt:*

$$f \text{ ist monoton steigend} \quad \Leftrightarrow \quad f'(x) \geq 0 \quad \forall\, x \in I,$$
$$f \text{ ist monoton fallend} \quad \Leftrightarrow \quad f'(x) \leq 0 \quad \forall\, x \in I.$$

Beweis Falls f steigend ist, gilt:

$$\Leftrightarrow \quad (f(x_1) - f(x_2))/(x_1 - x_2) \geq 0 \quad \forall\, x_1, x_2 \in I,$$
$$\Rightarrow \quad \lim_{x_1 \to x_2} (f(x_1) - f(x_2))/(x_1 - x_2) = f'(x_2) \geq 0 \quad \forall\, x_2 \in I.$$

Umgekehrt sei f differenzierbar mit $f' \geq 0$. Für $x_1 < x_2$

$$\exists\, \xi \text{ mit } (f(x_1) - f(x_2))/(x_1 - x_2) = f'(\xi).$$

Da $f'(\xi) \geq 0$ ist, ist f monoton steigend. $\qquad\square$

Bemerkung f streng monoton $\not\Rightarrow f'(x) > 0 \,\forall\, x$ (siehe Abb. 3.10):

Bemerkung Sei f stetig differenzierbar mit $f'(x_0) > 0$, dann ist f in einer Umgebung von x_0 streng monoton steigend. Für alle x_1, x_2 nah von x_0, $x_1 < x_2$ gilt

$$\{f(x_1) - f(x_2)\}/(x_1 - x_2) = f'(\xi) > 0 \quad \Rightarrow \quad f \text{ streng monoton steigend.}$$

Satz 3.8 (Kriterien für die Existenz von Extremwerten) *Sei $f : (a, b) \to \mathbb{R}$ zweimal stetig differenzierbar, das heißt f', f'' existieren und seien stetig.*

(a) *Gilt $f'(x_0) = 0$, $f''(x_0) < 0 \Rightarrow f$ nimmt in x_0 ein lokales Maximum an.*
(b) *Gilt $f'(x_0) = 0$, $f''(x_0) > 0 \Rightarrow f$ nimmt in x_0 ein lokales Minimum an.*

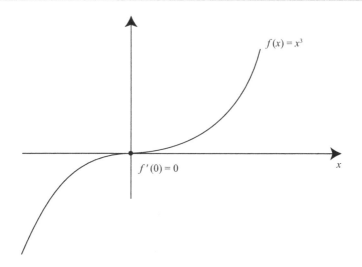

Abb. 3.10 Kritischer Punkt, der kein Maximum oder Minimum ist

Abb. 3.11 Lokales Maximum

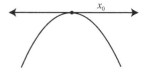

Beweis

(a) $f''(x_0) < 0 \Rightarrow f'$ fallend auf einer Umgebung von x_0.

$$f'(x_0) = 0 \quad \Rightarrow \quad f' > 0 \text{ für } x_0 - \varepsilon < x < x_0 \quad \Rightarrow \quad f \nearrow \text{ auf } (x_0 - \varepsilon, x_0),$$
$$f' < 0 \text{ für } x_0 < x < x_0 + \varepsilon \quad \Rightarrow \quad f \searrow \text{ auf } (x_0, x_0 + \varepsilon).$$

Die Situation ist dann die folgende (siehe Abb. 3.11).

(b) $-f$ nimmt in x_0 ein lokales Maximum an $\Leftrightarrow f$ nimmt ein lokales Minimum an. □

Beispiele

• $f(x) = x^2$

$$f'(x) = 2x = 0 \text{ für } x = 0, \qquad f''(x) = 2 > 0 \quad \Rightarrow \quad 0 \text{ ist ein lokales Minimum.}$$

$$f(x) = x^2 + x^3$$

$$f'(x) = 2x + 3x^2 = 0 \text{ für } x = 0, \qquad f''(x) = 2 + 6x > 0 \text{ nahe bei null}$$
$$\Rightarrow \quad 0 \text{ ist ein lokales Minimum.}$$

- $f(x) = x^3$

$$f'(x) = 3x^2, \qquad f''(x) = 6x \qquad 0 \text{ ist kein Maximum oder Minimum.}$$

(Wenn $f'(x_0) = 0$, $f''(x_0) = 0$ gilt, kann man nicht entscheiden, ob ein Extremum vorliegt.)

- $f(x) = xe^x$

$$f'(x) = e^x + xe^x = e^x(1 + x) \quad x = -1 \text{ ist ein kritischer Punkt.}$$
$$f''(x) = e^x + e^x(1 + x) = e^x(2 + x) > 0 \text{ für } x \text{ nahe bei } -1,$$
$$\Rightarrow -1 \text{ ist ein globales Minimum.}$$

- Aus einem Blatt Papier möchten wir ein Rechteck mit der Seite l, L und der Fläche 100 cm² schneiden. Wählen Sie l, L so, dass die Länge des Randes der Schnittfläche minimal ist. $l \cdot L = 10^2$. Wir möchten $2(l + L) = 2\left(l + \frac{10^2}{l}\right)$ minimieren. Es gilt

$$\left(l + \frac{10^2}{l}\right)' = 1 - \frac{10^2}{l^2} = 0 \Leftrightarrow l = L = 10,$$
$$\left(l + \frac{10^2}{l}\right)'' = \frac{2 \cdot 10^2}{l^3} > 0 \qquad \Rightarrow 10$$

ist ein lokales Minimum der Funktion $l \to l + \frac{10^2}{l}$.

3.6 Konvexität

Definition 3.8 Eine Funktion $f : I \to \mathbb{R}$ heißt *konvex*, wenn für alle $x_1, x_2 \in I$ und alle $\lambda \in (0, 1)$ gilt $f(\lambda x_1 + (1 - \lambda)x_2) \leq \lambda f(x_1) + (1 - \lambda)f(x_2)$.

f ist konvex, wenn der Graph von f im Intervall $[x_1, x_2]$ unterhalb der Sekanten durch $(x_1, f(x_1))$, $(x_2, f(x_2))$ liegt (siehe Abb. 3.12).

Abb. 3.12 Konvexitätseigen-
schaft

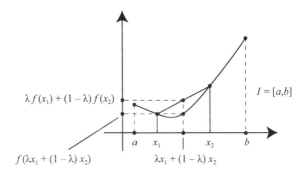

Abb. 3.13 Die Quadratwurzel-
funktion ist konkav

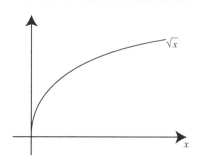

Eine Funktion $f : I \to \mathbb{R}$ heißt *konkav*, wenn $-f$ konvex ist oder

$$\forall\, x_1, x_2 \in I, \ \ \forall\, \lambda \in (0,1) \quad f(\lambda x_1 + (1-\lambda)x_2) \geq \lambda f(x_1) + (1-\lambda) f(x_2).$$

Satz 3.9 *Sei* $f : I \to \mathbb{R}$ *zweimal differenzierbar, dann ist*

(a) *f konvex genau dann, wenn* $f''(x) \geq 0 \ \forall\, x \in I$,
(b) *f konkav genau dann, wenn* $f''(x) \leq 0 \ \forall\, x \in I$.

Beispiele
1. $f(x) = x^2$, $f'(x) = 2x$, $f'' = 2$ und f ist konvex.
2. $f(x) = e^x$, $f'' = e^x$. f ist konvex.
3. $f(x) = \log x$, $f'(x) = \frac{1}{x}$, $f'' = -\frac{1}{x^2}$. f ist konkav.
4. $f(x) = \sqrt{x}$, $f'(x) = \frac{1}{2\sqrt{x}} \ \Rightarrow \ f''(x) = \frac{1}{2}(-\frac{1}{x}) \cdot \frac{1}{2\sqrt{x}} = -\frac{1}{4x\sqrt{x}}$. f ist konkav
   (siehe Abb. 3.13).

Definition 3.9 Sei $f : (a,b) \to \mathbb{R}$ zweimal differenzierbar. Wir sagen, dass $x_0 \in (a,b)$ ein *Wendepunkt* von f ist, wenn es Intervalle (α, x_0), (x_0, β) gibt, sodass eine der folgenden Bedingungen erfüllt sind:

(a) f ist in (α, x_0) konvex und in (x_0, β) konkav,
(b) f ist in (α, x_0) konkav und in (x_0, β) konvex, (siehe Abb. 3.14).

An einem Wendepunkt gilt $f''(x_0) = 0$. (Aber $f''(x_0) = 0 \not\Rightarrow x_0$ ist ein Wendepunkt! Zum Beispiel $f(x) = x^4$, $x_0 = 0$). Ein Wendepunkt mit einer waagerechten Tangente (d. h. $f'(x_0) = 0$) heißt *Sattelpunkt*.

Beispiel $f(x) = x^3$, $x_0 = 0$.

Die oben eingeführten Begriffe erlauben eine feste Beschreibung einer Funktion.

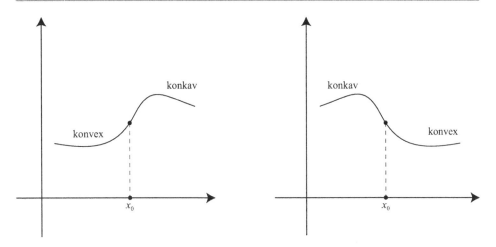

Abb. 3.14 Konkavitätsänderung

Beispiel Wir studieren die Funktion $f(x) = x^2 + x^3$.

- Definitionsbereich: $\mathbb{R}$.
- Die Funktion (ein Polynom!) ist unendlich oft differenzierbar.
- Verschiedene Werte von f

$$f(x) = x^2(1 + x) \quad \Rightarrow \quad f(0) = f(-1) = 0,$$

$(0, -1$ sind die einzigen Nullstellen von f)

$$f(1) = 2, \quad \lim_{x \to \pm\infty} f(x) = \pm\infty, \quad f(-2) = -4.$$

- Ableitungen:

$$f'(x) = 2x + 3x^2 = x(2 + 3x),$$

$$f'(x) = 0 \quad \Leftrightarrow \quad x = 0 \text{ oder } x = -\frac{2}{3},$$

$$f''(x) = 2 + 6x,$$

$$f''(x) = 0 \quad \Leftrightarrow \quad x = -\frac{1}{3}.$$

In Abb. 3.15 ist eine Zusammenfassung dargestellt.
$-\frac{1}{3}$ ist ein Wendepunkt, und der Graph von f zeigt sich wie in Abb. 3.16.

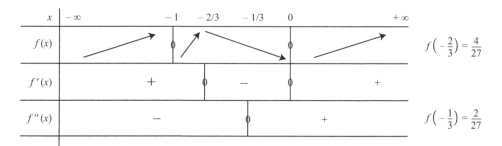

Abb. 3.15 Variationstabelle einer Funktion

Abb. 3.16 Graph der Funktion

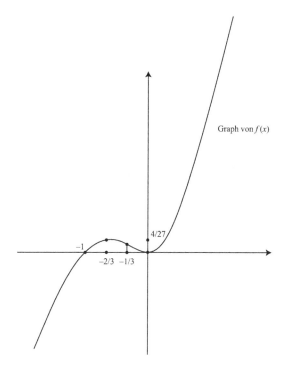

3.7 Extremwertaufgaben

Das Problem, ein absolutes Maximum oder Minimum zu finden, wird als *Extremwertauf-gabe* bezeichnet.

Beispiel Einem Quadrat mit der vorgegebenen Seitenlänge *a* ist ein Rechteck mit größ-tem Flächeninhalt einzubeschreiben (mit den Rechteckseiten parallel zu den Flächendia-gonalen des Quadrats) (siehe Abb. 3.17).

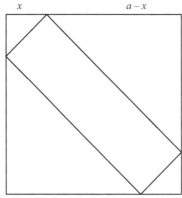

Fläche des Rechtecks

$a^2 - x^2 - (a - x)^2$
$$= a^2 - x^2 - a^2 + 2ax - x^2$$
$$= 2ax - 2x^2 = f(x).$$

$f'(x) = 2a - 4x, f''(x) = -4$. Der maximale Flächeninhalt wird für $x = \dfrac{a}{2}$ erreicht.

Abb. 3.17 Extremwertbeispiel

3.8 Newton-Verfahren

Gesucht sind die Nullstellen einer Funktion, z.B. die Nullstellen einer Ableitung, um Extremwerte zu finden.

Wir geben hier ein numerisches Verfahren an, das oft zum Ziel führt.

Wir suchen z mit

$$f(z) = 0.$$

Abb. 3.18 Newton-Verfahren

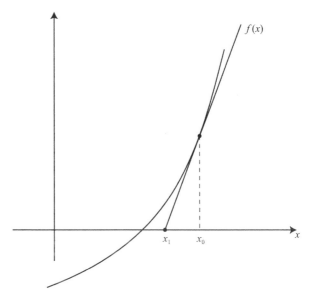

z wird als Limes einer Folge gefunden, wobei der Startwert x_0 vorgegeben ist (siehe Abb. 3.18):

f wird approximiert mit der Tangente $y = g_0(x)$ in x_0, x_1 ist die Nullstelle von g_0,

dann:

f wird approximiert mit der Tangente $y = g_1(x)$ in x_1, x_2 ist die Nullstelle von g_1

und so weiter. . .

Tangente an x_n:
Sei $y = g_n(x)$ diese Tangente. Es gilt

$$g_n(x) - f(x_n) = f'(x_n)(x - x_n)$$
$$\Rightarrow \quad g_n(x) = f(x_n) + f'(x_n)(x - x_n).$$

Ausdruck von x_{n+1} (Nullstelle von g_n)

$$f(x_n) + f'(x_n)(x_{n+1} - x_n) = 0$$
$$\Rightarrow \quad x_{n+1} - x_n = -\frac{f(x_n)}{f'(x_n)}$$
$$\Rightarrow \quad x_{n+1} = x_n - \frac{f(x_n)}{f'(x_n)}.$$

Newton-Verfahren:
$$\begin{cases} x_0 \text{ gegeben,} \\ x_{n+1} = x_n - \frac{f(x_n)}{f'(x_n)} \quad \forall\, n \geq 0. \end{cases}$$

Das heißt, wir definieren die Folge (x_n) durch eine rekursive Vorschrift. Ist x_n berechnet, können wir diesen Wert in die obige Formel einsetzen, um x_{n+1} zu berechnen.

Falls die Bedingung $f' \neq 0$ erfüllt ist und x_n konvergiert, so konvergiert x_n gegen eine Nullstelle von f. Dies folgt aus

$$x_\infty = \lim_{n \to +\infty} x_{n+1} = \lim_{n \to +\infty} x_n - \lim_{n \to \infty} f(x_n)/f'(x_n)$$
$$= x_\infty - f(x_\infty)/f'(x_\infty) \quad \Rightarrow \quad f(x_\infty) = 0.$$

Die Folge ist nicht immer konvergent.

Die Folge muss die Bedingung $f'(x_0) \neq 0$, $f'(x_1) \neq 0 \ldots$ erfüllen.

Es existieren Bedingungen, die hinreichend für die Konvergenz der Folge sind.

Abb. 3.19 Newton-Verfahren
einer konvexen Funktion

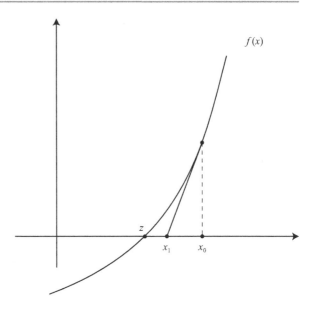

Beispiel Für konvexes f konvergiert die Folge (siehe Abb. 3.19). Sei z die Nullstelle von f.

$$x > z \Rightarrow f, f' > 0 \Rightarrow x_{n+1} - x_n \leq 0 \Rightarrow x_n \text{ ist fallend, } x_n \geq z \, \forall \, z.$$

$\Rightarrow$ Konvergenz (da x_n monoton fallend ist und beschränkt von unten).

Beispiel Abbildung 3.20 zeigt ein Beispiel, bei dem das Verfahren divergiert.

Abschätzung: Man kann zeigen, dass

$$|x_{n+1} - x_n| \leq C |x_n - x_{n-1}|^2$$

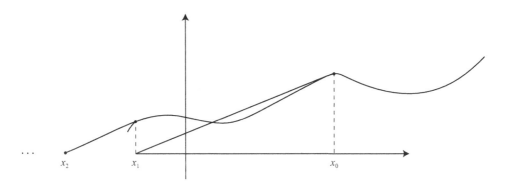

Abb. 3.20 Divergentes Verfahren

gilt. Die Konvergenz ist wegen des quadratischen Terms auf der rechten Seite relativ schnell.

3.9 Taylor'sche Formel

Versucht wird, eine Funktion mit einem Polynom zu approximieren. Es gilt:

Satz 3.10 *Sei* $f : [a, b] \to \mathbb{R}$ *eine Funktion, die $k + 1$-mal differenzierbar auf (a, b) ist. Es existiert $c \in (a, b)$ mit*

$$f(b) = f(a) + \frac{f'(a)}{1!}(b - a) + \frac{f''(a)}{2!}(b - a)^2 + \dots$$
$$+ \frac{f^{(k)}(a)}{k!}(b - a)^k + \frac{f^{(k+1)}(c)}{(k + 1)!}(b - a)^{k+1}$$

($f^{(i)}$ ist die i-te Ableitung von f).

Beweis Sei C gegeben mit

$$f(b) = f(a) + \frac{f'(a)}{1!}(b-a) + \frac{f''(a)}{2!}(b-a)^2 + \dots + \frac{f^k(a)}{k!}(b-a)^k + \frac{C}{(k+1)!}(b-a)^{k+1}.$$

(C ist eindeutig bestimmt.) Sei $g(x)$ definiert durch die Differenz des Funktionswertes $f(x)$ mit dem Taylor-Polynom, d. h.

$$g(x) = f(x) -$$
$$\underbrace{f(a) - \frac{f'(a)}{1!}(x - a) - \frac{f''(a)}{2!}(x - a)^2 - \dots - \frac{f^{(k)}(a)}{k!}(x - a)^k - \frac{C}{(k + 1)!}(x - a)^{k+1}}_{\text{Taylor-Polynom}}.$$

Es gilt

$$g(a) = g(b) = 0.$$

Es folgt aus dem Mittelwertsatz, dass

$$\exists c_1 \in (a, b) \text{ mit } g'(c_1) = 0.$$

Dann gilt

$$g'(c_1) = g'(a) = 0$$

($g'(x) = f'(x) - f'(a) - \dots - \frac{f^k(a)}{(k-1)!}(x - a)^{k-1} - \frac{C}{k!}(x - a)^k$). Aus dem Mittelwertsatz erhalten wir dann

$$\exists c_2 \in (a, c_1) \text{ mit } g''(c_2) = 0.$$

Da

$$g''(c_2) = g''(a) = 0,$$

können wir weitergehen bis $\exists c_{k+1} \in (a, c_k)$ mit

$$g^{(k+1)}(c_{k+1}) = f^{(k+1)}(c_{k+1}) - C = 0,$$

d. h. $c_{k+1} = c$. $\qquad\qquad\square$

Anwendung

1. $f(x) = \sin x$.

   Diese Funktion ist unendlich oft differenzierbar auf $\mathbb{R}$

   $$f'(x) = \cos x, \quad f''(x) = -\sin x, \quad f'''(x) = -\cos x, \quad f^{(4)}(x) = \sin x,$$

   d. h.

   $$f^{(2k+1)}(x) = (-1)^k \cos x, \quad f^{(2k)}(x) = (-1)^k \sin x$$

   und

   $$f^{(2k+1)}(0) = (-1)^k, \quad f^{(2k)}(0) = 0.$$

   Es folgt, dass für ein c zwischen 0 und x

   $$\sin x = x - \frac{x^3}{3!} + \frac{x^5}{5!} + \ldots + \frac{(-1)^k}{(2k+1)!} x^{2k+1} + (-1)^{k+1} \frac{\sin c}{(2k+2)!} x^{2k+2}$$

   gilt.

2. $f(x) = \cos x$. Es gilt

   $$f'(x) = -\sin x, \quad f''(x) = -\cos x, \quad f'''(x) = \sin x, \quad f^{(4)}(x) = \cos x,$$

   d. h.

   $$f^{(2k+1)}(x) = (-1)^{k+1} \sin x, \quad f^{(2k)}(x) = (-1)^k \cos x$$

   und

   $$f^{(2k+1)}(0) = 0, \quad f^{(2k)}(0) = (-1)^k.$$

   Dann gilt für alle $x \in \mathbb{R}$

   $$\cos x = 1 - \frac{x^2}{2!} + \frac{x^4}{4!} + \ldots + \frac{(-1)^k}{(2k)!} x^{2k} + (-1)^{k+1} \frac{\sin c}{(2k+1)!} x^{2k+1}$$

   für ein c zwischen 0 und x.

3. $f(x) = e^x$

$$f^{(k)}(0) = e^0 = 1 \quad \forall\, k.$$

Dann gilt für alle x

$$e^x = 1 + \frac{x}{1!} + \frac{x^2}{2!} + \ldots + \frac{x^k}{k!} + e^c \frac{x^{k+1}}{(k+1)!},$$

wobei c zwischen 0 und x liegt.

Bemerkung Es gilt

$$\lim_{n \to +\infty} \frac{x^n}{n!} = 0 \quad \forall\, x. \tag{3.1}$$

Sei n_0 so, dass

$$\frac{|x|}{n_0} = a < 1.$$

Für $n > n_0$ gilt

$$\frac{|x^n|}{n!} = \frac{|x^{n_0}|}{n_0!} \cdot \frac{|x|}{n_0 + 1} \ldots \frac{|x|}{n} \le \frac{|x|^{n_0}}{n_0!} a^{n-n_0} = \frac{1}{n_0!} \left(\frac{|x|}{a}\right)^{n_0} a^n \to 0, \quad \text{wenn } n \to +\infty.$$

Daraus folgt (3.1).

3.10 Übungen

Aufgabe 1 (Differenzierbare Funktionen sind stetig.)
Sei $f: I \to \mathbb{R}$ differenzierbar in a. Wir definieren für $x \ne a$ die folgende Funktion:

$$\varepsilon(x) := \frac{f(x) - f(a)}{x - a} - f'(a).$$

(a) Zeige, dass $\lim_{x \to a} \varepsilon(x) = 0$ gilt.
(b) Zeige, dass $\lim_{x \to a} f(x) = f(a)$ gilt, d. h., f ist stetig in a.

Aufgabe 2 Berechne die Ableitungen der folgenden Funktionen:

(a) $f : \mathbb{R} \to \mathbb{R}, x \mapsto f(x) := \frac{x^3+2}{2x^2+1}$,
(b) $f : \mathbb{R} \to \mathbb{R}, x \mapsto f(x) := x^3 \sin(x)$,
(c) $f : \mathbb{R} \to \mathbb{R}, x \mapsto f(x) := \cos(x^2 + 1)$,
(d) $f : \mathbb{R} \to \mathbb{R}, x \mapsto f(x) := 5x^3 + 4x^2 + 3x + 2$.

Aufgabe 3 Berechne die Ableitungen der folgenden Funktionen:

(a) $f : \mathbb{R} \to \mathbb{R}, x \mapsto f(x) := \sin(x) \cdot e^{3x^2+4}$,
(b) $f : (0, \infty) \to \mathbb{R}, x \mapsto f(x) := 4x^6 \cdot \log(x^3)$.

Aufgabe 4 Bestimme jeweils alle kritischen Punkte der folgenden Funktionen f und entscheide für jeden kritischen Punkt, ob f dort ein lokales Maximum oder ein lokales Minimum annimmt:

(a) $f : \mathbb{R} \to \mathbb{R}, x \mapsto f(x) := x^3 + 6x^2 + 9x + 10$,
(b) $f : \mathbb{R} \to \mathbb{R}, x \mapsto f(x) := \frac{x}{x^2+1}$.

Aufgabe 5 Es sei $f : [0, \infty) \to \mathbb{R}, x \mapsto f(x) := x \cdot e^{-x^2}$ gegeben. Bestimme das absolute Maximum und das absolute Minimum von f und alle Punkte, in denen das absolute Maximum bzw. das absolute Minimum angenommen werden; d. h., bestimme $M := \max\{f(x) \mid x \in [0, \infty)\}$, $m := \min\{f(x) \mid x \in [0, \infty)\}$ sowie alle Punkte $x \in [0, \infty)$, die $f(x) = M$ erfüllen, und alle Punkte $y \in [0, \infty)$, die $f(y) = m$ erfüllen.

Aufgabe 6 Führe eine Kurvendiskussion der Funktion f definiert durch $f(x) := 4x^2 - x^4$ durch.
Dabei bedeutet eine **Kurvendiskussion** Folgendes:

(i)   Bestimme den Definitionsbereich D_f der Funktion $f : D_f \to \mathbb{R}, x \mapsto f(x)$.
(ii)   Untersuche, ob f gerade ist (also ob $f(-x) = f(x)$ für alle $x \in D_f$ gilt), und untersuche, ob f ungerade ist (also ob $f(-x) = -f(x)$ für alle $x \in D_f$ gilt).
(iii)   Bestimme alle Nullstellen von f.
(iv)   Berechne $\lim_{x \to +\infty} f(x)$ und $\lim_{x \to -\infty} f(x)$, falls sie existieren. Falls $D_f \neq \mathbb{R}$ gilt, so berechne außerdem für jedes $a \in (\mathbb{R} \setminus D_f)$ $\lim_{x \nearrow a} f(x)$ und $\lim_{x \searrow a} f(x)$, falls sie existieren.
(v)   Berechne f' sowie alle lokalen Maxima und alle lokalen Minima von f.
(vi)   Berechne f'' und alle Wendepunkte von f.
(vii)   Erstelle eine kleine Tabelle, aus der hervorgeht, in welchen Intervallen f'' positiv bzw. negativ ist, in welchen Intervallen f' positiv bzw. negativ ist und in welchen Intervallen f monoton wachsend bzw. monoton fallend ist (wie im Beispiel $f(x) = x^2 + x^3$, siehe Abb. 3.15).
(viii) Skizziere den Graphen von f mithilfe der in (i) - (vii) erhaltenen Informationen.

Aufgabe 7 Führe eine Kurvendiskussion der Funktion f definiert durch $f(x) := \frac{x}{x^2-4}$ durch.

Aufgabe 8 Eine Firma möchte eine Konservendose herstellen, die die Form eines Kreiszylinders hat und aus Boden, Deckel und Mantelfläche besteht. Die Dose soll 1ℓ Volumen haben und aus möglichst wenig Material hergestellt werden. Berechne den Durchmesser und die Höhe dieser Dose.

Aufgabe 9 Aus einem Stück Stoff von der Form eines rechtwinkligen Dreiecks, dessen Katheten (die Katheten sind die beiden Seiten des Dreiecks, die senkrecht zueinander sind) die Längen 60 cm und 100 cm haben, soll ein Rechteck ausgeschnitten werden, aus dem eine Tasche genäht werden soll. Dabei sollen die Seiten des Rechtecks parallel zu den Katheten des Dreiecks und der Flächeninhalt des Rechtecks möglichst groß sein. Berechne die Seitenlängen des Rechtecks.

Aufgabe 10 Es sei $f : \mathbb{R} \to \mathbb{R}, x \mapsto f(x) := x^4 - 64x + 96$.

(a) Zeige, dass f eine konvexe Funktion ist und dass f streng monoton wachsend auf $(\sqrt[3]{16}, \infty)$ ist.

(b) Zeige mithilfe von (a) und des Zwischenwertsatzes, dass f im Intervall $[3, 4]$ genau eine Nullstelle hat.

(c) Es sei $z \in [3, 4]$ die in (b) gefundene Nullstelle von f, also $f(z) = 0$. Um eine Näherung von z mit dem Newton-Verfahren zu berechnen, sei $x_0 := 4$ sowie $x_{n+1} = x_n - \frac{f(x_n)}{f'(x_n)}$, $n \in \mathbb{N}$. Begründe kurz, warum die Folge $(x_n)_{n \in \mathbb{N}}$ konvergent ist mit $\lim_{n \to \infty} x_n = z$. Berechne dann $x_1, x_2, \ldots, x_{n_0}$, wobei $n_0 \in \mathbb{N}$ möglichst klein sein soll, sodass $|f(x_{n_0})| \leq 0{,}001$ gilt.

Aufgabe 11 Es sei $f : (-1, \infty) \to \mathbb{R}, x \mapsto f(x) := \log(1 + x)$.

(a) Zeige mit der Taylor'schen Formel, dass es für $k \geq 1$ und $x \in (-1, \infty)$ ein c zwischen 0 und x gibt, sodass gilt:

$$\log(1 + x) = x - \frac{x^2}{2} + \ldots + \frac{(-1)^{k-1}}{k} x^k + \frac{(-1)^k}{(k+1)(1+c)^{k+1}} x^{k+1}.$$

(b) Zeige, dass für $x \in (0, 1]$ und $c \in (0, x)$ gilt: $\lim_{k \to \infty} \left(\frac{(-1)^k}{(k+1)(1+c)^{k+1}} x^{k+1} \right) = 0$.

Aufgabe 12

(a) Bestimme $k \in \mathbb{N}$ möglichst klein, sodass $\left| (-1)^{k+1} \frac{\sin(c)}{(2k+2)!} x^{2k+2} \right| \leq 0{,}001$ für alle $x \in [-1, 1]$ und alle c zwischen 0 und x gilt. Bestimme dann mithilfe der Taylor-Entwicklung von $f(x) = \sin(x)$ ein Polynom $P(x)$, so dass $|\sin(x) - P(x)| \leq 0{,}001$ für alle $x \in [-1, 1]$ gilt.

(b) Bestimme mithilfe von (a) eine Näherung A des Wertes $\sin(1)$, sodass $|\sin(1) - A| \leq 0{,}001$ gilt. Berechne außerdem $|S - A|$, wobei S der Wert sei, den der Taschenrechner für $\sin(1)$ angibt.

Integralrechnung

4

4.1 Umkehrung der Differentiation

Differentiation – es ist f gegeben, und man sucht f'.

Umkehrung – es ist f' gegeben, und man sucht f.

Das heißt: Sei $g : I \to \mathbb{R}$ eine stetige Funktion, gesucht ist f mit $f' = g$.

Beispiel $f(x) = x$ oder $f(x) = x +$ Konstante, $g(x) = 1$.
Es gibt eine Vielzahl von Lösungen.

Die Lösung des Problems ist nicht eindeutig bestimmt. Je zwei Lösungen unterscheiden sich um eine Konstante.

Definition 4.1 Sei $f : I \to \mathbb{R}$ eine Funktion. Eine Funktion $F : I \to \mathbb{R}$ heißt *Stammfunktion* von f, falls

1. F differenzierbar ist auf I,
2. $F'(x) = f(x) \ \forall\, x \in I$.

Satz 4.1 *Sei $f : I \to \mathbb{R}$ und seien F_1, F_2 zwei Stammfunktionen von f. Dann gilt*

$$F_1 - F_2 = Konstante = K.$$

Beweis Es gilt

$$F_1' = F_2' = f \quad \Rightarrow \quad (F_1 - F_2)' = F_1' - F_2' = 0.$$

Sei $F = F_1 - F_2$. F ist die konstante Funktion. Es gilt $F' \equiv 0$. Aus dem Mittelwertsatz folgt $\forall\, x_1, x_2 \in I$, $F(x_1) - F(x_2) = F'(\xi)(x_1 - x_2) = 0 \Rightarrow F =$ Konstante. $\qquad\square$

© Springer-Verlag Berlin Heidelberg 2016
M. Chipot, *Mathematische Grundlagen der Naturwissenschaften*, Springer-Lehrbuch,
DOI 10.1007/978-3-662-47088-6_4

Bemerkung Falls F eine Stammfunktion von f ist, ist auch $F + C$ eine Stammfunktion.

Bezeichnung der Stammfunktionen F, $\displaystyle\int f(x)\,dx$.

Beispiele

f	$F = \displaystyle\int f(x)\,dx$
e^x	$e^x + C$
e^{-x}	$-e^{-x} + C$
$\sin x$	$-\cos x + C$
$\cos x$	$\sin x + C$
x^n	$\frac{x^{n+1}}{n+1} + C$
$\frac{1}{\sqrt{1+x^2}}$	$\log(x + \sqrt{1 + x^2}) + C$

Eigenschaften der Stammfunktion

$$\int f + g\,dx = \int f\,dx + \int g\,dx,$$
$$\int \lambda f\,dx = \lambda \int f\,dx.$$

Beispiele
- Stammfunktion von $x^2 + x^5$

$$\int (x^2 + x^5)\,dx = \int x^2\,dx + \int x^5\,dx = \frac{x^3}{3} + \frac{x^6}{6} + C.$$

- Stammfunktion eines Polynoms

$$\int a_0 + a_1 x + \ldots + a_x x^n = a_0 x + a_1 \frac{x^2}{2} + \ldots + a_n \frac{x^{n+1}}{n+1} + C.$$

4.2 Flächenproblem

Beispiel Berechnung des Flächeninhalts des Gebietes $\{\,(x, y) \in \mathbb{R}^2 \mid 1 \le x \le 2, 0 \le y \le x^2\,\}$ (siehe Abb. 4.1).

Abb. 4.1 Fläche unter einer
Parabel

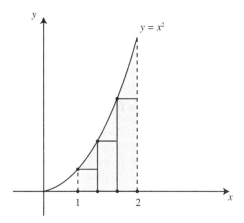

Unterteile das Intervall $(1, 2)$ in N gleiche Teile. Jedes Teilstück besitzt dabei die Länge
$\frac{2-1}{N} = \frac{1}{N}$. Die Fläche eines Teilstücks ergibt sich aus Länge und Höhe. Die Summe der
Flächen aller Teilstücke berechnen wir mit

$$R_N := \sum_{k=0}^{N-1} \frac{1}{N} f\left(1 + k \cdot \frac{1}{N}\right),$$

mit $f(x) = x^2$. R_N heißt Riemann'sche Summe. Die exakte Fläche erhalten wir mit
$\lim_{N \to +\infty} R_N$.

Diese Methode kann auf jede beliebige (stetige) Funktion angewendet werden (siehe
Abb. 4.2). Es ist nicht klar, ob der Limes von R_N existiert! Er existiert für eine stetige
Funktion.

Abb. 4.2 Fläche im Allgemeinen

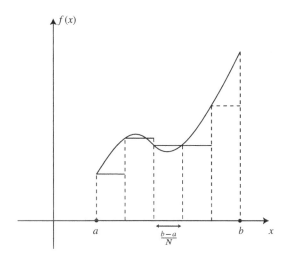

Sei $f : [a, b] \to \mathbb{R}$ stetig. Wir betrachten

$$R_N = \sum_{k=0}^{N-1} \frac{b-a}{N} f\left(a + k\left(\frac{b-a}{N}\right)\right).$$

Dann konvergiert die Folge $(R_N)_{N \geq 1}$ und

$$\lim_{N \to +\infty} R_N \overset{\text{Def}}{=} \int_a^b f(x)\,dx$$

heißt *bestimmtes* Integral von f zwischen a und b.

Bemerkung Für $b < a$ setzen wir

$$\int_a^b f(x)\,dx = -\int_b^a f(x)\,dx.$$

Für eine konstante Funktion – d. h. $f(x) = \lambda \; \forall \, x$ mit $\lambda \in \mathbb{R}$ – gilt

$$\int_a^b f(x)\,dx = \lambda(b - a).$$

Hilfssatz 1 *Seien f, g zwei stetige Funktionen mit*

$$f \leq g \quad auf\,(a, b).$$

Dann gilt

$$\int_a^b f(x)\,dx \leq \int_a^b g(x)\,dx$$

(unter der Bedingung $a < b$).

Beweis

$$\sum_{k=0}^{N-1} \frac{b-a}{N} f\left(a + \frac{k(b-a)}{N}\right) \leq \sum_{k=0}^{N-1} \frac{b-a}{N} g\left(a + \frac{k(b-a)}{N}\right).$$

Das Ergebnis folgt, wenn $N \to +\infty$. $\square$

Hilfssatz 2 *Seien $a < c < b$, f stetig auf (a,b). Es gilt*

$$\int_a^b f(x)\,dx = \int_a^c f(x)\,dx + \int_c^b f(x)\,dx.$$

Der Beweis folgt aus der Definition.

Hilfssatz 3 *Seien f, g stetig auf $[a,b]$, $\lambda \in \mathbb{R}$. Es gilt*

$$\int_a^b (f+g)(x)\,dx = \int_a^b f(x)\,dx + \int_a^b g(x)\,dx,$$

$$\int_a^b \lambda f(x)\,dx = \lambda \int_a^b f(x)\,dx.$$

Der Beweis folgt aus der Definition des Integrals.

4.3 Fundamentalsatz der Differenzial- und Integralrechnung

Wir wollen nun das Integral einer Funktion in einem flexiblen Intervall berechnen.

Satz 4.2 *Sei $f : I \to \mathbb{R}$ stetig. Sei $x_0 \in I$. Für $x \in I$ sei*

$$F_0(x) = \int_{x_0}^x f(s)\,ds$$

(siehe Abb. 4.3). F_0 ist differenzierbar auf I und $F_0' = f$ (d. h., F_0 ist eine Stammfunktion von f).

Beweis Idee:

$$F_0(x+h) - F_0(x) \simeq hf(x) \quad \text{für} \quad h \quad \text{klein}$$

$$\Rightarrow \quad \frac{F_0(x+h) - F_0(x)}{h} \simeq f(x),$$

$$\Rightarrow \quad F_0'(x) = \lim_{h \to 0} \frac{F_0(x+h) - F_0(x)}{h} = f(x) \quad \forall\, x \in I.$$

Abb. 4.3 Stammfunktion als
Fläche

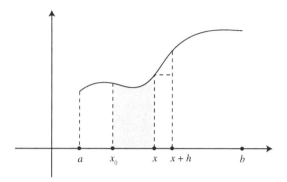

Korrekter Beweis: Sei $h > 0$

$$\frac{F_0(x+h) - F_0(x)}{h} - f(x) = \frac{\int_{x_0}^{x+h} f(s)\,ds - \int_{x_0}^{x} f(s)\,ds}{h} - f(x)$$

$$= \frac{\int_{x}^{x+h} f(s)\,dx - \int_{x}^{x+h} f(x)\,ds}{h}.$$

Dann folgt

$$\frac{F_0(x+h) - F_0(x)}{h} - f(x) = \frac{\int_{x}^{x+h}(f(s) - f(x))\,ds}{h}.$$

Sei $\varepsilon > 0$. f ist stetig, und es existiert δ mit

$$0 < h < \delta \quad \Rightarrow \quad -\varepsilon \le f(s) - f(x) \le \varepsilon \quad \forall\, s \in [x, x+h].$$

Aus Hilfssatz 1 folgt:

$$-\varepsilon = \int_{x}^{x+h} \frac{\varepsilon\,ds}{h} \le \frac{F_0(x+h) - F_0(x)}{h} - f(x) \le \int_{x}^{x+h} \frac{\varepsilon\,ds}{h} = \varepsilon.$$

Das heißt

$$\lim_{h \to 0^+} \frac{F_0(x+h) - F_0(x)}{h} = f(x).$$

Als Übung lassen wir den Beweis von

$$\lim_{h \to 0^-} \frac{F_0(x+h) - F_0(x)}{h} = f(x). \qquad \square$$

Anwendung Berechnung eines bestimmten Integrals mittels einer Stammfunktion.

Satz 4.3 *Sei $f : [a, b] \to \mathbb{R}$ stetig und F eine beliebige Stammfunktion von f. Es gilt*

$$\int_a^b f(x)\, dx = F(b) - F(a) \left(= F(x) \Big|_a^b \right).$$

Beweis Sei $x_0 \in (a, b)$. Es gilt

$$\int_a^b f(x)\, dx = \int_a^{x_0} f(x)\, dx + \int_{x_0}^b f(x)\, dx = -\int_{x_0}^a f(x)\, dx + \int_{x_0}^b f(x)\, dx$$

$$= F_0(b) - F_0(a).$$

Aus Satz 4.1 folgt

$$F = F_0 + C$$

$$\Rightarrow \quad \int_a^b f(x)\, dx = (F(b) - C) - (F(a) - C) = F(b) - F(a). \qquad \square$$

4.4 Elementare Integrationsmethoden

Da das Integrieren von Funktionen oft schwierig ist, versuchen wir meist, die zu integrierende Funktion zu einer Funktion mit bekannter Stammfunktion umzuformen. Dabei sind folgende Methoden hilfreich:

- **Substitutionsmethode**
An einem Beispiel zeigen wir:

- $\int x \sin(x^2)\, dx$
  Wir setzen $u = x^2$:

$$\frac{du}{dx} = 2x \quad \Rightarrow \quad du = 2x\, dx.$$

$$\int x \sin(x^2)\, dx = \int \frac{1}{2} \sin u\, du = -\frac{1}{2} \cos u + C = -\frac{1}{2} \cos(x^2) + C.$$

- $\displaystyle\int_0^1 x^2\sqrt{x^3+1}\,dx = \frac{1}{3}\int_1^2 \sqrt{u}\,du$ mit $u = x^3 + 1,\, du = 3x^2\,dx$

$$\int_0^1 x^2\sqrt{x^3+1}\,dx = \frac{1}{3}\cdot\frac{2}{3}u^{\frac{3}{2}}\Big|_1^2 = \frac{2}{9}\big(2^{\frac{3}{2}}-1\big) = \frac{2}{9}\big(\sqrt{8}-1\big).$$

Bemerkung Im allgemeinen Fall, für $\alpha \in \mathbb{R}$, ist

$$x^\alpha = e^{\alpha\log x}$$

(für $\alpha \in \mathbb{N}$ gilt auch $x^\alpha = e^{\alpha\log x}$, sodass die Definition sinnvoll ist). Dann gilt

$$\int x^\alpha\,dx = \frac{1}{\alpha+1}x^{\alpha+1} + C,\quad \alpha \neq -1.$$

- **Partielle Integration**

  Formel: $\displaystyle\int u\cdot v'\,dx = uv - \int u'v\,dx$

Beweis

$$uv' + u'v = (uv)' \quad\Rightarrow\quad \int uv' + u'v\,dx = uv$$

$$\Rightarrow\quad \int uv'\,dx = uv - \int u'v\,dx. \qquad\qquad \square$$

Beispiele

- $\displaystyle\int xe^x\,dx$

$$u(x) = x,\quad v'(x) = e^x \quad\Rightarrow\quad v(x) = e^x,\quad u' = 1$$

$$\Rightarrow \int xe^x\,dx = xe^x - \int 1\cdot e^x\,dx = xe^x - e^x + C = (x-1)e^x + C.$$

- $\displaystyle\int \log x\,dx = \int \log x \cdot 1\,dx$

$$u(x) = \log x,\quad v' = 1 \quad\Rightarrow\quad v = x,\quad u' = \frac{1}{x},$$

$$\int \log x\,dx = x\log x - \int \frac{1}{x}\cdot x\,dx = x\log x - x + C.$$

- $\displaystyle\int x \log x \, dx$

$$u(x) = \log x, \quad v'(x) = x \quad \Rightarrow \quad u' = \frac{1}{x}, \quad v = \frac{x^2}{2},$$

$$\int x \log x \, dx = \frac{x^2}{2} \log x - \int \frac{1}{x} \cdot \frac{x^2}{2} \, dx = \frac{x^2}{2} \log x - \frac{x^2}{4} + C .$$

- $\displaystyle\int (\sin x) e^{-2x} \, dx$

$$v' = \sin x, \quad u = e^{-2x}$$

$$\int (\sin x) e^{-2x} \, dx = -(\cos x) e^{-2x} - \int -\cos x (-2e^{-2x}) \, dx$$

$$= -(\cos x) e^{-2x} - 2 \int (\cos x) e^{-2x} \, dx$$

$$= -(\cos x) e^{-2x} - 2 \left\{ (\sin x) e^{-2x} - \int (\sin x)(-2) e^{-2x} \, dx \right\}$$

$$= -(\cos x) e^{-2x} - 2(\sin x) e^{-2x} - 4 \int (\sin x) e^{-2x} \, dx$$

$$\int (\sin x) e^{-2x} \, dx = -\frac{1}{5} e^{-2x} \{ \cos x + 2 \sin x \} + C .$$

- **Uneigentliches Integral**

Integrale, bei denen eine oder beide Integrationsgrenzen unendlich sind:

$$\int_a^\infty f(x) \, dx, \quad \int_{-\infty}^b f(x) \, dx, \quad \int_{-\infty}^{+\infty} f(x) \, dx.$$

Die obigen Integrale mit offenen Integrationsgrenzen sind durch

$$\int_a^\infty f(x) \, dx = \lim_{R \to +\infty} \int_a^R f(x) \, dx$$

$$\int_{-\infty}^b f(x) \, dx = \lim_{R \to -\infty} \int_R^b f(x) \, dx$$

$$\int_{-\infty}^\infty f(x) \, dx = \int_{-\infty}^0 f(x) \, dx + \int_0^{+\infty} f(x) \, dx$$

definiert.

Beispiele

a) Das Integral $\displaystyle\int\limits_1^\infty \frac{dx}{x^2}$ existiert:

$$\int\limits_1^R \frac{1}{x^2}\,dx = -\frac{1}{x}\bigg|_1^R = 1 - \frac{1}{R} \to 1 \quad \text{für } R \to +\infty.$$

b) $\displaystyle\int\limits_1^\infty \frac{dx}{x}$ existiert nicht:

$$\int\limits_1^R \frac{dx}{x} = \ln x\bigg|_1^R = \ln R - \ln 1 = \ln R \to +\infty \quad \text{für } R \to +\infty.$$

Man kann auch Integrale betrachten, bei denen f nicht auf $[a, b]$ definiert ist, sondern auf $(a, b]$, $[a, b)$. Dann setzt man

$$\int\limits_a^b f(x)\,dx = \lim_{\varepsilon \to 0} \int\limits_{a+\varepsilon}^b f(x)\,dx \quad \text{bzw.} \quad \int\limits_a^b f(x)\,dx = \lim_{\varepsilon \to 0} \int\limits_a^{b-\varepsilon} f(x)\,dx.$$

Beispiele

a) $\displaystyle\int\limits_0^1 \frac{dx}{\sqrt{x}} = 2.$

$$\int\limits_\varepsilon^1 \frac{dx}{\sqrt{x}} = 2\sqrt{x}\bigg|_\varepsilon^1 = 2 - 2\sqrt{\varepsilon} \to 2 \quad \text{für } \varepsilon \to 0.$$

b) $\displaystyle\int\limits_0^1 \frac{dx}{x}$ existiert nicht.

$$\int\limits_\varepsilon^1 \frac{dx}{x} = \ln x\bigg|_\varepsilon^1 = -\ln \varepsilon \to +\infty \quad \text{für } \varepsilon \to 0.$$

4.5   Numerische Integration

Es ist manchmal schwer, eine Stammfunktion zu finden. Es gibt verschiedene numerische Integrationsmethoden:

a) *Trapezregel* (siehe Abb. 4.4).
   Die Fläche für das Trapez über x_k und x_{k+1} ist:

$$\text{Fläche} \; = \; \frac{b-a}{n} \left\{ \frac{f(x_k) + f(x_{k+1})}{2} \right\}.$$

Um das zu zeigen, bemerken wir in Abb. 4.5, dass gilt

$$(x_{k+1} - x_k)\{f(x_k) + f(x_{k+1})\} = 2 \,\text{Flächen des Trapezes},$$

$$\Rightarrow \quad \int_a^b f(x)\, dx \cong \frac{b-a}{2n} \sum_{k=0}^{n-1} \{f(x_k) + f(x_{k+1})\}$$

$$\cong \frac{b-a}{2n} \{f(x_0) + 2f(x_1) + \ldots + 2f(x_{n-1}) + f(x_n)\}.$$

Das ist die Approximation des Integrals.

Abb. 4.4 Trapezregel

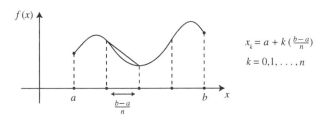

Abb. 4.5 Fläche des Trapezes

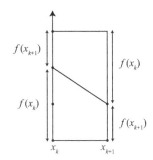

b) *Simpson'sche Formel*. Man unterteilt (a, b) in $2n$ Stücke (siehe Abb. 4.6).

Sei $\omega(x) = \alpha x^2 + \beta x + \gamma$ diese Parabel (siehe Abb. 4.7). Dann gilt:

$$
\int\limits_{x_{2k}}^{x_{2k+2}} \omega(x)\, dx = \frac{1}{3}\alpha x^3 + \frac{1}{2}\beta x^2 + \gamma x\Big|_{x_{2k}}^{x_{2k+2}}
$$

$$
= \frac{1}{3}\alpha x^3 + \frac{1}{2}\beta x^2 + \gamma x\Big|_{x_{2k}}^{x_{2k}+2h}
$$

$$
= \frac{1}{3}\alpha\{(x_{2k} + 2h)^3 - x_{2k}^3\} + \frac{1}{2}\beta\{(x_{2k} + 2h)^2 - x_{2k}^2\} + 2\gamma h.
$$

Wir verwenden jetzt die Formel

$$
a^3 - b^3 = (a - b)(a^2 + ab + b^2), \quad a^2 - b^2 = (a - b)(a + b).
$$

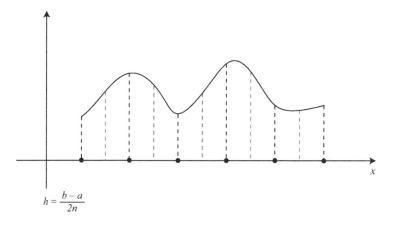

$$h = \frac{b - a}{2n}$$

Abb. 4.6 Unterteilung für die Simpson'sche Formel

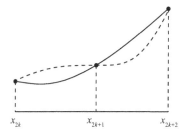

Die Fläche zwischen x_{2k} x_{2k+2} ist ersetzt durch die Fläche unter einer Parabel, durch die Punkte $(x_{2k}, f(x_{2k}))$, $(x_{2k+1}, f(x_{2k+1}))$, $(x_{2k+2}, f(x_{2k+2}))$

Abb. 4.7 Simpson'sches Prinzip

Es folgt

$$\int\limits_{x_{2k}}^{x_{2k+2}} \omega(x)\,dx = \frac{1}{3}2\alpha h\{(x_{2k}+2h)^2 + x_{2k}^2 + x_{2k}(x_{2k}+2h)\} + \frac{1}{2}\beta 2h2(x_{2k}+h) + 2\gamma h$$

$$= \frac{h}{3}\{6\alpha x_{2k}^2 + 12\alpha h x_{2k} + 8\alpha h^2 + 6\beta x_{2k} + 6\beta h + 6\gamma\}.$$

Wir bemerken, dass

$$\omega(x_{2k}) + 4\omega(x_{2k}+h) + \omega(x_{2k}+2h) = \alpha x_{2k}^2 + \beta x_{2k} + \gamma$$
$$+ 4\{\alpha(x_{2k}+h)^2 + \beta(x_{2k}+h) + \gamma\}$$
$$+ \alpha(x_{2k}+2h)^2 + \beta(x_{2k}+2h) + \gamma$$
$$= 6\alpha x_{2k}^2 + 12\alpha h x_{2k} + 8\alpha h^2$$
$$+ 6\beta x_{2k} + 6\beta h + 6\gamma.$$

Es folgt, dass

$$\int\limits_{x_{2k}}^{x_{2k+2}} \omega(x)\,dx = \frac{h}{3}\{\omega(x_{2k}) + 4\omega(x_{2k}+h) + \omega(x_{2k}+2h)\}$$

$$= \frac{h}{3}\{f(x_{2k}) + 4f(x_{2k}+h) + f(x_{2k}+2h)\} \stackrel{\text{Def}}{=} \delta_k$$

gilt. Die Approximation des Integrals ist gegeben durch

$$\int\limits_a^b f(x)\,dx \cong \sum_{k=0}^{n-1} \delta_k \quad \text{(Simpson-Regel)}.$$

4.6 Anwendungen

a) Bogenlänge von Kurven

Eine Kurve (siehe Abb. 4.8) ist eine Abbildung

$$C : [a,b] \to \mathbb{R}^2 \quad C(t) = (C_1(r), C_2(t)) = \begin{pmatrix} C_1(t) \\ C_2(t) \end{pmatrix}.$$

(Wir stellen die Punkte dieser Kurve als *Vektoren* mit (der Zeit als) dem Parameter t dar.)

Abb. 4.8 Kurvenbogen

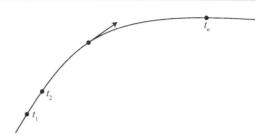

$$C'(t) = \begin{pmatrix} C'_2(t) \\ C'_n(t) \end{pmatrix} \quad \text{Geschwindigkeit (Vektor)},$$

$$|C'(t)| = \text{Geschwindigkeit (Skalar oder Betrag).}$$

$$\sum_{i=1}^{n-1} |C'(t_i)|(t_{i+1} - t_i) \to \int_{t_1}^{t_n} |C'(t)|\, dt = L = \text{Länge der Kurve zwischen } t_1, t_n.$$

Beispiel Länge des Kreises (siehe Abb. 4.9).

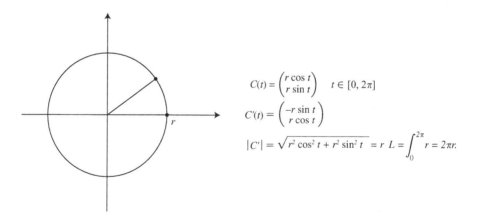

$$C(t) = \begin{pmatrix} r\cos t \\ r\sin t \end{pmatrix} \quad t \in [0, 2\pi]$$

$$C'(t) = \begin{pmatrix} -r\sin t \\ r\cos t \end{pmatrix}$$

$$|C'| = \sqrt{r^2 \cos^2 t + r^2 \sin^2 t} = r \quad L = \int_0^{2\pi} r = 2\pi r.$$

Abb. 4.9 Parametrisierung des Kreises

b) Flächen

Man möchte die Fläche der dargestellten Menge in Abb. 4.10 berechnen.

Seien v, w zwei Vektoren. Wir betrachten zunächst das durch den Ursprung und die Punkte v, w definierte Dreieck.

Die Fläche des Dreiecks ist

$$\frac{1}{2}|v_1 w_2 - w_1 v_2|.$$

Begründung: Man wählt die Koordinaten so, dass $v_2 = 0$ ist. Dann gilt (siehe Abb. 4.11)

$$\text{Fläche } (D) = \frac{1}{2} w_2 v_1 = \frac{1}{2}|v_1 w_2 - w_1 v_2|.$$

Um aus dieser Begründung einen formalen Beweis zu entwickeln, muss man noch zeigen, dass sich der Ausdruck $v_1 w_2 - w_1 v_2$ unter Rotation nicht ändert.

Die Fläche F ist approximiert durch eine Summe von Dreiecken $C(t)$, $C'(t)$, d. h.

$$F = \frac{1}{2} \int_{t_0}^{t_1} |C_1'(t) C_2(t) - C_2'(t) C_1(t)| \, dt.$$

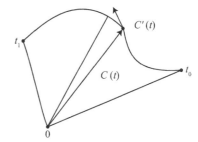

Abb. 4.10 Flächenberechnung

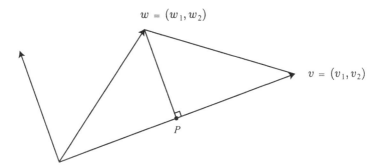

Abb. 4.11 Fläche des Dreiecks

Abb. 4.12 Ein unmöglicher
Fall   Dieser Fall ist verboten

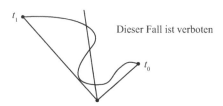

Beispiel Fläche der Ellipse

$$\text{Sei } C(t) = \begin{pmatrix} a \cos t \\ b \sin t \end{pmatrix}, \quad t \in [0, 2\pi].$$

$$\text{Es folgt } C'(t) = \begin{pmatrix} -a \sin t \\ b \cos t \end{pmatrix}, \quad \text{also } |C_1' C_2 - C_2' C_1| = |ab \cos^2 t + ab \sin^2 t| = ab.$$

Daher gilt

$$F = \frac{1}{2} \int_0^{2\pi} ab = \pi ab \quad (a = b \implies \pi a^2 \text{ Fläche eines Kreises}).$$

Bemerkung Die Fläche einer Kurve, die aus Sicht des Ursprungs erst im und anschließend gegen den Uhrzeigersinn verläuft, kann mit unserer Formel nicht berechnet werden (siehe Abb. 4.12).

c) Volumen
Volumen von Rotationskörpern – Man rotiert eine Kurve $(s, f(s))$, $s \in (a, b)$ um die x-Achse (siehe Abb. 4.13). Das Volumen eines Teilstücks mit Breite Δx ist annähernd

$$\pi f(x)^2 \Delta x.$$

Bezeichnen wir mit $V(x)$ das Volumen des Rotationskörpers eingeschränkt auf $\{(u, v) : a < u < x\}$, so gilt also

$$V'(x) = \pi f(x)^2.$$

Es folgt

$$V = \int_a^b \pi f(x)^2 \, dx.$$

Beispiel *Volumen der Kugel*

$$f(x) = \sqrt{r^2 - x^2}, \quad V = \pi \int_{-r}^{+r} r^2 - x^2 \, dx = \frac{4}{3} \pi r^3.$$

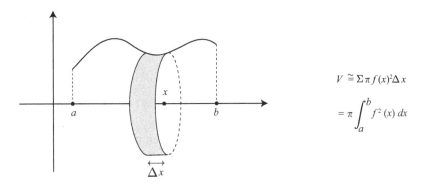

$$V \cong \Sigma \, \pi \, f(x)^2 \Delta x$$

$$= \pi \int_a^b f^2(x)\, dx$$

Abb. 4.13 Volumen eines Rotationskörpers

4.7 Übungen

Aufgabe 1 Es sei $f : [0,1] \to \mathbb{R}$, $x \mapsto f(x) := x^2$. Es soll $\int_0^1 f(x)\, dx$ mithilfe der Riemann'schen Summen berechnet werden.

(a) Zeige, dass $\sum_{k=0}^n k^2 = \frac{1}{6} n(n+1)(2n+1)$ für alle $n \in \mathbb{N}$ gilt.
   Tipp: Verwende dazu, dass für $n \in \mathbb{N}$ gilt:

$$\sum_{k=0}^{n+1} k^3 = \sum_{k=0}^{n} (k+1)^3 = \sum_{k=0}^{n} k^3 + 3\sum_{k=0}^{n} k^2 + 3\sum_{k=0}^{n} k + \sum_{k=0}^{n} 1 \, .$$

(b) Die Riemann'sche Summe R_N sei definiert durch $R_N = \sum_{k=0}^{N-1} \frac{b-a}{N} \cdot f\left(a + \frac{k(b-a)}{N}\right)$
   für $N \in (\mathbb{N} \setminus \{0\})$, wobei $a = 0$ und $b = 1$ gilt (da wir f auf $[a,b] = [0,1]$
   betrachten). Zeige mithilfe von (a), dass $R_N = \frac{(N-1)(2N-1)}{6N^2}$ für $N \geq 1$ gilt. Zeige dann,
   dass die Folge $(R_N)_{N \geq 1}$ konvergent ist, und berechne $\int_0^1 f(x)\, dx := \lim_{N \to \infty} R_N$.

Aufgabe 2 Berechne die folgenden Stammfunktionen bzw. bestimmten Integrale mithilfe der Substitutionsmethode:

(a) $\int \sin(x) \cdot e^{\cos(x)+4}\, dx$,

(b) $\int \sin(x) \cdot \cos(x)\, dx$,

(c) $\int_0^9 \sqrt{x} \cdot \sqrt[3]{x^{\frac{3}{2}} + 5}\, dx$,

(d) $\int_2^5 \frac{\log(x)}{x}\, dx$.

Aufgabe 3 Berechne die folgenden Stammfunktionen bzw. bestimmten Integrale mithilfe der partiellen Integration:

(a) $\int x^2 \cdot e^{-x}\, dx$,

(b) $\int_0^4 x \cdot \cos(3x)\, dx$,

(c) $\int (\sin(x))^2\, dx$.

   (Tipp: Führe zunächst eine partielle Integration durch und verwende dann die Gleichung $(\cos(x))^2 = 1 - (\sin(x))^2$.)

Aufgabe 4 Zeichne die Menge $G := \{(x, y) \mid 0 \le x \le \frac{\pi}{2},\ \frac{2}{\pi}x \le y \le \sin(x)\}$ und berechne die Fläche von G.

Aufgabe 5

(a) Untersuche, ob die folgenden uneigentlichen Integrale existieren, und berechne gegebenenfalls ihren Wert.

   (i) $\int_0^\infty \cos(x)\, dx$,   (ii) $\int_1^5 \frac{1}{\sqrt[3]{x-1}}\, dx$.

(b) Bestimme alle $\alpha > 0$, für die das uneigentliche Integral $I_\alpha := \int_1^\infty \frac{1}{x^\alpha}\, dx$ existiert, und bestimme alle $\alpha > 0$, für die I_α nicht existiert.

Aufgabe 6 Berechne jeweils mithilfe der angegebenen Regel und eines Taschenrechners eine Näherung des Integrals $\int_0^1 e^{-x^2}\, dx$.

(a) Verwende die Trapezregel einmal mit $n = 4$ und einmal mit $n = 10$.

(b) Verwende die Simpson-Regel einmal mit $n = 3$ und einmal mit $n = 6$.

Aufgabe 7 Gegeben seien $x_i, y_i \in \mathbb{R}$, $i = 0, 1, 2$, mit $x_0 < x_1 < x_2$.

   In der Herleitung der Simpson-Regel wurde verwendet, dass es eine eindeutige Parabel w, also eindeutig bestimmte $\alpha, \beta, \gamma \in \mathbb{R}$ mit $w(x) = \alpha x^2 + \beta x + \gamma$ für $x \in \mathbb{R}$, gibt, sodass $w(x_i) = y_i$ für alle $i \in \{0, 1, 2\}$ erfüllt ist. Dies soll nun in den folgenden Schritten bewiesen werden:

(a) Bestimme $\alpha, \beta, \gamma \in \mathbb{R}$, sodass die Funktion w gegeben durch $w(x) = \alpha x^2 + \beta x + \gamma$ für $x \in \mathbb{R}$ die Bedingungen $w(x_i) = y_i$ für alle $i \in \{0, 1, 2\}$ erfüllt.
   Hinweis: Verwende den Ansatz $w(x) = a + b(x - x_0) + c(x - x_0)(x - x_1)$, $x \in \mathbb{R}$.
   Setze nacheinander x_0, x_1, x_2 in diese Funktion ein und bestimme damit zunächst a, dann b und dann c. Nachdem a, b und c bestimmt sind, schreibe w um in die Form $w(x) = \alpha x^2 + \beta x + \gamma$, $x \in \mathbb{R}$, und gib α, β, γ an.

(b) Seien $\alpha_1, \beta_1, \gamma_1 \in \mathbb{R}$ und $\alpha_2, \beta_2, \gamma_2 \in \mathbb{R}$ so, dass die Funktionen $w_1(x) = \alpha_1 x^2 + \beta_1 x + \gamma_1$, $x \in \mathbb{R}$, und $w_2(x) = \alpha_2 x^2 + \beta_2 x + \gamma_2$, $x \in \mathbb{R}$, die Bedingungen $w_1(x_i) = y_i$ und $w_2(x_i) = y_i$ für alle $i \in \{0, 1, 2\}$ erfüllen. Zeige, dass dann $v(x) := w_1(x) - w_2(x)$ die Nullfunktion ist, also $v(x) = 0$ für alle $x \in \mathbb{R}$ gilt.

Hinweis: Zeige, dass v mindestens drei Nullstellen hat, und begründe dann, warum $v(x) = (\alpha_1 - \alpha_2)x^2 + (\beta_1 - \beta_2)x + (\gamma_1 - \gamma_2)$, $x \in \mathbb{R}$, daher die Nullfunktion sein muss.

Aufgabe 8

(a) Es sei die Kurve $c : [0, \pi] \to \mathbb{R}^2$ mit $c(t) = \begin{pmatrix} e^{(\frac{t}{\pi})} \cdot \cos(t) \\ e^{(\frac{t}{\pi})} \cdot \sin(t) \end{pmatrix}$, $t \in [0, \pi]$, gegeben.

Berechne die Länge der Kurve und den Inhalt der Fläche, die von der Kurve und dem Abschnitt $\{(x, 0) \mid x \in [-e, 1]\}$ der x-Achse berandet ist.

(b) Es sei die Kurve $c : [0, 1] \to \mathbb{R}^2$ mit $c(t) = \begin{pmatrix} t \\ t^{\frac{3}{2}} \end{pmatrix}$, $t \in [0, 1]$, gegeben. Berechne die Länge der Kurve und den Inhalt der Fläche, die von der Kurve und dem Abschnitt $\{(x, y) \mid y = x \text{ und } x \in [0, 1]\}$ der Geraden $y = x$ berandet ist.

Aufgabe 9

(a) Zeige mithilfe der Formel für das Volumen von Rotationskörpern, dass ein Kreiszylinder, der die Höhe h hat und dessen Boden und Deckel jeweils ein Kreis mit Radius r ist, das Volumen $V = \pi r^2 h$ hat.

(b) Zeige mithilfe der Formel für das Volumen von Rotationskörpern, dass ein Kreiskegel, der die Höhe h und als Grundfläche einen Kreis mit Radius r hat, das Volumen $V = \frac{\pi}{3} r^2 h$ hat.

Reihen

5.1 Konvergenz

Definition 5.1 Sei (x_n) eine Folge. Die Folge

$$s_n = x_0 + x_1 + \ldots + x_n$$

heißt *Reihe* mit den Gliedern x_i. Der Wert s_n ist eine *partielle Summe* der Reihe. Die Reihe *konvergiert* genau dann, wenn (s_n) konvergiert. Man schreibt

$$\lim_{n \to +\infty} s_n = \sum_{n=0}^{+\infty} x_n.$$

Der Limes $\sum_{n=0}^{+\infty} x_n$ ist die *Summe* der Reihe.

Beispiele

1. $a \in \mathbb{R}, |a| < 1.$

$$x_n = a^n, \qquad s_n = 1 + a + \ldots + a^n.$$

Es gilt

$$s_n = \frac{1 - a^{n+1}}{1 - a} \longrightarrow \frac{1}{1 - a} \quad \text{wenn } n \to +\infty.$$

Deshalb ist

$$\sum_{n=0}^{+\infty} a^n = \frac{1}{1 - a} \quad \forall \, |a| < 1.$$

2. $x_0 = 0, x_n = \frac{1}{n}, n \neq 0, s_n = 1 + \frac{1}{2} + \ldots + \frac{1}{n}.$

   Diese Reihe heißt *harmonische Reihe,* und sie divergiert. Man vergleicht die partielle Summe mit der Fläche unterhalb der Kurve $\frac{1}{x}$ (siehe Abb. 5.1).

© Springer-Verlag Berlin Heidelberg 2016
M. Chipot, *Mathematische Grundlagen der Naturwissenschaften*, Springer-Lehrbuch,
DOI 10.1007/978-3-662-47088-6_5

Abb. 5.1 Vergleich von Reihe
und Integral

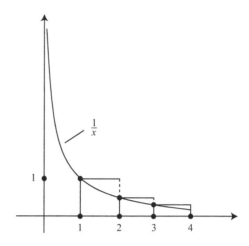

Es gilt

$$1 + \frac{1}{2} + \frac{1}{3} + \ldots + \frac{1}{n} \geq \int\limits_{1}^{n+1} \frac{dx}{x} = \log(n+1) \to +\infty \text{ wenn } n \to +\infty.$$

Bezeichnung Wir werden mit Σx_k die Reihe mit den Gliedern x_k bezeichnen.

Satz 5.1 *Es gilt:*

$$\text{Die Reihe } \Sigma x_k \text{ konvergiert} \Rightarrow \lim_{k \to +\infty} x_k = 0.$$

Folgerung:
Falls $\lim_{k \to +\infty} x_k \neq 0$ ist, divergiert Σx_k.

Beweis (Beweis des Satzes) Sei $s_n = \sum_{k=0}^{n} x_k$. Die Reihe konvergiert, falls

$$s_n \longrightarrow s = \sum_{k=0}^{+\infty} x_k \quad \text{für } n \to +\infty,$$

d. h. der Limes von s_n existiert. Dann gilt

$$x_n = s_n - s_{n-1} \longrightarrow s - s = 0. \qquad \square$$

Bemerkung $x_k \to 0 \nRightarrow \Sigma x_k$ konvergiert (nehme $x_k = \frac{1}{k}$).

Satz 5.2 *Sei $x_k \geq 0 \; \forall k$. Die Reihe Σx_k konvergiert genau dann, wenn die Folge der partiellen Summen s_n beschränkt ist.*

Beweis $x_k \geq 0 \Rightarrow s_n$ ist eine monoton steigende Folge. Der Beweis folgt aus Satz 2.1. □

Definition 5.2 Eine Reihe Σx_k heißt *absolut konvergent*, falls die Reihe $\Sigma |x_k|$ konvergent ist.

Satz 5.3 *Eine absolut konvergente Reihe ist konvergent.*

Beweis (Formal). Sei $s_n = x_0 + x_1 + \ldots + x_n, a_n = |x_0| + |x_1| + \ldots + |x_n|$. Wir wissen, dass

$$a_n \longrightarrow a_\infty = \sum_{k=0}^{+\infty} |x_k|$$

gilt. Dann folgt für $s_\infty = \sum_{k=0}^{+\infty} x_n$

$$\begin{aligned}
|s_n - s_\infty| &= |s_\infty - s_n| \\
&= |x_{n+1} + x_{n+2} + \cdots| \\
&\leq |x_{n+1}| + |x_{n+2}| + \cdots \\
&= a_\infty - a_n \longrightarrow 0 \quad \text{für } n \to +\infty.
\end{aligned}$$

□

5.2 Konvergenztest

Es gibt verschiedene Methoden, um zu entscheiden, ob eine Reihe konvergent ist.

Vergleichstest

Satz 5.4 *Seien $\Sigma x_k, \Sigma y_k$ zwei Reihen mit*

$$0 \leq x_k \leq y_k \quad \forall k.$$

- *Falls Σy_k konvergiert, konvergiert Σx_k.*
- *Falls Σx_k divergiert, divergiert Σy_k.*

Beweis

- Wir nehmen an, dass $\Sigma\, y_k$ konvergiert.

$$s_n = \sum_{k=0}^{n} x_k \leq \sigma_n = \sum_{k=0}^{n} y_k.$$

Da σ_n konvergiert, ist σ_n beschränkt. Daher ist s_n beschränkt und $\Sigma\, x_k$ konvergiert (Satz 5.2).

- Wir nehmen an, dass $\Sigma\, x_k$ divergiert. Es gilt

$$\sigma_n = \sum_{k=0}^{n} y_k \geq \sum_{k=0}^{n} x_k = s_n \to +\infty,$$

und $\Sigma\, y_k$ divergiert.   □

Bemerkung Eine konvergente Folge (s. o.) ist beschränkt. Falls wir

$$\sigma_n \longrightarrow L \text{ für } n \to +\infty$$

wissen, so gilt:

$$\exists\, N \text{ mit } n \geq N \quad \Rightarrow \quad L - 1 \leq \sigma_n \leq L + 1.$$

Das heißt, für $n \geq N$ ist

$$|\sigma_n| \leq |L| + 1,$$

und für alle n gilt

$$|\sigma_n| \leq \mathrm{Max}\{|L| + 1, |\sigma_0|, |\sigma_1|, \ldots, |\sigma_{N-1}|\}.$$

Korollar 5.5 *Seien $\Sigma\, x_k$, $\Sigma\, t_k$ zwei Reihen mit*

$$|x_k| \leq t_k \quad \forall\, k.$$

Falls $\Sigma\, t_k$ konvergiert, konvergiert $\Sigma\, x_k$ absolut.

Beweis Folgt aus Satz 5.4.   □

Bemerkung Im Korollar (siehe auch Satz 5.4) genügt es,

$$|x_k| \leq t_k \quad \text{für } k \text{ groß}$$

zu haben. Zum Beispiel nehmen wir an, dass

$$|x_k| \leq t_k \quad \forall\, k \geq k_0.$$

Dann gilt für $n > k_0$

$$s_n = |x_0| + |x_1| + \ldots + |x_n| = s_{k_0} + |x_{k_0+1}| + \ldots + |x_{k_0+n-k_0}|.$$

Es gilt

$$|x_{k_0+k}| \leq t_{k_0+k} \quad \forall\, k,$$

und die Reihe $\Sigma |x_{k_0+k}|$ konvergiert. Sei

$$\sigma_n = \sum_{k=0}^{n} |x_{k_0+k}|.$$

Es gilt

$$s_n = s_{k_0} + \sigma_{n-k_0},$$

und s_n konvergiert.

Quotiententest

Satz 5.6 *Sei Σx_k eine Reihe.*

a) *Falls* $\lim\limits_{k \to +\infty} \dfrac{|x_{k+1}|}{|x_k|} < 1$ *gilt, ist Σx_k absolut konvergent.*

b) *Falls* $\lim\limits_{k \to +\infty} \dfrac{|x_{k+1}|}{|x_k|} > 1$ *gilt, ist Σx_k divergent.*

Beweis a) Es existieren a, k_0 mit

$$\frac{|x_{k+1}|}{|x_k|} \leq a < 1 \quad \forall\, k \geq k_0.$$

Für $k > k_0$ gilt

$$|x_k| = \frac{|x_k|}{|x_{k-1}|} \cdot \frac{|x_{k-1}|}{|x_{k-2}|} \cdots \frac{|x_{k_0+1}|}{|x_{k_0}|} |x_{k_0}| \leq |x_{k_0}| a^{k-k_0} = \frac{|x_{k_0}|}{a^{k_0}} \cdot a^k = t_k.$$

Da $a < 1$, konvergiert die Reihe Σt_k, und Σx_k ist absolut konvergent.

b) Es existieren a, k_0 mit

$$\frac{|x_{k+1}|}{|x_k|} \geq a > 1 \quad \forall\, k \geq k_0.$$

Dann gilt, für $k > k_0$

$$|x_k| = \frac{|x_k|}{|x_{k-1}|} \cdot \frac{|x_{k-1}|}{|x_{k-2}|} \cdots \frac{|x_{k_0+1}|}{|x_{k_0}|} |x_{k_0}| \geq |x_{k_0}| a^{k-k_0} \to +\infty,$$

wenn $k \to +\infty$, und die Reihe divergiert. $\qquad \square$

Beispiele

- $x_k = k/3^k, k \geq 0$.

  Es gilt

  $$\frac{|x_{k+1}|}{|x_k|} = \frac{k+1}{k} \cdot \frac{3^k}{3^{k+1}} = \frac{k+1}{k} \cdot \frac{1}{3} \longrightarrow \frac{1}{3} < 1 \quad \text{für } k \to +\infty.$$

  Die Reihe Σx_k konvergiert.

- $x_k = ka^k \ a \in \mathbb{R}$.

  $$\frac{|x_{k+1}|}{|x_k|} = \frac{(k+1)|a^{k+1}|}{k|a^k|} = \frac{k+1}{k}|a| \longrightarrow |a| \quad \text{für } k \to +\infty.$$

Für $|a| < 1$: die Reihe konvergiert; für $|a| > 1$: die Reihe divergiert; für $|a| = 1$: die Reihe divergiert auch ($x_k \not\to 0$).

Bemerkung Im Fall

$$\lim_{k \to +\infty} \frac{|x_{k+1}|}{|x_k|} = 1$$

kann man nichts über die Konvergenz aussagen. Zum Beispiel divergiert für $x_k = \frac{1}{k}$ die Reihe Σx_k, für $x_k = \frac{1}{k^2}$ konvergiert Σx_k.

Wurzeltest

Satz 5.7 *Sei Σx_k eine Reihe.*

a) *Falls* $\lim\limits_{k \to +\infty} |x_k|^{\frac{1}{k}} < 1$ *ist, konvergiert die Reihe absolut.*

b) *Falls* $\lim\limits_{k \to +\infty} |x_k|^{\frac{1}{k}} > 1$ *gilt, divergiert die Reihe.*

Beweis

a) Für k groß genug gilt

$$|x_k|^{1/k} \leq a < 1 \quad \Rightarrow \quad |x_k| \leq a^k,$$

und Σx_k konvergiert absolut.

b) Für k groß genug gilt

$$|x_k|^{1/k} \geq a > 1 \quad \Rightarrow \quad |x_k| \geq a^k \to +\infty,$$

und Σx_k divergiert.   □

Beispiel $x_k = k^p a^{3k}$, $p > 0$, $a \in \mathbb{R}$. In diesem Fall ist

$$|x_k|^{1/k} = |k^p|^{1/k} |a^{3k}|^{1/k} = |k^p|^{1/k} |a|^3, \text{ also}$$

$$|k^p|^{1/k} = e^{\frac{1}{k} p \ln k} \longrightarrow 1 \text{ für } k \to +\infty.$$

Es folgt

$$\lim_{k \to +\infty} |x_k|^{1/k} = |a|^3.$$

Die Reihe Σx_k konvergiert für $|a| < 1$, und divergiert für $|a| > 1$.

Leibniz-Regel

Satz 5.8 *Sei (a_k) eine monoton fallende Folge mit $\lim_{k \to +\infty} a_k = 0$. Dann ist die Reihe $\Sigma (-1)^k a_k$ konvergent.*

Beweis (Formal). Seien

$$s_n = \sum_{k=0}^{n} (-1)^k a_k, \qquad s_\infty = \sum_{k=0}^{+\infty} (-1)^k a_k.$$

Es gilt

$$a_0 \geq a_1 \geq a_2 \geq \ldots \geq a_k \geq a_{k+1} \ldots \geq 0.$$
$$s_\infty - s_n = (-1)^{n+1} a_{n+1} + (-1)^{n+2} a_{n+2} + \cdots.$$

Für n gerade, $n = 2m$ gilt

$$s_\infty - s_n = (-1)^{2m+1} a_{m+1} + (-1)^{2m+2} a_{2m+2} + \cdots$$
$$= -a_{2m+1} + (a_{2m+2} - a_{2m+3}) + \cdots \geq -a_{2m+1} = -a_{n+1}.$$

Für n ungerade, $n = 2m + 1$ gilt

$$s_\infty - s_n = (-1)^{2m+2} a_{2m+2} + (-1)^{2m+3} a_{2m+3} + \cdots$$
$$= a_{2m+2} - (a_{2m+3} - a_{2m+4}) - (a_{2m+5} - a_{2m+6}) - \cdots$$
$$\leq a_{2m+2} = a_{n+1}.$$

Es folgt

$$|s_\infty - s_n| \leq a_{n+1} \to 0$$

für $n \to +\infty$, und die Reihe konvergiert. $\qquad\qquad\qquad\qquad\qquad\qquad \square$

Abb. 5.2 Integraltest

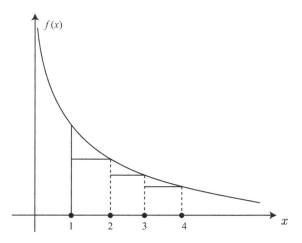

Bemerkung Für $a_k = \frac{1}{k}$ ist die Reihe $\Sigma(-1)^k a_k = \Sigma \frac{(-1)^k}{k}$ konvergent nach der Leibniz-Regel (denn (a_k) ist monoton fallend mit $\lim_{k \to +\infty} a_k = 0$). Die Reihe $\Sigma \frac{(-1)^k}{k}$ ist aber nicht absolut konvergent, da die Reihe $\Sigma \left| \frac{(-1)^k}{k} \right| = \Sigma \frac{1}{k}$ divergiert (wie bereits gezeigt wurde).

Integraltest

Satz 5.9 *Sei $f : [1, +\infty) \to \mathbb{R}$ eine stetige, monoton fallende Funktion mit $f(x) \geq 0$. Sei Σx_k eine Reihe mit*

$$|x_k| \leq f(k) \quad \forall k = 1, 2, \dots$$

Falls $\int_1^{+\infty} f(x)\,dx$ existiert, konvergiert die Reihe absolut (siehe Abb. 5.2).

Beweis Wir betrachten die Folge

$$s_n = \sum_{k=1}^{n} |x_k|.$$

s_n ist eine monoton steigende Folge. Falls sie beschränkt ist, wird sie konvergieren.
Es gilt

$$s_n \leq |x_1| + f(2) + f(3) + \dots + f(n)$$

$$\leq |x_1| + \int_1^{n} f(x)\,dx \leq |x_1| + \int_1^{\infty} f(x)\,dx < +\infty.$$

s_n konvergiert, und Σx_k ist absolut konvergent und konvergiert.   □

Bemerkung In Satz 5.9 reicht es zu fordern, dass für k groß genug $|x_k| \leq f(k)$ ist.

Beispiel $x_k = \frac{1}{k^\alpha}, 0 < \alpha$. Man beachte die Definition $k^\alpha = e^{\alpha \log k}$.
Wir setzen $f(x) = \frac{1}{x^\alpha}$. Es gilt

$$\int_1^N f(x)\, dx = \int_1^N x^{-\alpha}\, dx = \frac{1}{1-\alpha} x^{1-\alpha}\Big|_1^N \quad \alpha \neq 1$$

$$= \frac{1}{1-\alpha}\{N^{1-\alpha} - 1\} \longrightarrow \frac{1}{\alpha - 1} \quad \text{für } \alpha > 1.$$

Σx_k konvergiert für $\alpha > 1$. Zum Beispiel sind $\Sigma \frac{1}{k^2}, \Sigma \frac{1}{k^3}$ konvergente Reihen. $\Sigma \frac{1}{k}$ divergiert – die Folge der Glieder $\frac{1}{k}$ geht gegen 0, aber nicht schnell genug, um die Konvergenz der Reihe zu sichern. Für die Reihe $\Sigma \frac{1}{k^2}$ liefert der Quotiententest kein Ergebnis, da

$$\lim_{k \to +\infty} \frac{|x_{k+1}|}{|x_k|} = \lim_{k \to +\infty} \frac{k^2}{(k+1)^2} = 1.$$

5.3 Rechenregeln für Reihen

Satz 5.10 *Seien Σx_k, Σy_k konvergente Reihen, $a, b \in \mathbb{R}$. Die Reihe $\Sigma a x_k + b y_k$ ist konvergent und*

$$\sum_{k=0}^{+\infty} a x_k + b y_k = a \sum_{k=0}^{+\infty} x_k + b \sum_{k=0}^{+\infty} y_k.$$

Beweis Das Resultat folgt aus

$$\sum_{k=0}^{n} a x_k + b y_k = a \sum_{k=0}^{n} x_k + b \sum_{k=0}^{n} y_k. \qquad \square$$

Satz 5.11 *Seien Σx_k, Σy_k zwei absolut konvergente Reihen. Dann gilt:*

a) *Die Reihe $\Sigma x_k y_k$ ist absolut konvergent.*
b) *Sei $f : \mathbb{N} \to \mathbb{N}$ eine Bijektion. Die Reihe*

$$\Sigma x_{f(k)}$$

ist absolut konvergent.

Beweis a) Die Folge x_k konvergiert gegen 0. Deshalb ist diese Folge beschränkt. Das heißt $\exists\, M$ mit

$$|x_k| \leq M \quad \forall\, k.$$

Es folgt, dass

$$|x_k y_k| = |x_k|\,|y_k| \leq M\,|y_k| \quad \forall\, k.$$

Die Reihe $\Sigma M\,|y_k|$ ist konvergent (siehe Satz 5.10), daher ist $\Sigma x_k y_k$ absolut konvergent.

$\square$

Wir verzichten auf den Beweis von Satz 5.11 b).

5.4 Potenzreihen

Definition 5.3 Eine *Potenzreihe* ist eine Reihe des Typs

$$\Sigma a_k x^k$$

mit $a_k \in \mathbb{R}$. Die a_k sind die Koeffizienten der Reihe, die eine Verallgemeinerung eines Polynoms ist.

Beispiele

- Σx^k.

$$\sum_{k=0}^{+\infty} x^k = \frac{1}{1-x} \quad \forall\, |x| < 1.$$

  Die Reihe divergiert für $|x| \geq 1$, da $x^k \nrightarrow 0$.

- $\Sigma \frac{1}{k!} x^k$.

  Beim Quotiententest erhalten wir

$$\left| \frac{x^{k+1}/k+1!}{x^k/k!} \right| = \frac{|x|k!}{k+1!} = \frac{|x|}{k+1} \longrightarrow 0 \quad \forall\, x.$$

  Die Reihe konvergiert also für alle x. Es gilt

$$e^x = \sum_{k=0}^{+\infty} \frac{x^k}{k!}.$$

Definition 5.4 Die Menge

$$I = \{\, x \in \mathbb{R} \mid \Sigma a_k x^k \text{ konvergiert} \,\}$$

heißt *Konvergenzbereich* der Reihe $\Sigma a_k x^k$.

Dieser Bereich besitzt die folgende Eigenschaft:

Satz 5.12 *Der Konvergenzbereich einer Potenzreihe $\Sigma a_k x^k$ ist ein Intervall, welches (bis auf die Endpunkte) symmetrisch um 0 ist. Das heißt, die Möglichkeiten für dieses Intervall sind*

$$I = \{0\}, (-r, r), [-r, r), (-r, r], [-r, r], \mathbb{R}.$$

$r \geq 0$ heißt Konvergenzradius der Reihe; im Fall $I = \{0\}$ setzen wir $r = 0$, für $I = \mathbb{R}$ sei $r = +\infty$.

Beweis Wir nehmen an, dass $I \neq \{0\}$ ist. Dann existiert $\varrho \neq 0$, sodass

$$\Sigma a_k \varrho^k$$

konvergiert. Wir behaupten, dass

$$\Sigma a_k x^k$$

absolut konvergent ist für alle x mit $|x| < |\varrho|$. Es gilt zunächst

$$|a_k x^k| = |a_k \varrho^k| \left(\frac{|x|}{|\varrho|} \right)^k.$$

Die Folge $a_k \varrho^k$ ist beschränkt mit einer Schranke C (wir wissen $a_k \varrho^k \to 0$, da die Reihe konvergiert für $x = \varrho$). Es folgt:

$$|a_k x^k| \leq C \left(\frac{|x|}{|\varrho|} \right)^k.$$

Die Reihe rechts konvergiert, da $\frac{|x|}{|\varrho|} < 1$ ist. Dann ist $\Sigma a_k x^k$ absolut konvergent und deshalb konvergent. Damit folgt die Aussage des Satzes, wobei r gegeben ist durch

$$r = \text{Sup}\{ |\varrho| \mid \Sigma a_k \varrho^k \text{ konvergiert} \}. \qquad \square$$

Beispiele
1. $\sum_{k=1}^{\infty} \frac{(-1)^{k+1}}{k} x^k$.

   Es gilt

   $$\left| (-1)^{k+1} \frac{x^{k+1}}{k+1} \cdot \frac{k}{(-1)^k x^k} \right| = \frac{k}{k+1} |x| \longrightarrow |x|,$$

   wenn $k \to +\infty$. Für $|x| < 1$ konvergiert die Reihe und divergiert für $|x| > 1$. Es gilt

   $$r = 1.$$

   Für $x = 1$ konvergiert $\Sigma \frac{(-1)^{k+1}}{k}$, für $x = -1$ divergiert $\Sigma (-1)^{k+1} \frac{(-1)^k}{k} = \Sigma \left(-\frac{1}{k} \right)$.

2. $\sum \frac{x^k}{k!}$.

   Diese Reihe konvergiert für alle x, und es gilt $I = \mathbb{R}$, das heißt

$$r = +\infty.$$

3. $\sum k! x^k$.

   Es gilt

$$\lim_{k \to +\infty} \frac{|(k+1)! x^{k+1}|}{|k! x^k|} = \lim_{k \to +\infty} k|x| = +\infty.$$

   Die Reihe divergiert für alle $x \neq 0$, und es gilt $r = 0$,

$$I = \{0\}.$$

Eine Potenzreihe verhält sich in gewisser Hinsicht wie ein Polynom:

Satz 5.13 *Sei $\sum a_k x^k$ eine Potenzreihe mit Konvergenzradius $r > 0$. Dann gilt:*

a) $f(x) = \sum_{k=0}^{+\infty} a_k x^k$ *ist eine stetige Funktion auf $I = (-r, r)$.*
b) $f(x)$ *ist unendlich oft differenzierbar auf I, und es gilt*

$$f'(x) = \sum_{k=0}^{+\infty} k a_k x^{k-1}$$

   ($k a_k x^{k-1} = 0$ für $k = 0$).
c) *Sei $[a, b] \subset I$, dann gilt*

$$\int_a^b f(x)\,dx = \sum_{k=0}^{+\infty} \int_a^b a_k x^k\,dx = \sum_{k=0}^{+\infty} \frac{a_k}{k+1}(b^{k+1} - a^{k+1}).$$

Satz 5.14 (Identitätssatz) *Seien $\sum a_k x^k$, $\sum b_k x^k$ zwei Reihen mit Konvergenzradius r, r', $0 < r < r'$. Im Fall*

$$f(x) = \sum_{k=0}^{+\infty} a_k x^k = \sum_{k=0}^{+\infty} b_k x^k = g(x) \quad \forall\, x \in (-r, r)$$

gilt

$$a_k = b_k \quad \forall\, k, \qquad f = g, \qquad r = r'.$$

Beweis Es folgt aus Satz 5.13, dass

$$f^{(p)}(x) = \sum_{k=0}^{+\infty} k(k-1)\cdots(k-p+1)a_k x^{k-p},$$

$$g^{(p)}(x) = \sum_{k=0}^{+\infty} k(k-1)\cdots(k-p+1)b_k x^{k-p}$$

ist (mit der Konvention, dass die ersten $p-1$ Terme gleich null sind). Es folgt aus der Annahme, dass

$$f^{(p)}(x) = g^{(p)}(x) \quad \forall\, x \in (-r, r)$$

gilt. Für $x = 0$ ist daher

$$f^{(p)}(0) = p!a_p = p!b_p = g^{(p)}(0).$$

Diese Gleichung gilt für alle p, folglich sind die zwei Potenzreihen gleich. Der Satz ist damit bewiesen. $\qquad\square$

Anwendungen

1. Es ist $\log(1 + x) = \displaystyle\sum_{k=1}^{+\infty} \frac{(-1)^{k+1}}{k} x^k \quad \forall\, x, |x| < 1$:

   Für $|x| < 1$ gilt

   $$\frac{1}{1+x} = \sum_{k=0}^{+\infty} (-x)^k = \sum_{k=0}^{+\infty} (-1)^k x^k.$$

   Aus Satz 5.13 c) folgt für $|x| < 1$:

   $$\int_0^x \frac{dt}{1+t} = \sum_{k=0}^{+\infty} (-1)^k \int_0^x t^k\, dt = \sum_{k=0}^{+\infty} (-1)^k \frac{x^{k+1}}{k+1} = \sum_{k=1}^{+\infty} \frac{(-1)^{k+1}}{k} x^k.$$

   Die Berechnung des Integrals liefert

   $$\log(1 + x) = \sum_{k=1}^{+\infty} (-1)^{k+1} \frac{x^k}{k} \quad \forall\, x,\ |x| < 1.$$

2. Finde als Potenzreihe die Lösungen der Gleichung

   $$f'' + 2f' = 0.$$

Gesucht sind die Koeffizienten a_k, sodass

$$f(x) = \sum_{k=0}^{+\infty} a_k x^k$$

die obige Gleichung löst. Wir wissen

$$f'(x) = \sum_{k=0}^{+\infty} k a_k x^{k-1}, \qquad f''(x) = \sum_{k=0}^{+\infty} k(k-1) a_k x^{k-2}.$$

Nach Satz 5.14 gilt:

$$f'' + 2f' = 0,$$

$$\Leftrightarrow \quad \sum_{k=0}^{+\infty} k(k-1) a_k x^{k-2} + 2 \sum_{k=0}^{+\infty} k a_k x^{k-1} = 0$$

$$\Leftrightarrow \quad \sum_{k=2}^{+\infty} k(k-1) a_k x^{k-2} + \sum_{k=1}^{+\infty} 2k a_k x^{k-1} = 0$$

$$\Leftrightarrow \quad (k+1)k a_{k+1} + 2k a_k = 0 \quad \forall k \geq 1$$

$$\Leftrightarrow \quad a_{k+1} = -\frac{2}{k+1} a_k \quad \forall k \geq 1.$$

Es folgt für alle $p \geq 2$

$$a_p = -\frac{2}{p} a_{p-1}$$

$$= -\frac{2}{p} \cdot \frac{-2}{p-1} a_{p-2} = \cdots = -\frac{2}{p} \cdot \frac{-2}{p-1} \cdots \frac{-2}{2} a_1$$

$$= \frac{(-2)^{p-1}}{p!} a_1 \quad \forall p.$$

Die Lösungen dieser Gleichung sind gegeben durch

$$f(x) = a_0 + a_1 \sum_{p=1}^{+\infty} \frac{(-2)^{p-1}}{p!} x^p = a_0 - \frac{a_1}{2} \sum_{p=1}^{+\infty} \frac{(-2x)^p}{p!} = a_0 - \frac{a_1}{2}(e^{-2x} - 1),$$

da $e^y = 1 + \sum_{p=1}^{+\infty} \frac{y^p}{p!} \ \forall y$.

5.5 Übungen

Aufgabe 1 Untersuche mithilfe des Vergleichstests oder von Satz 5.1, ob die folgenden Reihen konvergent oder divergent sind:

(a) $\displaystyle\sum_{k=1}^{\infty} \frac{3}{2k+1}$, (b) $\displaystyle\sum_{k=1}^{\infty} \frac{2k^3+1}{3k^3+2k}$,

(c) $\displaystyle\sum_{k=0}^{\infty} \frac{5}{2^k+3}$, (d) $\displaystyle\sum_{k=1}^{\infty} \frac{3^k \cdot \sin(k)}{4 \cdot 3^k - 1}$.

Aufgabe 2 Untersuche mithilfe des Quotienten- oder Wurzeltests, ob die folgenden Reihen konvergent oder divergent sind:

(a) $\displaystyle\sum_{k=2}^{\infty} \left(\frac{-1}{\log(k)}\right)^k$, (b) $\displaystyle\sum_{k=1}^{\infty} \frac{2^k \cdot k!}{3^k}$,

(c) $\displaystyle\sum_{k=1}^{\infty} \frac{(k!)^2}{(2k)!}$, (d) $\displaystyle\sum_{k=0}^{\infty} \left(\frac{2k^2+5}{(k+4)^2}\right)^{2k}$.

Aufgabe 3 Zeige mit der Leibniz-Regel, dass die folgenden Reihen konvergent sind. Untersuche außerdem mithilfe des Vergleichstests, ob die Reihen absolut konvergent sind:

(a) $\displaystyle\sum_{k=1}^{\infty} \frac{(-1)^k}{\sqrt{k}+1}$, (b) $\displaystyle\sum_{k=1}^{\infty} (-1)^k \cdot \left(\frac{1}{3} - \frac{k-1}{3k-2}\right)$.

Aufgabe 4 Untersuche mithilfe des Integraltests oder des Vergleichstests, ob die folgenden Reihen konvergent oder divergent sind:

(a) $\displaystyle\sum_{k=1}^{\infty} \frac{1}{(k+1) \cdot (\log(k+1))^2}$, (b) $\displaystyle\sum_{k=1}^{\infty} \frac{(\log(k+1))^2}{k+1}$,

(c) $\displaystyle\sum_{k=1}^{\infty} \frac{k}{e^{(k^2)}}$, (d) $\displaystyle\sum_{k=1}^{\infty} \frac{2}{k^3+5}$.

Aufgabe 5 Berechne jeweils den Konvergenzradius der Potenzreihe:

(a) $\displaystyle\sum_{k=1}^{\infty} \frac{k+1}{2^k} \cdot x^k$, (b) $\displaystyle\sum_{k=1}^{\infty} \frac{k^2}{3} \cdot x^k$,

(c) $\displaystyle\sum_{k=0}^{\infty} \frac{x^k}{\sqrt{k!}}$, (d) $\displaystyle\sum_{k=1}^{\infty} k^k \cdot x^k$.

Aufgabe 6

(a) Berechne die Ableitungen $f'(x)$ und $f''(x)$ der Funktion $f : (-1,1) \to \mathbb{R}$, $x \mapsto$

$f(x) := \frac{1}{1-x} = \displaystyle\sum_{k=0}^{\infty} x^k$. Bestimme damit dann Potenzreihen $\displaystyle\sum_{k=0}^{\infty} a_k x^k$ und $\displaystyle\sum_{k=0}^{\infty} b_k x^k$,

sodass $\frac{1}{(1-x)^2} = \displaystyle\sum_{k=0}^{\infty} a_k x^k$ und $\frac{1}{(1-x)^3} = \displaystyle\sum_{k=0}^{\infty} b_k x^k$ für alle $x \in (-1,1)$ gilt.

(b) Berechne den Konvergenzradius der Potenzreihe $\sum\limits_{k=0}^{\infty} \frac{(-1)^k}{2k+1} \cdot x^{2k+1}$ und begründe damit,

dass die Funktion $f : (-1, 1) \to \mathbb{R}$, $x \mapsto f(x) := \sum\limits_{k=0}^{\infty} \frac{(-1)^k}{2k+1} \cdot x^{2k+1}$ auf $(-1, 1)$

differenzierbar ist. Zeige dann, dass $f'(x) = \frac{1}{1+x^2}$ für $x \in (-1, 1)$ gilt.

Aufgabe 7

(a) Bestimme eine Potenzreihe $\sum\limits_{k=0}^{\infty} a_k x^k$, sodass $\int\limits_{0}^{x} \frac{1}{1-y^2} \, dy = \sum\limits_{k=0}^{\infty} a_k x^k$ für alle $x \in$

$(-1, 1)$ gilt. Verwende dazu, dass $\frac{1}{1-z} = \sum\limits_{k=0}^{\infty} z^k$ für $z \in (-1, 1)$ gilt.

(b) Bestimme eine Potenzreihe $\sum\limits_{k=0}^{\infty} a_k x^k$, sodass $\int\limits_{0}^{x} e^{(y^2)} \, dy = \sum\limits_{k=0}^{\infty} a_k x^k$ für alle $x \in \mathbb{R}$

gilt. Verwende dazu, dass $e^z = \sum\limits_{k=0}^{\infty} \frac{z^k}{k!}$ für $z \in \mathbb{R}$ gilt.

(c) Berechne $\int\limits_{\frac{1}{3}}^{\frac{1}{2}} (\sum\limits_{k=1}^{\infty} \frac{k+1}{2^k} \cdot x^k) \, dx$.

Aufgabe 8

(a) Gib für die Potenzreihe $f(x) = \sum\limits_{k=0}^{\infty} a_k x^k$, die die Bedingungen $f'' + f' + 2f = 0$,

$f(0) = 2$ und $f'(0) = 3$ erfüllt, eine Formel der Form $a_k = g(k) \cdot a_{k-1} + h(k) \cdot a_{k-2}$

(mit geeigneten Funktionen g und h) für alle $k \geq 2$ an und berechne $a_0, a_1, \ldots, a_5$.

(b) Berechne die Potenzreihe $f(x) = \sum\limits_{k=0}^{\infty} a_k x^k$, die die Bedingungen $f'' + 4f = 0$,

$f(0) = 5$ und $f'(0) = 0$ erfüllt.

Komplexe Zahlen

6

6.1 Einführung

Wie sind die komplexen Zahlen entstanden? Wir betrachten zunächst folgende Beispiele:

- $\mathbb{N} \to \mathbb{Z}$.

  Die Gleichung $x + a = b$ besitzt keine Lösung in $\mathbb{N}$, falls $b < a$. $\mathbb{Z}$ ist konstruiert, sodass diese Gleichung in $\mathbb{Z}$ mindestens eine Lösung besitzt. Man sagt, $\mathbb{Z}$ sei eine Erweiterung von $\mathbb{N}$.

- $\mathbb{Z} \to \mathbb{Q}$.

  $x \cdot a = b$ besitzt keine Lösung, falls a kein Teiler von b ist. $\mathbb{Q}$ ist konstruiert, sodass diese Gleichung in $\mathbb{Q}$ eine Lösung besitzt.

- $\mathbb{Q} \to \mathbb{R}$.

  $x^2 = 2$ besitzt keine Lösung in $\mathbb{Q}$. $\mathbb{R}$ ist konstruiert, sodass diese Gleichung in $\mathbb{R}$ eine Lösung besitzt.

- $\mathbb{R} \to \mathbb{C}$.

  $x^2 = -1$ ist in $\mathbb{R}$ nicht lösbar. $\mathbb{C}$ ist konstruiert, sodass diese Gleichung in $\mathbb{C}$ eine Lösung besitzt:

$$\mathbb{N} \subset \mathbb{Z} \subset \mathbb{Q} \subset \mathbb{R} \subset \mathbb{C}.$$

Wir führen eine neue *imaginäre* Einheit i ein mit $i^2 = -1$. i ist nur ein Symbol.

Definition 6.1 $\mathbb{C} = \{ z = x + iy \mid x, y \in \mathbb{R} \}$ ist die Menge der komplexen Zahlen. $\mathbb{C}$ ist eine Menge von Symbolen des Typs $x + iy$. $x = \operatorname{Re} z \in \mathbb{R}$ ist der Realteil von z, $y = \operatorname{Im} z \in \mathbb{R}$ ist der Imaginärteil von z.

© Springer-Verlag Berlin Heidelberg 2016

M. Chipot, *Mathematische Grundlagen der Naturwissenschaften*, Springer-Lehrbuch, DOI 10.1007/978-3-662-47088-6_6

Abb. 6.1 Komplexe Ebene

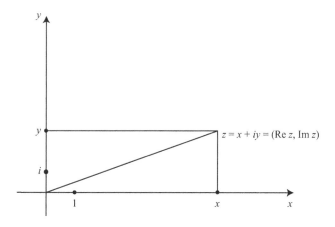

Darstellung in der Zahlenebene

Eine komplexe Zahl ist durch x, y bestimmt. Sie kann mit (x, y) identifiziert werden (siehe Abb. 6.1).

$$z_1 = z_2 \quad \Leftrightarrow \quad \operatorname{Re} z_1 = \operatorname{Re} z_2, \quad \operatorname{Im} z_1 = \operatorname{Im} z_2.$$

6.2 Algebraische Operationen

Im folgenden Abschnitt stellen wir die wichtigsten Rechenregeln der komplexen Zahlen zusammen.

- Addition: $(x_1 + iy_1) + (x_2 + iy_2) = (x_1 + x_2) + i(y_1 + y_2)$
  (Subtraktion: $(x_1 + iy_1) - (x_2 + iy_2) = x_1 - x_2 + i(y_1 - y_2)$)

Eigenschaften

$$
\begin{aligned}
&z_1 + z_2 = z_2 + z_1 &&\text{(Kommutativität)},\\
&(z_1 + z_2) + z_3 = z_1 + (z_2 + z_3) &&\text{(Assoziativität)},\\
&0 = 0 + i0 &&\text{(Nullelement)},\\
&-z = -z_1 - z_2 i &&\text{(inverses Element)}.
\end{aligned}
$$

Daher ist $\mathbb{C}$ eine *Gruppe*.

Abb. 6.2 Summe von komplexen Zahlen

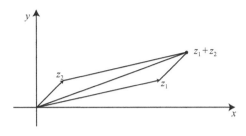

Abb. 6.3 i-Multiplikation

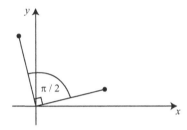

Darstellung der Addition

In Abschnitt 6.1 haben wir gesehen, dass wir $\mathbb{C}$ mit $(\mathbb{R}^2, +)$ identifizieren können. Dies bedeutet, dass wir komplexe Zahlen als Vektoren in $\mathbb{R}^2$ darstellen können. Folglich wird die Addition komplexer Zahlen durch die anschauliche Vektoraddition dargestellt (siehe Abb. 6.2).

- Multiplikation:
  - mit reeller Zahl
$$tz = t(x + iy) = tx + ity,$$

  - Multiplikation mit i (siehe Abb. 6.3)

$$iz = i(x + iy) = -y + ix.$$

  Die Multiplikation mit i ist äquivalent mit einer Drehung um $\pi/2$ in positive Richtung.
  - allgemein

  - $z_1 z_2 = (x_1 + iy_1)(x_2 + iy_2) = (x_1 x_2 - y_1 y_2) + i(x_1 y_2 + y_1 x_2)$
  $x_1 x_2 - y_1 y_2 = \operatorname{Re}(z_1 z_2) \qquad x_1 y_2 + y_1 x_2 = \operatorname{Im}(z_1 z_2).$

$z = x + iy$ ist die kartesische Darstellung von z. Wir führen jetzt die Polarform von z ein.

Abb. 6.4 Argument einer
komplexen Zahl

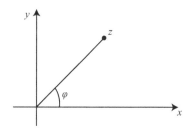

Absolutbetrag: $|z| = \sqrt{x^2 + y^2}$ ist die Länge von z.
Argument von z (siehe Abb. 6.4): $\varphi + 2k\pi$, $k \in \mathbb{Z}$

$$\cos(\varphi + 2k\pi) = \cos\varphi, \qquad \sin(\varphi + 2k\pi) = \sin\varphi.$$

Definition 6.2 $z = |z|(\cos\varphi + i\sin\varphi)$ ist die *Polarform* von z.

Produkt in Polarform

$$z_k = |z_k|(\cos\varphi_k + i\sin\varphi_k) \quad k = 1, 2.$$

$$
\begin{aligned}
z_1 z_2 &= |z_1||z_2|(\cos\varphi_1 + i\sin\varphi_1)(\cos\varphi_2 - i\sin\varphi_2)\\
&= |z_1||z_2|(\cos\varphi_1\cos\varphi_2 - \sin\varphi_1\sin\varphi_2) + i(\cos\varphi_1\sin\varphi_2 + \cos\varphi_2\sin\varphi_1)\\
&= |z_1||z_1|(\cos(\varphi_1 + \varphi_2) + i\sin(\varphi_1 + \varphi_2)).
\end{aligned}
$$

Man multipliziert die Beträge und addiert die Argumente (siehe Abb. 6.5).

Abb. 6.5 Visualisierung des
Produkts

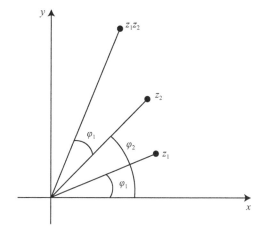

Abb. 6.6 Multiplikation
mit z_1

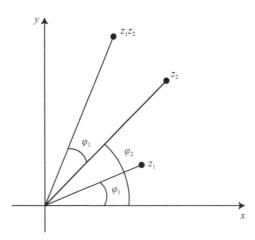

Abb. 6.7 Konjugierte Zahl

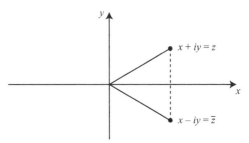

Beispiel $z_1 = \cos\varphi + i\sin\varphi$, $|z_1| = 1$.

Dann gilt $|z_1 z_2| = |z_2|$ (siehe Abb. 6.6).

Wir wollen jetzt sehen, wie $\frac{1}{z}$, $z \neq 0$, aussieht. $\frac{1}{z}$ ist eine Bezeichnung für das inverse Element von z bezüglich der Multiplikation, d.h. für die komplexe Zahl z' mit $zz' = z'z = 1$.

Definition 6.3 Sei $z = x + iy \in \mathbb{C}$. $\bar{z} = x - iy$ wird als die zu z *konjugierte komplexe Zahl* bezeichnet (siehe Abb. 6.7). Wir stellen diese Beziehung in der reellen Zahlenebene dar.

Die komplexe Konjugation hat die Eigenschaften

$$\bar{\bar{z}} = z, \quad \operatorname{Re} z = \frac{z + \bar{z}}{2}, \quad \operatorname{Im} z = \frac{z - \bar{z}}{2i},$$
$$\overline{z_1 z_2} = \overline{z_1}\,\overline{z_2}, \quad \overline{z_1 + z_2} = \overline{z_1} + \overline{z_2}.$$

Für $z_j = x_j + iy_j$, $j = 1, 2$ gilt nämlich

$$\overline{z_1 z_2} = \overline{(x_1 x_2 - y_1 y_2) + i(x_1 y_2 + y_2 y_1)}$$
$$= (x_1 x_2 - y_1 y_2) - i(x_1 y_2 + x_2 y_1) = (x_1 - iy_1)(x_2 - iy_2) = \bar{z}_1 \bar{z}_2,$$
$$\overline{z_1 + z_2} = \overline{x_1 + x_2 + i(y_1 + y_2)} = x_1 + x_2 - i(y_1 + y_2) = x_1 - iy_1 + x_2 - iy_2$$
$$= \bar{z}_1 + \bar{z}_2.$$

Weiter gilt:

$$z\bar{z} = (x + iy)(x - iy) = x^2 + y^2 = |z|^2.$$

Für $z \neq 0$ ist $\frac{1}{z} = \frac{\bar{z}}{|z|^2} = \frac{x}{x^2+y^2} - \frac{iy}{x^2+y^2}$.

Anwendung Wir berechnen $(1 + 2i)/(3 + 5i) = (1 + 2i) \cdot \frac{1}{3+5i}$:

$$\frac{1}{3 + 5i} = (3 - 5i)/34 \quad \Rightarrow \quad \frac{1 + 2i}{3 + 5i} = (1 + 2i)(3 - 5i)/34 = \frac{13}{34} + \frac{i}{34}.$$

Die Multiplikation besitzt die folgenden Eigenschaften:

$$z_1 z_2 = z_2 z_1 \ \text{(Kommutativität)},$$
$$z_1(z_2 z_3) = (z_1 z_2)z_3 \ \text{(Assoziativität)},$$
$$1 \cdot z_1 = z_1 \cdot 1 = z_1 \ (1 = 1 + 0i \ \text{ist das Neutralelement}),$$
$$z_1 \cdot \frac{\bar{z}_1}{|z_1|^2} = \frac{\bar{z}_1}{|z_1|^2} \cdot z_1 = 1 \ \forall z_1 \neq 0 \ \text{(Inverses Element)}$$
$$z_1(z_2 + z_3) = z_1 z_2 + z_1 z_3 \ \text{(Distributivität)}.$$

$\mathbb{C}$ ist ein *Körper*.

Komplexe Exponentialreihe, Euler-Formel

Wie wir bereits wissen, kann die Exponentialfunktion als die unendliche Reihe dargestellt werden. Für alle $x \in \mathbb{R}$ gilt:

$$e^x = \sum_{n=0}^{+\infty} \frac{x^n}{n!}.$$

Analog setzen wir $z \in \mathbb{C}$ in die Reihe ein:

$$e^z = \sum_{n=0}^{+\infty} \frac{z^n}{n!}.$$

Abb. 6.8 Einheitskreiszahlen

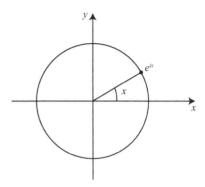

Die Reihe konvergiert für alle $z \in \mathbb{C}$. Für $z = ix$, $x \in \mathbb{R}$ gilt (siehe Abb. 6.8):

$$e^{ix} = \sum_{n=0}^{+\infty} \frac{(ix)^n}{n!} = \sum_{n=0}^{+\infty} (i)^n \frac{x^n}{n!}$$

$$= \sum_{k=0}^{+\infty} (i)^{2k} \frac{x^{2k}}{(2k)!} + \sum_{k=0}^{+\infty} (i)^{2k+1} \frac{x^{2k+1}}{(2k+1)!}$$

$$= \sum_{k=0}^{+\infty} (-1)^k \frac{x^{2k}}{(2k)!} + i \sum_{k=0}^{+\infty} (-1)^k \frac{x^{2k+1}}{(2k+1)!}$$

$$= \cos x + i \sin x.$$

($\cos x = \cos 0 + \cos'(0) \frac{x}{1!} + \cdots + \cos^{(k)}(0) \frac{x^k}{k!} + \cdots$ Taylor-Reihe). Es gilt

$$|e^{ix}| = \cos^2 x + \sin^2 x = 1.$$

Beispiel

$$e^{i\pi} = \cos \pi + i \sin \pi = -1,$$
$$e^{i\frac{\pi}{2}} = i.$$

Mit dem Exponential erhält man

$$Z = |z|(\cos \varphi + i \sin \varphi) = |z|e^{i\varphi}.$$

Multiplikation

$$
\begin{aligned}
e^{ix}e^{iy} &= (\cos x + i \sin x)(\cos y + i \sin y) \\
&= (\cos x \cos y - \sin x \sin y) + i(\sin x \cos y + \sin y \cos x) \\
&= \cos(x + y) + i \sin(x + y) \\
&= e^{i(x+y)}
\end{aligned}
$$

$$
e^{ix} = \cos x + i \sin x \qquad\qquad e^{-ix} = \cos x - i \sin x
$$

$$
\cos x = \{e^{ix} + e^{-ix}\}/2 \qquad \sin x = \{e^{ix} - e^{-ix}\}/2i.
$$

Anwendung Was ist $(\cos x)^n$? Um diese Frage zu beantworten, benötigen wir den Hilfssatz:

Hilfssatz 1 *Es gilt*

$$
(A + B)^n = \sum_{k=0}^{n} \binom{n}{k} A^k B^{n-k} \quad \forall\, A, B \in \mathbb{C},
$$

wobei $\binom{n}{k} = \frac{n!}{k!(n-k)!}$, $0! = 1$.

Beweis $n = 1$.

$$
\sum_{k=0}^{1} \binom{1}{k} A^k B^{1-k} = \binom{1}{0} B + \binom{1}{1} A = A + B.
$$

Nach Induktion: Wir nehmen an, dass

$$
(A + B)^{n-1} = \sum_{k=0}^{n-1} \binom{n-1}{k} A^k B^{n-1-k}.
$$

Dann gilt

$$
\begin{aligned}
(A + B)^n &= (A + B)(A + B)^{n-1} \\
&= (A + B) \sum_{k=0}^{n-1} \binom{n-1}{k} A^k B^{n-1-k} \\
&= \sum_{k=0}^{n-1} \binom{n-1}{k} A^{k+1} B^{n-1-k} + \sum_{k=0}^{n-1} \binom{n-1}{k} A^k B^{n-k}
\end{aligned}
$$

$$= A^n + \sum_{k=1}^{n-1} \binom{n-1}{k-1} A^k B^{n-k} + \sum_{k=1}^{n-1} \binom{n-1}{k} A^k B^{n-k} + B^n$$

$$= A^n + \sum_{k=1}^{n-1} \left\{ \binom{n-1}{k-1} + \binom{n-1}{k} \right\} A^k B^{n-k} + B^n.$$

Man bemerkt, dass

$$\binom{n-1}{k-1} + \binom{n-1}{k} = \frac{(n-1)!}{(k-1)!(n-k)!} + \frac{(n-1)!}{k!(n-1-k)!}$$

$$= \frac{(n-1)!}{(k-1)!(n-1-k)!} \left\{ \frac{1}{n-k} + \frac{1}{k} \right\}$$

$$= \frac{n!}{k!(n-k)!} = \binom{n}{k}.$$

Dann folgt

$$(A+B)^n = A^n + \sum_{k=1}^{n-1} \binom{n}{k} A^k B^{n-k} + B^n$$

$$= \sum_{k=0}^{n} \binom{n}{k} A^k B^{n-k}. \qquad \Box$$

Nun können wir mit unserem Problem weiterarbeiten.

$$(\cos x)^n = \frac{1}{2^n} (e^{ix} + e^{-ix})^n = \frac{1}{2^n} \sum_{k=0}^{n} \binom{n}{k} e^{ikx} e^{-i(n-k)x}$$

$$= \frac{1}{2^n} \sum_{k=0}^{n} \binom{n}{k} e^{i(2k-n)x}$$

$$= \frac{1}{2^n} \sum_{k=0}^{n} \binom{n}{k} \{\cos((2k-n)x) + i \sin((2k-n)x)\}$$

$$\Rightarrow \quad (\cos x)^n = \frac{1}{2^n} \sum_{k=0}^{n} \binom{n}{k} \cos((2k-n)x)$$

$$\text{z.B.:} \quad (\cos x)^3 = \frac{1}{2^3} \{\cos(-3x) + 3\cos(-x) + 3\cos x + \cos 3x\}$$

$$= \frac{1}{2^2} \{\cos(3x) + 3\cos x\} = \frac{1}{4} \cos(3x) + \frac{3}{4} \cos x.$$

Abb. 6.9 Dritte Einheitswurzel

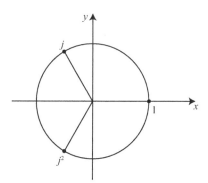

Dieser Ausdruck ist eine Hilfe, um die Stammfunktion einer Potenz von cos oder sin zu berechnen. Zum Beispiel:

$$\int (\cos x)^3 \, dx = \frac{1}{4} \int \cos(3x) \, dx + \frac{3}{4} \int \cos x \, dx$$

$$= \frac{1}{12} \sin(3x) + \frac{3}{4} \sin x + c.$$

n-te Einheitswurzel

Gesucht ist die Lösung von $z^n = 1$. Es gilt $|z^n| = |z|^n = 1$. Das heißt

$$z = e^{ix} \quad \Rightarrow \quad e^{inx} = 1 \quad \Rightarrow \quad nx = 2k\pi \quad \Rightarrow \quad x = \frac{2k\pi}{n} \quad k \in \{0, \ldots, n-1\}.$$

Die Lösungen von $z^n = 1$ sind die komplexen Zahlen

$$z = \cos \frac{2k\pi}{n} + i \sin \frac{2k\pi}{n} \quad k \in \{0, \ldots, n-1\}.$$

Zum Beispiel: $z^3 = 1$, $x = \frac{2k\pi}{3}$, $x = 0, \frac{2\pi}{3}, \frac{4\pi}{3}$ (siehe Abb. 6.9).

$$\Rightarrow \quad z = 1$$

$$\text{oder} \quad z = \cos \frac{2\pi}{3} + i \sin \frac{2\pi}{3} = -\frac{1}{2} + i \frac{\sqrt{3}}{2} =: j$$

$$z = \cos \frac{4\pi}{3} + i \sin \frac{4\pi}{3} = -\frac{1}{2} - i \frac{\sqrt{3}}{2} =: j^2.$$

6.3 Übungen

Aufgabe 1 Gegeben seien die komplexen Zahlen

$$u := 3\,e^{\frac{\pi}{2}i}, \qquad v := e^{\pi i}, \qquad w := 2 - 3i, \qquad z := 2 + 5i.$$

(a) Skizziere u, v, w und z in der komplexen Zahlenebene.

(b) Berechne das Produkt uv und den Quotienten $\frac{u}{v}$ und gib das Ergebnis jeweils in der Form $r\,e^{\varphi i}$ an, wobei r den Betrag und φ das Argument der komplexen Zahl bezeichnen.

(c) Berechne die Summe $w + z$, das Produkt zw und den Quotienten $\frac{w}{z}$ und gib das Ergebnis jeweils in der Form $x + y\,i$ an, wobei x den Realteil und y den Imaginärteil der komplexen Zahl bezeichnen.

Aufgabe 2 Es seien $w := 2(\cos(\frac{\pi}{4}) + i\,\sin(\frac{\pi}{4}))$ und $z := \sqrt{3} + i$ gegeben.

(a) Berechne $\bar{w}$ und $\frac{1}{w}$ und gib beide Ergebnisse in der Polarform an. Gib außerdem w in der Form $x + y\,i$ an, wobei x den Realteil und y den Imaginärteil von w bezeichnen.

(b) Berechne $\bar{z}$ und $\frac{1}{z}$ und gib beide Ergebnisse jeweils in der Form $x + y\,i$ an, wobei x den Realteil und y den Imaginärteil der komplexen Zahl bezeichnen. Gib außerdem z in der Polarform an.

(c) Berechne die Summe $w + z$ und das Produkt wz. Dabei kann jeweils die Form, in der das Ergebnis angegeben wird, frei gewählt werden.

Aufgabe 3 Skizziere die folgenden Mengen in der komplexen Ebene:

(a) $M_1 := \{z \in \mathbb{C} \ : \ |z| \leq 2,\ \mathrm{Im}(z) \geq 0\}$,

(b) $M_2 := \{z \in \mathbb{C} \ : \ \mathrm{Re}(z) < 1,\ \mathrm{Arg}(z) \in (0, \frac{\pi}{2})\}$,

(c) $M_3 := \{z \in \mathbb{C} \ : \ |z - 2| \leq |z|\}$.

Hierbei bezeichnen $\mathrm{Re}(z)$ den Realteil, $\mathrm{Im}(z)$ den Imaginärteil und $\mathrm{Arg}(z)$ das Argument der komplexen Zahl z.

Aufgabe 4

(a) Zeige mithilfe der Formel $\sin(x) = \frac{1}{2i}(e^{ix} - e^{-ix})$, $x \in \mathbb{R}$, dass $(\sin(x))^3 = \frac{3}{4}\sin(x) - \frac{1}{4}\sin(3x)$ für alle $x \in \mathbb{R}$ gilt.

(b) Berechne mithilfe von (a) das Integral $\int\limits_0^{\frac{\pi}{2}} (\sin(x))^3\,dx$.

Fourier-Reihen

7

Eine Fourier-Reihe ist die Entwicklung einer periodischen Funktion in eine Funktionsreihe aus Sinus- und Kosinusfunktionen. Sie ist ein sehr nützliches mathematisches Werkzeug in zahlreichen physikalischen Bereichen.

7.1 Periodische Funktionen

Definition 7.1 Sei $T > 0$ eine reelle Zahl. $f : \mathbb{R} \to \mathbb{R}$ (oder $\mathbb{C}$) heißt T-periodisch, falls

$$f(x + T) = f(x) \quad \forall\, x$$

gilt. T ist die *Periode* der Funktion f (siehe Abb. 7.1).

Beispiele
- $\sin x$, $\cos x$ sind 2π-periodische Funktionen von $\mathbb{R}$ nach $\mathbb{R}$.
- $e^{ix} = \cos x + i \sin x$ ist eine 2π-periodische Funktion von $\mathbb{R}$ nach $\mathbb{C}$.

Bemerkung Eine T-periodische Funktion ist eindeutig bestimmt auf $\mathbb{R}$, wenn sie für ein a auf $[a, a + T[$ bestimmt ist.

Eine weitere Eigenschaft formulieren wir im folgenden Satz 7.1:

Satz 7.1 *Sei f eine T-periodische Funktion. Es gilt*

$$\int\limits_a^{a+T} f(s)\,ds - \int\limits_0^{T} f(s)\,ds \quad \forall\, a \in \mathbb{R},$$

d. h., das Integral von f auf einem Intervall der Länge T ist unabhängig vom Intervall.

© Springer-Verlag Berlin Heidelberg 2016
M. Chipot, *Mathematische Grundlagen der Naturwissenschaften*, Springer-Lehrbuch,
DOI 10.1007/978-3-662-47088-6_7

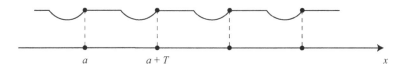

Abb. 7.1 Periodische Funktion

Beweis Es gilt

$$\int\limits_a^{a+T} f(s)\,ds = \int\limits_a^0 f(s)\,ds + \int\limits_0^T f(s)\,ds + \int\limits_T^{a+T} f(s)\,ds.$$

Im letzten Integral substituiert man $s = u + T$. Wir erhalten

$$\int\limits_T^{a+T} f(s)\,ds = \int\limits_0^a f(u+T)\,du = \int\limits_0^a f(u)\,du.$$

Das Ergebnis folgt aus

$$\int\limits_a^0 f(s)\,ds + \int\limits_0^a f(s)\,ds = 0.$$

$\square$

Eine T-periodische Funktion ist auch nT-periodisch für alle $n \in \mathbb{N}$. Dies folgt aus

$$f(x + nT) = f(x + (n-1)T + T) = f(x + (n-1)T)$$
$$= f(x + (n-2)T + T) = f(x + (n-2)T) = \cdots = f(x).$$

Falls f, g T-periodisch sind, sind $f + g$, αf auch T-periodisch. Falls f T-periodisch ist, ist

$$g(x) = f(\lambda x)$$

T/λ-periodisch. Letzteres folgt aus

$$g\left(x + \frac{T}{\lambda}\right) = f\left(\lambda\left(x + \frac{T}{\lambda}\right)\right) = f(\lambda x + T) = f(\lambda x) = g(x).$$

Wir werden nur die 2π-periodischen Funktionen betrachten. Dies genügt, da für T-periodische Funktionen f die Funktion

$$g(x) = f\left(\frac{T}{2\pi}x\right)$$

2π-periodisch ist.

7.2   Trigonometrische Polynome

Für alle $k \in \mathbb{N}$ sind die Funktionen

$$\cos(kx), \qquad \sin(kx)$$

2π-periodisch. Diese benötigen wir für die Definition eines trigonometrischen Polynoms.

Definition 7.2 Ein *trigonometrisches Polynom* ist eine lineare Kombination der obigen Funktionen, d. h. eine Funktion des Typs

$$P_n(x) = \sum_{k=0}^{n} a_k \cos(kx) + \sum_{k=0}^{n} b_k \sin(kx)$$

$$= a_0 + \sum_{k=1}^{n} (a_k \cos(kx) + b_k \sin(kx)).$$

Diese trigonometrischen Polynome sind einfache 2π-periodische Funktionen, und eine natürliche Frage ist, ob sich eine 2π-periodische Funktion durch solche Polynome approximieren lässt. Wir beginnen mit Approximationen im quadratischen Mittel. Das heißt, für eine beliebige 2π-Funktion ist ein trigonometrisches Polynom P gesucht, sodass

$$\int_0^{2\pi} (f(s) - P(s))^2 \, ds$$

minimal ist. $((f(s) - P(s))^2$ ist 2π-periodisch, und es folgt aus Satz 7.1, dass die Integration auf $[0, 2\pi]$ genügt. Wir werden zwei Hilfssätze verwenden.

Satz 7.2 *Seien $f_1, \ldots, f_p : [0, 2\pi] \to \mathbb{R}$, p Funktionen mit*

$$\int_0^{2\pi} f_i(s) f_j(s) \, ds = 0 \quad \forall \, i \neq j \tag{7.1}$$

$$\alpha_i = \int_0^{2\pi} f_i^2(s) \, ds > 0. \tag{7.2}$$

Sei $P = \sum_{i=1}^{p} x_i f_i$, $x_i \in \mathbb{R}$. Das Integral

$$\int_0^{2\pi} (f(s) - P(s))^2 \, ds$$

ist minimal für

$$x_i = \frac{1}{\alpha_i} \int_0^{2\pi} f(s) f_i(s)\, ds, \quad i = 1, \ldots, p. \tag{7.3}$$

Beweis Es gilt

$$\int_0^{2\pi} (f(s) - P(s))^2\, ds = \int_0^{2\pi} f(s)^2 - 2f(s) P(s) + P(s)^2\, ds$$

$$= \int_0^{2\pi} f(s)^2 - 2 \int_0^{2\pi} f(s) P(s)\, ds + \int_0^{2\pi} P(s)^2\, ds. \tag{7.4}$$

Man kann die beiden letzten Integrale folgendermaßen berechnen:

$$2 \int_0^{2\pi} f(s) P(s)\, ds = 2 \int_0^{2\pi} f(s) \sum_{i=1}^p x_i f_i(s)\, ds$$

$$= 2 \sum_{i=1}^p x_i \int_0^{2\pi} f(s) f_i(s)\, ds, \tag{7.5}$$

$$\int_0^{2\pi} P(s)^2\, ds = \int_0^{2\pi} \sum_{i=1}^p x_i f_i(s) \cdot \sum_{j=1}^p x_j f_j(s)\, ds$$

$$= \sum_{i,j=1}^p x_i x_j \int_0^{2\pi} f_i(s) f_j(s)\, ds$$

$$= \sum_{i=j=1}^p x_i x_j \int_0^{2\pi} f_i(s) f_j(s)\, ds \quad (\text{siehe } (7.1)) \tag{7.6}$$

$$= \sum_{i=1}^p \alpha_i x_i^2.$$

Aus (7.4), (7.5) und (7.6) folgt

$$\int_0^{2\pi} (f(s) - P(s))^2\, ds = \int_0^{2\pi} f(s)^2\, ds + \sum_{i=1}^p \left\{ \alpha_i x_i^2 - 2x_i \int_0^{2\pi} f(s) f_i(s)\, ds \right\}. \tag{7.7}$$

Die Funktion

$$\alpha x^2 - 2\beta x$$

ist minimal für

$$2\alpha x - 2\beta = 0 \quad \Leftrightarrow \quad x = \frac{\beta}{\alpha}.$$

In der Summe (7.7) ist jeder Term $\alpha_i x_i^2 - 2x_i \beta_i$ minimal für

$$x_i = \frac{\beta_i}{\alpha_i} = \frac{1}{\alpha_i} \int_0^{2\pi} f(s) f_i(s) \, ds,$$

und der Satz folgt. $\square$

Die Funktionen

$$1, \cos(kx), \sin(kx)$$

besitzen die folgenden Eigenschaften:

Satz 7.3 *Es gilt*

a) $\displaystyle\int_0^{2\pi} 1 \cdot \cos(ks) \, ds = \int_0^{2\pi} 1 \cdot \sin(ks) \, ds = 0 \quad \forall k \geq 1.$

b) $\displaystyle\int_0^{2\pi} \cos(is) \cos(js) \, ds = \int_0^{2\pi} \sin(is) \sin(js) \, ds = 0 \quad \forall i \neq j \in \mathbb{N} \setminus \{0\}.$

c) $\displaystyle\int_0^{2\pi} \sin(is) \cos(js) = 0 \quad \forall i, j \in \mathbb{N} \setminus \{0\}.$

d) $\displaystyle\int_0^{2\pi} 1 \cdot ds = 2\pi, \quad \int_0^{2\pi} (\cos(ks))^2 \, ds = \int_0^{2\pi} (\sin(ks))^2 \, ds = \pi \quad \forall k \geq 1.$

Beweis a)

$$\int_0^{2\pi} 1 \cdot \cos(ks) \, ds = \left. \frac{\sin(ks)}{k} \right|_0^{2\pi} = 0$$

$$\int_0^{2\pi} 1 \cdot \sin(ks) \, ds = \left. \frac{-\cos(ks)}{k} \right|_0^{2\pi} = 0. \tag{7.8}$$

b) Die beiden Integrale sind gleich wegen

$$\cos(is) \cos(js) - \sin(is) \sin(js) = \cos((i+j)s)$$

und (7.8). Mit der Formel

$$\cos(is)\cos(js) = \frac{1}{2}\{\cos(i+j)s + \cos(i-j)s\} \tag{7.9}$$

und (7.8) erhält man b).

c) Aus Satz 7.1 folgt

$$\int_0^{2\pi} \sin(is)\cos(js)\,ds = \int_{-\pi}^{\pi} \sin(is)\cos(js)\,ds = 0,$$

da $s \mapsto \sin(is)\cos(js)$ ungerade ist.

Bemerkung Für eine ungerade Funktion, d. h. eine Funktion mit

$$f(-x) = -f(x),$$

gilt

$$\int_{-\pi}^{\pi} f(s)\,ds = \int_{-\pi}^{0} f(s)\,ds + \int_0^{\pi} f(s)\,ds = \int_{\pi}^{0} -f(-s)\,ds + \int_0^{\pi} f(s)\,ds$$

$$= \int_{\pi}^{0} f(s)\,ds + \int_0^{\pi} f(s)\,ds = 0.$$

(Wir haben die Substitution $s \to -s$ im ersten Integral durchgeführt).

d) (7.9) mit $i = j = k$ liefert

$$(\cos(ks))^2 = \frac{1}{2}\{\cos(2ks) + 1\},$$

und mit (7.8) folgt

$$\int_0^{2\pi} (\cos(ks))^2\,ds = \frac{1}{2}\int_0^{2\pi} ds = \pi.$$

Da $\int_0^{2\pi} \cos^2(ks) + \sin^2(ks)\,ds = \int_0^{2\pi} 1 \cdot ds = 2\pi$, erhält man

$$\int_0^{2\pi} (\sin(ks))^2\,ds = \pi.$$

□

Bemerkung Man sagt, dass die Funktionen $1, \cos(kx), \sin(kx)$ *orthogonal* sind. Sie haben die Eigenschaft der Funktionen f_i des Satzes 7.2.

Dann kann man zeigen:

Satz 7.4 *Sei* $f : [0, 2\pi[\to \mathbb{R}$ *eine Funktion. Das Polynom*

$$P(x) = a_0 + \sum_{k=1}^{n} a_k \cos(kx) + \sum_{k=1}^{n} b_k \sin(kx),$$

gegeben durch

$$a_0 = \frac{1}{2\pi} \int_0^{2\pi} f(s)\,ds, \quad a_k = \frac{1}{\pi} \int_0^{2\pi} f(s)\cos(ks)\,ds, \quad b_k = \frac{1}{\pi} \int_0^{2\pi} f(s)\sin(ks)\,ds \;\; \forall\, k \geq 1$$

minimiert das Integral

$$\int_0^{2\pi} (f(s) - P(s))^2\,ds.$$

Beweis Wir nehmen $1, \cos(kx)$ und $\sin(kx)$ als die Funktionen f_i des Satzes 7.2. Dann sind die a_i, b_i, die das Integral minimieren, gegeben durch (siehe (7.3))

$$a_0 = \frac{1}{2\pi} \int_0^{2\pi} f(s)\,ds, \quad a_k = \frac{1}{\pi} \int_0^{2\pi} f(s)\cos(ks)\,ds, \quad b_k = \frac{1}{\pi} \int_0^{2\pi} f(s)\sin(ks)\,ds.$$

$\square$

Definition 7.3 Sei $f : [0, 2\pi[\to \mathbb{R}$ eine Funktion. Die Koeffizienten

$$a_0 = \frac{1}{2\pi} \int_0^{2\pi} f(s)\,ds,$$

$$a_k = \frac{1}{\pi} \int_0^{2\pi} f(s)\cos(ks)\,ds,$$

$$b_k = \frac{1}{\pi} \int_0^{2\pi} f(s)\sin(ks)\,ds, \quad k \geq 1$$

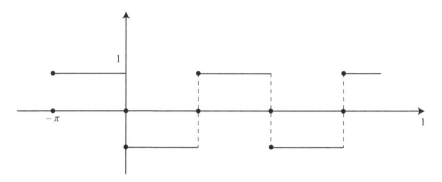

Abb. 7.2 Graph für das Beispiel

heißen die *Fourier-Koeffizienten* von f. Das Polynom

$$P_n(x) = a_0 + \sum_{k=1}^{n} a_k \cos(kx) + \sum_{k=1}^{n} b_k \sin(kx)$$

wird als Fourier-Polynom vom Grad n von f bezeichnet. Die Reihe

$$\Sigma \, a_k \cos(kx) + b_k \sin(kx)$$

heißt *Fourier-Reihe* von f.

Beispiel Sei f die 2π-periodische Funktion definiert durch (siehe Abb. 7.2)

$$f(x) = \begin{cases} 1 & x \in [-\pi, 0[\\ -1 & x \in [0, \pi[. \end{cases}$$

Es gilt (siehe Satz 7.1)

$$a_0 = \frac{1}{2\pi} \int_{-\pi}^{\pi} f(s) \, ds = 0, \qquad a_k = \frac{1}{\pi} \int_{-\pi}^{\pi} f(s) \cos(ks) \, ds = 0,$$

da f ungerade ist.

$$b_k = \frac{1}{\pi} \int_{-\pi}^{\pi} f(s)\sin(ks)\,ds = \frac{1}{\pi}\left\{ \int_{-\pi}^{0} \sin(ks)\,ds + \int_{0}^{\pi} -\sin(ks)\,ds \right\}$$

$$= \frac{2}{\pi} \int_{0}^{\pi} -\sin(ks)\,ds = \frac{2}{\pi} \cdot \left. \frac{\cos(ks)}{k} \right|_0^{\pi}$$

$$= \frac{2}{\pi} \cdot \frac{(-1)^k - 1}{k}.$$

Bemerkung Sei f eine 2π-periodische Funktion.

a) Falls f ungerade ist ($f(-x) = -f(x) \; \forall x$), gilt

$$a_k = 0 \quad \forall k,$$

und die Fourier-Reihe von f ist eine *Sinusreihe* – d. h. $\Sigma b_k \sin(kx)$.

b) Falls f gerade ist ($f(-x) = f(x) \; \forall x$), gilt

$$b_k = 0 \quad \forall k,$$

und die Fourier-Reihe von f ist eine *Kosinusreihe* – d. h. $\Sigma a_k \cos(kx)$.

Beweis (Beweis von b)) Es folgt aus Satz 7.1

$$b_k = \frac{1}{\pi} \int_{-\pi}^{\pi} f(s)\sin(ks)\,ds = \frac{1}{\pi}\left\{ \int_{-\pi}^{0} f(s)\sin(ks)\,ds + \int_{0}^{\pi} f(s)\sin(ks)\,ds \right\}.$$

Wir substituieren $s \to -s$ im ersten Integral. Es folgt

$$\int_{-\pi}^{0} f(s)\sin(ks)\,ds = \int_{\pi}^{0} f(-s)\sin(-ks) - ds = \int_{\pi}^{0} f(s)\sin(ks)\,ds$$

und daher $b_k = 0$. $\qquad\qquad\qquad\qquad\qquad\qquad\qquad\qquad\qquad\square$

Wir studieren jetzt die Fourier-Reihe einer 2π-periodischen Funktion.

Hilfssatz 1 *Die Bezeichnungen sind wie in Satz 7.2. Die Funktion $P = \sum_{i=1}^{p} x_i f_i$, die das Integral $\int_0^{2\pi} (f(s) - P(s))^2 \, ds$ minimiert, erfüllt*

$$\int\limits_0^{2\pi} (f(s) - P(s))^2 = \int\limits_0^{2\pi} f(s)^2 \, ds - \int\limits_0^{2\pi} P(s)^2 \, ds, \tag{7.10}$$

$$\int\limits_0^{2\pi} P(s)^2 \, ds = \sum_{i=1}^{p} \alpha_i x_i^2. \tag{7.11}$$

Beweis Gleichung (7.11) folgt aus (7.6). Das Minimum der Funktion $\alpha x^2 - 2\beta x$ ist erreicht (siehe Satz 7.2) für $x = \beta/\alpha$ und nimmt den Wert $-\frac{\beta^2}{\alpha}$ an. Daher erhält man für x_i gegeben durch (7.3) aus (7.7)

$$\int\limits_0^{2\pi} (f(s) - P(s))^2 \, ds = \int\limits_0^{2\pi} f(s)^2 \, ds - \sum_{i=1}^{p} \alpha_i x_i^2 = \int\limits_0^{2\pi} f(s)^2 \, ds - \int\limits_0^{2\pi} P(s)^2 \, ds.$$

$\square$

Satz 7.5 *Sei f eine 2π-periodische Funktion mit $\int_0^{2\pi} f(s)^2 \, ds < +\infty$. Sei*

$$\sum a_k \cos(kx) + b_k \sin(kx)$$

die Fourier-Reihe von f. Dann konvergiert die Reihe

$$\Sigma \, a_k^2 + b_k^2. \tag{7.12}$$

(Wir setzen $b_0 = 0$).

Beweis Es folgt aus (7.10) und (7.11), dass

$$\sum_{i=1}^{p} \alpha_i x_i^2 = \int\limits_0^{2\pi} P^2(s) \, ds \le \int\limits_0^{2\pi} f^2(s) \, ds.$$

Wenn die orthogonalen Funktionen $f_1, \ldots, f_p$ die Funktionen $1, \cos(kx), \sin(kx)$ für $k = 1, \ldots, n$ sind, ergibt dies

$$\sum_{k=1}^{n} \pi(a_k^2 + b_k^2) \le \int\limits_0^{2\pi} f^2(s) \, ds < +\infty.$$

Die partiellen Summen der Reihe sind beschränkt, die Reihe konvergiert somit. $\square$

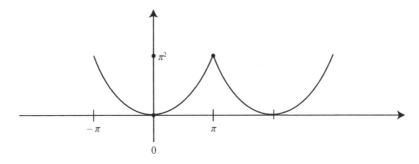

Abb. 7.3 Periodische Parabel

Bemerkung Die Konvergenz der Reihe (7.12) impliziert, dass

$$\lim_{k \to +\infty} a_k = \lim_{k \to +\infty} b_k = 0$$

gilt. So hat die Fourier-Reihe von f eine Chance zu konvergieren.

Man kann zeigen:

Satz 7.6 *Sei f eine 2π-periodische Funktion mit $\int_0^{2\pi} f^2(s)\,ds < +\infty$.*
Sei $P_n = \sum_{k=0}^{n} a_k \cos(kx) + b_k \sin(kx)$ das Fourier-Polynom von f. Dann gilt

$$\lim_{n \to +\infty} \int_0^{2\pi} (f(s) - P_n(s))^2 \, ds = 0.$$

Für alle x gilt auch

$$\lim_{n \to +\infty} P_n(x) = \frac{f(x^-) + f(x^+)}{2},$$

wobei

$$f(x^-) = \lim_{\substack{y \to x \\ y < x}} f(y), \qquad f(x^+) = \lim_{\substack{y \to x \\ y > x}} f(y).$$

(Wir nehmen an, dass die Grenzwerte existieren.)

Bemerkung Falls f stetig ist, gilt

$$f(x^-) = f(x^+) = f(x),$$

und die Fourier-Reihe von f konvergiert gegen f.

Beispiel Wir betrachten $f(x) = x^2$ auf $(-\pi, \pi)$ (siehe Abb. 7.3).

$$a_0 = \frac{1}{2\pi} \int_{-\pi}^{\pi} x^2 \, dx = \frac{1}{\pi} \int_{0}^{\pi} x^2 \, dx = \frac{\pi^2}{3}.$$

$$a_k = \frac{1}{\pi} \int_{-\pi}^{\pi} x^2 \cos(kx) \, dx = \frac{2}{\pi} \int_{0}^{\pi} x^2 \cos(kx) \, dx$$

$$= \frac{2}{\pi} \left\{ \frac{\sin(kx)}{k} x^2 \Big|_{0}^{\pi} - 2 \int_{0}^{\pi} \frac{\sin(kx)}{k} x \, dx \right\} \quad \text{(partielle Integration)}$$

$$= -\frac{4}{\pi k} \int_{0}^{\pi} \sin(kx) x \, dx$$

$$= -\frac{4}{\pi k} \left\{ -\frac{\cos(kx)}{k} x \Big|_{0}^{\pi} + \int_{0}^{\pi} \frac{\cos(kx)}{k} \, dx \right\}$$

$$= -\frac{4}{\pi k} \left\{ -\frac{\cos(k\pi)}{k} \pi \right\} = (-1)^k \frac{4}{k^2}.$$

Es gilt $b_k = 0$, da f gerade ist. Daher folgt

$$f(x) = \frac{\pi^2}{3} + 4 \sum_{k=1}^{+\infty} (-1)^k \frac{\cos(kx)}{k^2} \quad \forall \, x.$$

Für $x = \pi$ erhält man

$$\pi^2 = \frac{\pi^2}{3} + 4 \sum_{k=1}^{+\infty} (-1)^k \frac{\cos(k\pi)}{k^2} = \frac{\pi^2}{3} + 4 \sum_{k=1}^{+\infty} \frac{(-1)^k \cdot (-1)^k}{k^2},$$

d. h.

$$\pi^2 = \frac{\pi^2}{3} + 4 \sum_{k=1}^{+\infty} \frac{1}{k^2}$$

$$\Rightarrow \quad 4 \sum_{k=1}^{+\infty} \frac{1}{k^2} = \pi^2 - \frac{\pi^2}{3} = \frac{2\pi^2}{3}$$

$$\Rightarrow \quad \sum_{k=1}^{+\infty} \frac{1}{k^2} = \frac{\pi^2}{6}.$$

Bemerkung Es ist manchmal nützlich, den komplexen Ausdruck eines Fourier-Polynoms oder einer Fourier-Reihe zu verwenden. Es gilt für $k \geq 1$

$$\cos(kx) = \frac{e^{ikx} + e^{-ikx}}{2}, \qquad \sin(kx) = \frac{e^{ikx} - e^{-ikx}}{2i} = i \frac{e^{-ikx} - e^{ikx}}{2}.$$

Dann folgt

$$P_n(x) = a_0 + \sum_{k=1}^{n} a_k \cos(kx) + b_k \sin(kx)$$

$$= a_0 e^{0ix} + \sum_{k=1}^{n} a_k \frac{(e^{ikx} + e^{-ikx})}{2} + b_k i \frac{(e^{-ikx} - e^{ikx})}{2}$$

$$= a_0 e^{0ix} + \sum_{k=1}^{n} \frac{(a_k - i b_k)}{2} e^{ikx} + \frac{(a_k + i b_k)}{2} e^{-ikx}$$

$$= \sum_{k=-n}^{n} c_k e^{ikx}$$

mit

$$c_0 = a_0, \qquad c_k = \frac{a_k - i b_k}{2}, \qquad c_{-k} = \bar{c}_k, \quad k = 1, \ldots, n.$$

7.3 Übungen

Aufgabe 1
(a) Es sei f eine 2π-periodische Funktion definiert durch

$$f(x) = x \quad \forall\, x \in [-\pi, \pi[.$$

Berechne die Fourier-Reihe von f.
(b) Zeige, dass

$$\frac{\pi}{4} = \sum_{k=1}^{+\infty} \frac{(-1)^{k+1}}{k} \sin\left(k \frac{\pi}{2}\right).$$

(c) Berechne die Summe

$$\sum_{n=0}^{+\infty} \frac{(-1)^n}{2n + 1}.$$

Aufgabe 2 Sei f eine stetig differenzierbare Funktion. Es seien

$$a_k = \frac{1}{\pi} \int\limits_0^{2\pi} f(x) \cos(kx)\, dx, \qquad b_k = \frac{1}{\pi} \int\limits_0^{2\pi} f(x) \sin(kx)\, dx.$$

Zeige durch partielle Integration, dass

$$\lim_{k \to +\infty} a_k = \lim_{k \to +\infty} b_k = 0$$

gilt.

Aufgabe 3 Es sei f eine stetige Funktion mit Periode T. Zeige

$$f(x) = \frac{a_0}{2} + \sum_{k=1}^{+\infty} a_k \cos\left(\frac{2k\pi x}{T}\right) + b_k \sin\left(\frac{2k\pi x}{T}\right),$$

wobei

$$a_k = \frac{2}{T} \int\limits_0^T f(y) \cos\left(\frac{2k\pi y}{T}\right) dy, \qquad b_k = \frac{2}{T} \int\limits_0^T f(y) \sin\left(\frac{2k\pi y}{T}\right) dy.$$

Aufgabe 4
(a) Es sei f eine 2π-periodische Funktion definiert durch

$$f(x) = |x|, \quad x \in [-\pi, \pi[.$$

Berechne die Fourier-Reihe von f.
(b) Finde

$$\sum_{k=0}^{+\infty} \frac{1}{(2k+1)^2}, \qquad \sum_{k=1}^{+\infty} \frac{1}{k^2}.$$

Aufgabe 5 Es sei f eine 2π-periodische Funktion mit

$$\int\limits_0^{2\pi} f^2(x)\, dx < +\infty.$$

Es sei

$$P_n(x) = a_0 + \sum_{k=1}^n a_k \cos(kx) + b_k \sin(kx)$$

das Fourier-Polynom von f. Zeige

$$\lim_{n \to +\infty} \int_0^{2\pi} P_n(x)^2 \, dx = \int_0^{2\pi} f(x)^2 \, dx$$

und

$$2a_0^2 + \sum_{k=1}^{+\infty} a_k^2 + b_k^2 = \frac{1}{\pi} \int_0^{2\pi} f^2(x) \, dx.$$

Gewöhnliche Differenzialgleichungen

8

8.1 Einführung

Physikalische oder chemische Größen erfüllen häufig gewöhnliche Differenzialgleichungen.

Beispiele

1. *Newton'sches Gesetz*

   Wir werfen einen Körper aus einer Höhe y_0 zur Zeit $t_0 = 0$. Sei $y(t)$ die Höhe des Körpers zur Zeit t und g die Erdbeschleunigung. Es gilt das Newton'sche Gesetz:

   $$y''(t) = -g. \tag{8.1}$$

   Es folgt

   $$y'(t) = -gt + C, \tag{8.2}$$

   wobei C eine Konstante ist. Für $t = 0$ folgt aus (8.2)

   $$y'(0) = C,$$

   d. h. C ist die Anfangsgeschwindigkeit des Körpers – y_0'. Setzen wir das in (8.2) ein, so bekommen wir folgende Gleichungen:

   $$y'(t) = -gt + y_0'$$

   und

   $$y(t) = -\frac{1}{2}gt^2 + y_0't + K, \tag{8.3}$$

   wobei K eine Konstante ist. Wählen wir $t = 0$ in (8.3), dann haben wir

   $$y_0 = y(0) = K$$

© Springer-Verlag Berlin Heidelberg 2016
M. Chipot, *Mathematische Grundlagen der Naturwissenschaften*, Springer-Lehrbuch,
DOI 10.1007/978-3-662-47088-6_8

und

$$y(t) = -\frac{1}{2}gt^2 + y_0't + y_0.$$

Die Höhe y ist eindeutig bestimmt, wenn y_0, y_0' gegeben sind. Diese Differenzialgleichung hängt von zwei Anfangsbedingungen ab ($y(0)$, $y'(0)$).

2. *Malthus'sches Gesetz*

Es sei $y(t)$ die Größe einer Bevölkerung zur Zeit t. Wir nehmen an, dass die Vermehrung der Population proportional zur Anzahl der lebenden Individuen ist. Es folgt dann

$$y'(t) = ay(t). \tag{8.4}$$

Die Anfangspopulation ist gegeben durch

$$y(0) = y_0. \tag{8.5}$$

Gesucht ist $y(t)$, $t > 0$, sodass (8.4), (8.5) erfüllt sind. Gleichung (8.4), (8.5) ist ein *Anfangswertproblem* oder ein *Cauchy-Problem* der ersten Ordnung (nur die erste Ableitung kommt in der Gleichung vor). Um dieses Problem zu lösen, bemerkt man, dass (8.4) äquivalent zu

$$e^{-at}(y' - ay) = 0$$

ist – d. h.

$$(ye^{-at})' = 0.$$

Dann folgt

$$ye^{-at} = K = \text{Konstante},$$

und die Lösung von (8.4) ist gegeben durch

$$y(t) = Ke^{at}.$$

Es ist klar, dass (8.5)

$$K = y_0$$

impliziert, und das Anfangswertproblem (8.4), (8.5) besitzt eine einzige Lösung

$$y(t) = y_0e^{at}.$$

Das Malthus'sche Wachstum der Bevölkerung ist exponential und für alle t definiert. Was passiert für ein stärkeres Wachstum? Das zeigt das folgende Beispiel.

3. *Quadratisches Wachstum*

Die Vermehrung einer Population ist gegeben durch

$$\begin{cases} y'(t) = ay^2(t), & t > 0, \\ y(0) = y_0 > 0. \end{cases} \tag{8.6}$$

Dann folgt

$$y'/y^2 = a \quad \Leftrightarrow \quad \left(\frac{1}{y}\right)' = -a.$$

Das heißt

$$\frac{1}{y} = -at + K,$$

wobei K eine Konstante ist. Die Anfangsbedingung liefert

$$K = \frac{1}{y_0},$$

somit ist die einzige Lösung von (8.6)

$$y(t) = 1 \Big/ \left(\frac{1}{y_0} - at\right).$$

Die Population explodiert also zur Zeit $t = 1/ay_0$! Das Problem (8.6) besitzt keine globale Lösung – also eine Lösung, die für alle t definiert ist. Gleichung (8.6) ist ein *nichtlineares* Cauchy-Problem.

4. *Beute-Räuber-System*

In einem Lebensraum leben Beute und Räuber zusammen wie z. B. Haie und kleine Fische. Die Haie fressen die kleinen Fische. Nach einiger Zeit gibt es fast keine Fische mehr zu fressen, und die Haie sterben. Dann wächst die Fischpopulation wieder bis zum Punkt, ab dem die Haie sich wieder vermehren. Sei $x(t)$ die „Anzahl" der Haie zur Zeit t und $y(t)$ die Anzahl der kleinen Fische zur Zeit t. $x(t)$ folgt dem Malthus'schen Gesetz – also

$$x'(t) = Ax(t).$$

A ist keine Konstante und hängt von der Nahrung ab. Es gilt

$$A = A(y).$$

Natürlich ist A monoton steigend und negativ für $y = 0$ (die Haie sterben, wenn es keine Beute gibt). Die einfachste Funktion mit solchen Eigenschaften ist gegeben wie folgt:

$$A = A(y) = ay - b,$$

wobei a, b positive Konstanten sind. Die Beutepopulation folgt auch dem Mathus'schen Gesetz, und es gilt

$$y'(t) = By(t)$$

mit $B = B(x)$. B ist eine monoton fallende Funktion von x (mehr Haie bedeutet weniger Beute!), die positiv für $x = 0$ ist (die Fische vermehren sich, wenn alle Haie gestorben sind). Die einfachste Möglichkeit, um das Phänomen zu beschreiben, ist dann

$$B(x) = c - dx,$$

wobei c, d positive Konstanten sind. Das Beute-Räuber-System ist beschrieben durch

$$\begin{cases} x'(t) = (ay(t) - b)x(t) & t > 0, \\ y'(t) = (c - dx(t))y(t) & t > 0, \\ x(0) = x_0, \ y(0) = y_0. \end{cases} \tag{8.7}$$

Gesucht ist ein Funktionenpaar, das (8.7) erfüllt. Für

$$x_0 = \frac{c}{d}, \qquad y_0 = \frac{b}{a}$$

ist das Paar

$$(x(t), y(t)) = \left(\frac{c}{d}, \frac{b}{a}\right) \quad \forall\, t$$

eine Lösung von (8.7).

Man kann zeigen, dass die anderen Lösungen für $x_0, y_0 > 0$ periodisch sind (siehe Abb. 8.1). Gleichung 8.7 ist ein System der ersten Ordnung (nur erste Ableitungen). $\left(\frac{c}{d}, \frac{b}{a}\right)$ ist ein *Gleichgewichtspunkt*.

5. *Reaktionsgleichungen*

Seien c und $\tilde{c}$ die Konzentrationen von zwei Stoffen. Gemischt produzieren diese Stoffe einen dritten mit Konzentration z. Ein Prozess der zweiten Ordnung ist ein Prozess

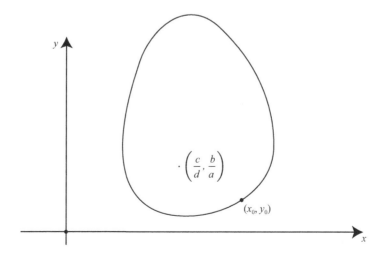

Abb. 8.1 Beute-Räuber-System

geregelt durch

$$z'(t) = kc\tilde{c},$$

wobei k eine Konstante ist. Bei der Reaktion werden c und $\tilde{c}$ verbraucht, sodass

$$c = a - z, \qquad \tilde{c} = b - z$$

gilt, und die Produktion des dritten Stoffs findet so statt, dass seine Konzentration z die Gleichung

$$\begin{cases} z'(t) = k(a - z(t))(b - z(t)), \\ z(0) = 0. \end{cases} \tag{8.8}$$

erfüllt ($a, b > 0$).

8.2 Elementare Theorie

Definition 8.1 Eine *gewöhnliche Differenzialgleichung der ersten Ordnung* ist eine Gleichung des Typs

$$y'(t) = f(t, y(t)), \tag{8.9}$$

wobei f eine Funktion von $\mathbb{R}^2$ nach $\mathbb{R}$ ist. Gesucht ist eine Funktion $y(t)$, sodass (8.9) auf einem Intervall I von $\mathbb{R}$ erfüllt ist.

Definition 8.2 (Anfangswertproblem) Ein Anfangswertproblem ist eine Differenzialgleichung der ersten Ordnung mit einer *Anfangsbedingung*. Gesucht ist eine Funktion y mit

$$\begin{cases} y'(t) = f(t, y(t)), & t \in I, \\ y(0) = y_0, \end{cases} \tag{8.10}$$

wobei $y_0 \in \mathbb{R}$ die Anfangsbedingung ist.

Satz 8.1 *Für „vernünftige" Funktionen besitzt das System* (8.10) *eine einzige Lösung auf dem Intervall* $(-\alpha, \alpha)$.

Bemerkung Das Beute-Räuber-System kann auch als ein Anfangswertproblem betrachtet werden. Gesucht ist ein Lösungspaar

$$Y(t) = (x(t), y(t)) \in \mathbb{R}^2.$$

Wir definieren $Y'(t)$ als

$$Y'(t) = (x'(t), y'(t))$$

und für $Y = (x, y)$

$$f(Y) = ((ay - b)x, (c - dx)y).$$

(f ist eine Funktion von $\mathbb{R}^2$ nach $\mathbb{R}^2$). Dann ist (8.7) äquivalent zu

$$\begin{cases} Y'(t) = f(Y(t)), & t > 0, \\ Y(0) = (x_0, y_0). \end{cases}$$

Was hier mit $\mathbb{R}^2$ gemacht wurde, kann auch auf $\mathbb{R}^n$ verallgemeinert werden!

8.3   Verschiedene lösbare Differenzialgleichungen

Lineare Gleichungen

Wir betrachten die folgende Funktion:

$$f(t, y) = a(t)y + b(t),$$

wobei a, b zwei Funktionen sind. Gesucht ist eine Funktion $y(t)$ mit

$$y'(t) = a(t)y(t) + b(t). \tag{8.11}$$

(i) Der Fall $b \equiv 0$. Die Gleichung reduziert sich auf

$$y' - a(t)y = 0. \tag{8.12}$$

Wir bemerken, dass (Kettenregel!)

$$\left(e^{-\int_0^t a(s)\,ds} \right)' = e^{-\int_0^t a(s)\,ds} \cdot (-a(t))$$

gilt. Die Exponentialfunktion ist strikt positiv und (8.12) ist äquivalent zu

$$
\begin{aligned}
& e^{-\int_0^t a(s)\,ds}(y' - ay) = 0 \\
\Leftrightarrow \quad & \left(e^{-\int_0^t a(s)\,ds} y \right)' = 0 \\
\Leftrightarrow \quad & e^{-\int_0^t a(s)\,ds} y = C \\
\Leftrightarrow \quad & y(t) = C e^{\int_0^t a(s)\,ds},
\end{aligned}
\tag{8.13}
$$

wobei C eine Konstante ist. Für $a(s) = a$ erhalten wir wieder

$$y(t) = C e^{at}$$

(Malthus'sches Gesetz). Gleichung 8.13 liefert alle Lösungen von (8.11) im Fall von $b = 0$.

(ii) Der Fall $b \not\equiv 0$ (Methode der Variation der Konstanten). Da die Exponentialfunktion positiv ist, ist es immer möglich, eine Lösung des Typs

$$y(t) = C(t)e^{\int_0^t a(s)\,ds} \tag{8.14}$$

zu finden – d. h. C in (8.13) ist nicht mehr eine Konstante. Es folgt

$$y' - a(t)y = C'(t)e^{\int_0^t a(s)\,ds} + C(t)\left(e^{\int_0^t a(s)\,ds}\right)' - a(t)C(t)e^{\int_0^t a(s)\,ds}$$

$$= C'(t)e^{\int_0^t a(s)\,ds}.$$

Gleichung 8.14 löst (8.11) genau dann, wenn

$$C'(t)e^{\int_0^t a(s)\,ds} = b(t)$$

$$\Leftrightarrow \quad C'(t) = b(t)e^{-\int_0^t a(s)\,ds}$$

$$\Leftrightarrow \quad C(t) = \int_0^t b(s)e^{-\int_0^s a(\xi)\,d\xi}\,ds + C,$$

und die Lösung von (8.11) ist gegeben durch

$$y(t) = Ce^{\int_0^t a(s)\,ds} + e^{\int_0^t a(s)\,ds}\int_0^t b(s)e^{-\int_0^s a(\xi)\,d\xi}\,ds$$

$$\tag{8.15}$$

$$\Leftrightarrow \quad y(t) = Ce^{\int_0^t a(s)\,ds} + \int_0^t b(s)e^{\int_s^t a(\xi)\,d\xi}\,ds.$$

Die allgemeine Lösung ist die Summe der allgemeinen Lösung der homogenen Differenzialgleichung (d. h. die Gleichung mit $b \equiv 0$) und einer speziellen Lösung der inhomogenen Gleichung. In diesem Fall besitzt das Anfangswertproblem (8.10) die einzige Lösung

$$y(t) = y_0 e^{\int_0^t a(s)\,ds} + \int_0^t b(s)e^{\int_s^t a(\xi)\,d\xi}\,ds. \tag{8.16}$$

Trennung der Variablen

Gesucht ist die Lösung von

$$y'(t) = f(y(t))g(t). \tag{8.17}$$

Für $f \neq 0$ gilt

$$\frac{y'}{f(y)} = g(t). \tag{8.18}$$

Es sei $h(y)$ eine Stammfunktion von $\frac{1}{f(y)}$ und G eine Stammfunktion von g. Dann ist (8.18) äquivalent zu

$$h(y)' = G(t)' \quad \Leftrightarrow \quad h(y(t)) = G(t) + \text{Konstante}.$$

Beispiel Gesucht ist die Lösung von (8.8) mit $k = 1, a \neq b$. Es gilt

$$\frac{z'}{(a-z)(b-z)} = 1 \quad \Leftrightarrow \quad \frac{1}{b-a}\left\{\frac{1}{a-z} - \frac{1}{b-z}\right\}z' = 1. \tag{8.19}$$

Die Stammfunktion von $\frac{1}{a-z} - \frac{1}{b-z}$ ist $\log|b-z| - \log|a-z|$, und (8.19) ist äquivalent zu

$$\left(\log\frac{|b-z|}{|a-z|}\right)' = (b-a) \quad \Leftrightarrow \quad \log\left|\frac{b-z}{a-z}\right| = (b-a)t + K,$$

wobei K eine Konstante ist. Die Anfangsbedingung ($z(0) = 0$) liefert

$$K = \log\left|\frac{b}{a}\right| = \log\frac{b}{a} \quad (a, b > 0),$$

und es folgt

$$\left|\frac{b-z}{a-z}\right| = e^{(b-a)t + \ln\left(\frac{b}{a}\right)} = \frac{b}{a}e^{(b-a)t}.$$

Für t in der Nähe von 0 ist $z(t)$ nah zu null mit $b - z, a - z > 0$. Es folgt

$$\frac{b-z}{a-z} = \frac{b}{a}e^{(b-a)t}$$

$$\Leftrightarrow \quad b - z = \frac{b}{a}e^{(b-a)t}(a-z)$$

$$\Leftrightarrow \quad z\left\{\frac{b}{a}e^{(b-a)t} - 1\right\} = b\left\{e^{(b-a)t} - 1\right\}$$

$$\Leftrightarrow \quad z = ab\frac{\left\{e^{(b-a)t} - 1\right\}}{\left\{be^{(b-a)t} - a\right\}}.$$

8.4 Newton-Methode

Es ist nicht immer möglich, eine exakte Lösung einer Differenzialgleichung zu finden. Viele numerische Methoden wurden entwickelt, um eine Approximation der Lösung zu berechnen. Das einfachste Verfahren ist die Newton-Methode. Wir betrachten das folgende Anfangswertproblem

$$\begin{cases} y'(t) = f(t, y(t)), \quad t \in [0, 1], \\ y(0) = y_0 \in \mathbb{R}. \end{cases} \tag{8.20}$$

Wir möchten eine Approximation von $y(t_k)$ berechnen, wobei t_k definiert ist durch

$$t_k = \frac{k}{N} \quad k = 0, 1, \ldots, N.$$

(Das heißt, wir teilen $[0, 1]$ in N Intervalle, $N \in \mathbb{N} \setminus \{0\}$.) Wir bezeichnen mit h die *Schrittweite* $h = \frac{1}{N}$, dann gilt

$$t_k = kh \quad k = 0, 1, \ldots, N. \tag{8.21}$$

Am Punkt t_k gilt (siehe (8.20))

$$y'(t_k) = f(t_k, y(t_k)),$$
$$t_{k+1} = (k+1)h = kh + h = t_k + h.$$

Deshalb gilt für h sehr klein

$$y'(t_k) \simeq \frac{y(t_{k+1}) - y(t_k)}{h}.$$

Das bedeutet, dass die Folge $y(t_k)$ näherungsweise

$$\frac{y(t_{k+1}) - y(t_k)}{h} \simeq f(t_k, y(t_k))$$
$$\Rightarrow \quad y(t_{k+1}) \simeq y(t_k) + hf(t_k, y(t_k))$$

erfüllt. Wir definieren dann die rekursive Folge durch

$$\begin{cases} y_0 \text{ gegeben}, \\ y_{k+1} = y_k + hf(t_k, y_k) \quad k = 0, 1, \ldots, N-1. \end{cases}$$

Dieses Verfahren bezeichnet man als Newton-Verfahren. Man kann zeigen, dass für kleine h (große N) y_k eine gute Approximation von $y(t_k)$ ist.

8.5 Übungen

Aufgabe 1

(a) Löse die gewöhnlichen Differenzialgleichungen

$$a_1)\ y' + 2y = \sin t, \qquad a_2)\ y' + ty = t.$$

(b) Finde die Lösung des Anfangswertproblems

$$\begin{cases} y' - ty = 1 - t^2, \\ y(0) = 1. \end{cases}$$

Aufgabe 2 Zeige, dass die Lösung des Anfangswertproblems

$$\begin{cases} y' = 1 + y^2, \\ y(0) = 1 \end{cases}$$

explodiert.

Aufgabe 3 Zeige, dass das Anfangswertproblem

$$\begin{cases} y' = \sqrt{y}, \\ y(0) = 0 \end{cases}$$

unendlich viele Lösungen besitzt.

Aufgabe 4 Gegeben sei das System

$$\begin{cases} x' = -y, \quad y' = x, \\ x(0) = 1, \quad y(0) = 0. \end{cases}$$

Finde die einzige Lösung dieses Anfangswertproblems.

Aufgabe 5

(a) Es sei y eine stetige Funktion mit

$$0 \le y(t) \le L \int_0^t y(s)\,ds \quad \forall\, t \ge 0.$$

Zeige, dass $y \equiv 0$ für $t \ge 0$ gilt.

(b) Es sei $f : \mathbb{R} \times \mathbb{R}$ eine Funktion mit

$$|f(t, y) - f(t, z)| \leq L|y - z| \quad \forall\, t.$$

Zeige, dass das Anfangswertproblem

$$\begin{cases} y'(t) = f(t, y(t)), & t > 0, \\ y(0) = y_0 \end{cases}$$

nicht zwei verschiedene Lösungen haben kann.

Aufgabe 6 Formuliere das Newton-Verfahren, um das System (8.7) zu lösen.

Vektorräume

9

Ein Vektorraum ist eine lineare (algebraische) Struktur, die zu den wichtigsten mathematischen Konzeptionen gehört. Vektorräume werden auf fast allen Teilgebieten der Mathematik als Grundlage verwendet. Im folgenden Abschnitt führen wir die ersten wichtigen Begriffe in Zusammenhang mit Vektorräumen ein.

9.1 Raum $\mathbb{R}^n$

Für $n \geq 1$ definieren wir

$$\mathbb{R}^n = \{\, x = (x_1, \ldots, x_n) \text{ wobei } x_i \in \mathbb{R}\ \forall\, i = 1, \ldots, n \,\}.$$

$x = (x_1, \ldots, x_n)$ ist ein *Vektor* mit Einträgen $x_1, \ldots, x_n$.

Beispiel

$$\underline{0} = (0, 0, \ldots, 0)$$

ist der *Nullvektor*.

Wir führen jetzt zwei wichtige Operationen in $\mathbb{R}^n$ ein.

- *Addition von Vektoren*
  Seien $x = (x_1, \ldots, x_n)$, $y = (y_1, \ldots, y_n) \in \mathbb{R}^n$. $x + y$ ist der Vektor definiert als

$$x + y = (x_1 + y_1, x_2 + y_2, \ldots, x_n + y_n).$$

- *Multiplikation mit einer reellen Zahl*
  Seien $\lambda \in \mathbb{R}$ und $x = (x_1, \ldots, x_n) \in \mathbb{R}^n$. $\lambda \cdot x$ ist der Vektor definiert durch

$$\lambda \cdot x = (\lambda x_1, \lambda x_2, \ldots, \lambda x_n).$$

λ heißt Skalar, die Operation ist die Multiplikation eines Vektors mit einem Skalar.

© Springer-Verlag Berlin Heidelberg 2016
M. Chipot, *Mathematische Grundlagen der Naturwissenschaften*, Springer-Lehrbuch,
DOI 10.1007/978-3-662-47088-6_9

Beispiele

1. In $\mathbb{R}^2$.
$$(1,2) + (2,1) = (3,3), \qquad 2 \cdot (1,0) = (2,0).$$

2. In $\mathbb{R}^3$.

$$(1,1,1) + (1,-1,2) = (2,0,3), \qquad (-1) \cdot (1,-1,2) = (-1,1,-2).$$

3. In $\mathbb{R}^n$.

$$\lambda \cdot \underline{0} = \lambda \cdot (0,0,\ldots,0) = (\lambda 0, \lambda 0, \ldots, \lambda 0) = (0,0,\ldots,0) = \underline{0}.$$

Satz 9.1 *Addition von Vektoren und Multiplikation mit einer reellen Zahl besitzen folgende Eigenschaften:*

(i) $x + (y + z) = (x + y) + z \quad \forall \, x, y, z \in \mathbb{R}^n$ *(Assoziativität),*
(ii) $x + y = y + x \quad \forall \, x, y \in \mathbb{R}^n$ *(Kommutativität),*
(iii) $\exists \, \underline{0} \; mit \; \underline{0} + x = x + \underline{0} = x \quad \forall \, x \in \mathbb{R}^n$ *(neutrales Element),*
(iv) $\forall \, x \in \mathbb{R}^n, \exists \, x' \in \mathbb{R}^n \; mit \; x + x' = x' + x = 0$ *(inverses Element),*
(v) $\lambda \cdot (x + y) = \lambda \cdot x + \lambda \cdot y \quad \forall \, x, y \in \mathbb{R}^n, \; \forall \, \lambda \in \mathbb{R},$
(vi) $(\lambda + \mu) \cdot x = \lambda \cdot x + \mu \cdot x \quad \forall \, x \in \mathbb{R}^n, \; \forall \, \lambda, \mu \in \mathbb{R},$
(vii) $\lambda \cdot (\mu \cdot x) = (\lambda \mu) \cdot x \quad \forall \, x \in \mathbb{R}^n, \; \forall \, \lambda, \mu \in \mathbb{R},$
(viii) $1 \cdot x = x \quad \forall \, x \in \mathbb{R}^n.$

(i)–(iv) zeigen, dass $\mathbb{R}^n$ eine kommutative Gruppe ist.

Beweis (i)–(iii) folgen den Eigenschaften von $\mathbb{R}$ (siehe Kap. 1).
(iv) Sei $x = (x_1, \ldots, x_n) \in \mathbb{R}^n$, $x' = (-x_1, \ldots, -x_n)$ ist so, dass $x + x' = x' + x = \underline{0} = (0,0,\ldots 0)$. Die anderen Aussagen sind einfach zu beweisen. Das inverse Element x' wird mit $-x$ bezeichnet. $\square$

9.2 $\mathbb{R}$-Vektorräume

Man nennt eine Menge mit den Eigenschaften (i)–(viii) einen Vektorraum über $\mathbb{R}$ oder $\mathbb{R}$-Vektorraum. Genauer definiert man:

Definition 9.1 Ein *Vektorraum* über $\mathbb{R}$ ist eine nichtleere Menge V zusammen mit

$$\text{einer Addition:} \qquad + : \quad \begin{aligned} V \times V &\to V \\ (x, y) &\mapsto x + y \end{aligned}$$

und

$$\text{einer skalaren Multiplikation:} \quad \cdot : \quad \begin{array}{l} \mathbb{R} \times V \to V \\ (\lambda, x) \mapsto \lambda \cdot x, \end{array}$$

die die folgenden Eigenschaften erfüllt:

(i) $x + (y + z) = (x + y) + z \quad \forall\, x, y, z \in V$ (Assoziativität),

(ii) $x + y = y + x \quad \forall\, x, y \in V$ (Kommutativität),

(iii) $\exists\, \underline{0} \text{ mit } \underline{0} + x = x + \underline{0} = x \quad \forall\, x \in V$ (neutrales Element),

(iv) $\forall\, x \in V, \exists\, x' \in V \text{ mit } x + x' = x' + x = 0$ (inverses Element),

(v) $\lambda \cdot (x + y) = \lambda \cdot x + \lambda \cdot y \quad \forall\, x, y \in V,\ \forall\, \lambda \in \mathbb{R},$

(vi) $(\lambda + \mu) \cdot x = \lambda \cdot x + \mu \cdot x \quad \forall\, x \in V,\ \forall\, \lambda, \mu \in \mathbb{R},$

(vii) $\lambda \cdot (\mu \cdot x) = (\lambda \mu) \cdot x \quad \forall\, x \in V,\ \forall\, \lambda, \mu \in \mathbb{R},$

(viii) $1 \cdot x = x \quad \forall\, x \in V.$

Beispiele

1. $\mathbb{R}, \mathbb{R}^2, \mathbb{R}^3, \ldots, \mathbb{R}^n$ sind Vektorräume über $\mathbb{R}$.

2. Wir betrachten die Menge der reellwertigen Folgen $\mathbb{R}^{\mathbb{N}} = \{\, (x_0, x_1, \ldots, x_n, \ldots) \mid x_i \in \mathbb{R} \,\}$. Die Addition ist definiert durch

$$(x_0, x_1, \ldots, x_n, \ldots) + (y_0, y_1, \ldots, y_n, \ldots) = (x_0 + y_0, x_1 + y_1, \ldots, x_n + y_n, \ldots).$$

Die skalare Multiplikation ist definiert durch

$$\lambda \cdot (x_0, x_1, \ldots, x_n, \ldots) = (\lambda x_0, \lambda x_1, \ldots, \lambda x_n, \ldots).$$

3. $P_n =$ die Menge der Polynome vom Grad kleiner gleich n

$$= \{\, P(x) = a_0 + a_1 x + \cdots + a_n x^n \mid a_0, a_1, \ldots, a_n \in \mathbb{R} \,\}.$$

Die Addition in P_n ist definiert durch

$$(a_0 + a_1 x + \cdots + a_n x^n) + (b_0 + b_1 x + \cdots + b_n x^n) = (a_0 + b_0) + (a_1 + b_1) x + \cdots + (a_n + b_n) x^n.$$

Die skalare Multiplikation ist definiert durch

$$\lambda \cdot (a_0 + a_1 x + \cdots + a_n x^n) = \lambda a_0 + \lambda a_1 x + \cdots + \lambda a_n x^n.$$

4. $I_n =$ die Menge der trigonometrischen Polynome

$$= \left\{\, a_0 + \sum_{k=1}^{n} a_k \cos(kx) + b_k \sin(kx) \,\middle|\, a_i, b_i \in \mathbb{R} \right\}.$$

Die Addition von zwei trigonometrischen Polynomen ist definiert als

$$\left(a_0 + \sum_{k=1}^n a_k \cos(kx) + b_k \sin(kx)\right) + \left(\bar{a}_0 + \sum_{k=1}^n \bar{a}_k \cos(kx) + \bar{b}_k \sin(kx)\right)$$

$$= (a_0 + \bar{a}_0) + \sum_{k=1}^n (a_k + \bar{a}_k) \cos(kx) + (b_k + \bar{b}_k) \sin(kx).$$

Die skalare Mutiplikation ist

$$\lambda \cdot \left(a_0 + \sum_{k=1}^n a_k \cos kx + b_k \sin kx\right) = \lambda a_0 + \sum_{k=1}^n \lambda a_k \cos(kx) + \lambda b_k \sin kx.$$

5. $\mathbb{R}^M = $ die Menge der Funktionen von einer Menge M nach $\mathbb{R}$

$$= \left\{ f : \begin{array}{l} M \to \mathbb{R}, \\ m \mapsto f(m) \end{array} \right\}.$$

Die Addition von $f, g \in \mathbb{R}^m$ ist die Funktion $f + g \in \mathbb{R}^M$ definiert durch

$$(f + g)(m) = f(m) + g(m) \quad \forall\, m \in M.$$

Die Funktion $\lambda \cdot f$ ist definiert durch

$$(\lambda \cdot f)(m) = \lambda f(m) \quad \forall\, m \in M.$$

Bemerkung $\mathbb{R}^M$ ist nur eine Bezeichnung. $\mathbb{R}^n$ kann mit $\mathbb{R}^{\{1,2,\dots,n\}}$ identifiziert werden. M ist beliebig und liefert unendlich viele Vektorräume. Es lohnt sich, diese Strukturen genauer zu studieren. Die Elemente eines Vektorraums werden *Vektoren* genannt.

Bemerkung Aus den Eigenschaften (i)–(viii) folgen weitere Eigenschaften eines Vektorraumes.

1. Das Neutralelement ist eindeutig bestimmt. Seien $\underline{0}$ und $\bar{0}$ zwei Neutralelemente. Es gilt

$$\left.\begin{array}{ll} \underline{0} + \bar{0} = \bar{0} & \text{(da } \underline{0} \text{ Neutralelement ist)} \\ \underline{0} + \bar{0} = \underline{0} & \text{(da } \bar{0} \text{ Neutralelement ist)} \end{array}\right\} \Rightarrow \bar{0} = \underline{0}.$$

2. Das inverse Element ist eindeutig bestimmt. Seien x', x'' zwei inverse Elemente von x

$$x + x' = \underline{0}$$
$$\Rightarrow \quad x'' + (x + x') = x'' + \underline{0} = x''$$
$$\Rightarrow \quad x'' + (x + x') = x''$$
$$\Rightarrow \quad (x'' + x) + x' = x''$$
$$\Rightarrow \quad \underline{0} + x' = x'' \quad \Rightarrow \quad x' = x''.$$

3. $0 \cdot v = \underline{0} \; \forall \, v \in V$, denn

$$v + 0 \cdot v \overset{(viii)}{=} 1 \cdot v + 0 \cdot v \overset{(v)}{=} (1 + 0) \cdot v = 1 \cdot v = v$$
$$0 \cdot v + v = 0 \cdot v + 1 \cdot v = (0 + 1) \cdot v = 1 \cdot v = v.$$

Also ist $0 \cdot v$ ein Neutralelement, und

$$0 \cdot v = \underline{0}$$

gilt.

4. $(-1) \cdot v$ ist das inverse Element von v

$$v + (-1) \cdot v \overset{(viii)}{=} 1 \cdot v + (-1) \cdot v \overset{(v)}{=} (1 + (-1)) \cdot v = 0 \cdot v = \underline{0}$$
$$(-1) \cdot v + v = (-1) \cdot v + 1 \cdot v = ((-1) + 1) \cdot v = 0 \cdot v = \underline{0}.$$

Man bezeichnet mit $-v$ das Inverse von v, d. h., wir identifizieren $(-1) \cdot v$ mit $-v$.

9.3 Unterräume

Definition 9.2 Sei V ein Vektorraum über $\mathbb{R}$. Die Menge $U \subset V$ heißt *Unterraum* von V, wenn $U \neq \emptyset$ ist und

(i) $u, v \in U \Rightarrow u + v \in U$ sowie
(ii) $u \in U \Rightarrow \lambda \cdot u \in U \; \forall \, \lambda \in \mathbb{R}$.

(i) und (ii) sind äquivalent zu

(iii) $u, v \in U \Rightarrow \lambda_1 u + \lambda_2 v \in U \; \forall \, \lambda_1, \lambda_2 \in \mathbb{R}$.

Bemerkung Ein Unterraum ist ein Vektorraum über $\mathbb{R}$ für die Operationen $+$ und $\cdot$ (siehe Übungen).

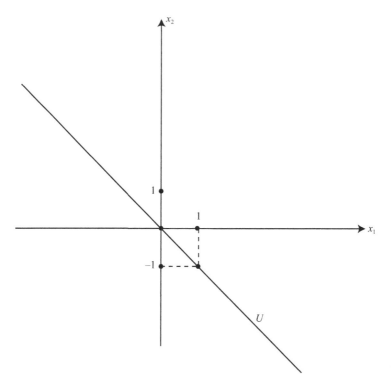

Abb. 9.1 Beispiel 1

Im Folgenden werden wir oft $\lambda \cdot u$ als λu schreiben.

Beispiele

1. $V = \mathbb{R}^2$.

$$U = \{\, (x_1, x_2) \in \mathbb{R}^2 \mid x_1 + x_2 = 0 \,\}$$
$$= \{\, (x_1, x_2) \in \mathbb{R}^2 \mid x_2 = -x_1 \,\}$$
$$= \{\, (x_1, -x_1) \mid x_1 \in \mathbb{R} \,\} = \{\, x_1(1, -1) \mid x_1 \in \mathbb{R} \,\}.$$

U ist die Gerade durch $(1 - 1), (0, 0)$ (siehe Abb. 9.1).
Falls $u = (x_1, -x_1), u' = (x_1', -x_1')$

$$u + u' = (x_1 + x_1', -(x_1 + x_1')) \in U,$$
$$\lambda u = (\lambda x_1, -\lambda x_1) \in U \quad \forall \lambda \in \mathbb{R}.$$

Bemerkung Wir können $\binom{x_1}{x_2}$ mit (x_1, x_2) identifizieren. Manchmal ist es angebracht, Spalten als Zeilen zu betrachten. In diesem Beispiel spielt dies keine Rolle.

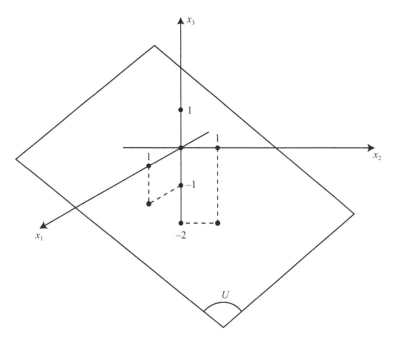

Abb. 9.2 Beispiel 2

2. $V = \mathbb{R}^3$.
$$U = \{\, (x_1, x_2, x_3) \in \mathbb{R}^3 \mid x_1 + 2x_2 + x_3 = 0 \,\}.$$

Seien $x = (x_1, x_2, x_3)$, $y = (y_1, y_2, y_3) \in U$. Es gilt

$$
\begin{aligned}
& x_1 + 2x_2 + x_3 = 0, \qquad y_1 + 2y_2 + y_3 = 0 \\
\Rightarrow \quad & x_1 + 2x_2 + x_3 + y_1 + 2y_2 + y_3 = 0 \\
\Leftrightarrow \quad & (x_1 + y_1) + 2(x_2 + y_2) + (x_3 + y_3) = 0 \quad \Leftrightarrow \quad x + y \in U.
\end{aligned}
$$

Für $\lambda \in \mathbb{R}$ folgt aus $x_1 + 2x_2 + x_3 = 0$

$$\lambda(x_1 + 2x_2 + x_3) = 0 \quad \Leftrightarrow \quad (\lambda x_1) + 2(\lambda x_2) + (\lambda x_3) = 0 \quad \Leftrightarrow \quad \lambda \cdot x \in U,$$

und U ist ein Unterraum von $\mathbb{R}^3$

$$
\begin{aligned}
U &= \{\, (x_1, x_2, -x_1 - 2x_2) \mid x_1, x_2 \in \mathbb{R} \,\} \\
&= \{\, x_1(1, 0, -1) + x_2(0, 1, -2) \mid x_1, x_2 \in \mathbb{R} \,\} \\
&= \text{die Ebene durch die Punkte } (0, 0, 0), (1, 0, -1), (0, 1, -2),
\end{aligned}
$$

(siehe Abb. 9.2).

3. $V = P_n$.

$$U = \{\, P \in P_n \mid P(0) + P'(1) = 0 \,\} \qquad P' \text{ ist die Ableitung von } P.$$

Seien $P, Q \in U$. Dann gilt

$$P(0) + P'(1) = 0, \qquad Q(0) + Q'(1) = 0.$$

Es folgt

$$P(0) + P'(1) + Q(0) + Q'(1) = 0 \quad \Leftrightarrow \quad (P + Q)(0) + (P + Q)'(1) = 0,$$

d. h. $P + Q \in U$. Für $\lambda \in \mathbb{R}$ gilt

$$\lambda(P(0) + P'(1)) = 0 \quad \Leftrightarrow \quad (\lambda \cdot P)(0) + (\lambda \cdot P)'(1) = 0,$$

d. h. $\lambda \cdot P \in U$ und U ist ein Unterraum von P_n.

9.4   Linearkombinationen

Definition 9.3 Sei V ein Vektorraum über $\mathbb{R}$. Sei $S \neq \emptyset$ eine Menge von Vektoren aus V. Es sei

$$a = \sum_{i=1}^{k} \alpha_i \cdot a_i \quad a_1, \ldots, a_k \in S, \quad \alpha_1, \ldots, \alpha_k \in \mathbb{R}.$$

Dann sagen wir, der Vektor $a \in V$ ist als eine *Linearkombination* von Vektoren aus S dargestellt.

Man bezeichnet mit $[S]$ die Menge der Linearkombination von Vektoren aus S. $[S]$ heißt *lineare Hülle* von S. $[S]$ ist ein Unterraum von V (siehe Übungen). Ist die Menge S endlich, d. h.

$$S = \{a_1, \ldots, a_k\},$$

so schreibt man auch

$$[S] = [a_1, \ldots, a_k].$$

Beispiele

1. Sei $S = \{a_1, \ldots, a_k\}$. Dann ist

$$[S] = \left\{ \sum_{i=1}^{k} \alpha_i \cdot a_i \ \middle|\ \alpha_i \in \mathbb{R} \right\}.$$

2. Sei $S = \{(1,0), (0,1)\} \subset \mathbb{R}^2$. Dann ist

$$[S] = \{\,\alpha_1 \cdot (1,0) + \alpha_2 \cdot (0,1) \mid \alpha_1, \alpha_2 \in \mathbb{R}\,\}$$
$$= \{\,(\alpha_1, 0) + (0, \alpha_2) \mid \alpha_1, \alpha_2 \in \mathbb{R}\,\}$$
$$= \{\,(\alpha_1, \alpha_2) \mid \alpha_1, \alpha_2 \in \mathbb{R}\,\} = \mathbb{R}^2.$$

3. Sei $S = \{(0,1,0), (0,0,1)\} \subset \mathbb{R}^3$. Dann ist

$$[S] = \{\,\alpha_1 \cdot (0,1,0) + \alpha_2 (0,0,1) \mid \alpha_1, \alpha_2 \in \mathbb{R}\,\}$$
$$= \{\,(0, \alpha_1, 0) + (0, 0, \alpha_2) \mid \alpha_1, \alpha_2 \in \mathbb{R}\,\}$$
$$= \{\,(0, \alpha_1, \alpha_2) \mid \alpha_1, \alpha_2 \in \mathbb{R}\,\}$$
$$= \{\,x = (x_1, x_2, x_3) \mid x_1 = 0\,\}.$$

Definition 9.4 Man sagt, $[S]$ werde von S *aufgespannt* oder von S *erzeugt*. Gilt $[S] = V$, so heißt S *Erzeugendensystem* von V. Falls S endlich ist, ist V *endlich erzeugbar* .

Beispiele

1. Es sei $e_i = (0, \ldots, 1, \ldots, 0)$, 1 an der i-ten Stelle. $S = \{e_1, \ldots, e_n\}$. Dann gilt

$$[S] = \mathbb{R}^n,$$

und S ist ein Erzeugendensystem von V.

2. Es sei $U = \{\,(x_1, x_2, x_3) \in \mathbb{R}^3 \mid 2x_1 + x_2 - x_3 = 0\,\}$. Dann gilt

$$U = \{\,(x_1, x_2, 2x_1 + x_2) \mid x_1, x_2 \in \mathbb{R}\,\}$$
$$= \{\,(x_1, 0, 2x_1) + (0, x_2, x_2) \mid x_1, x_2 \in \mathbb{R}\,\}$$
$$= \{\,x_1 \cdot (1, 0, 2) + x_2 \cdot (0, 1, 1) \mid x_1, x_2 \in \mathbb{R}\,\},$$

und $S = \{(1, 0, 2), (0, 1, 1)\}$ ist ein Erzeugendensystem von U.

9.5 $\mathbb{C}$-Vektorräume

Definition 9.5 Ein Vektorraum über $\mathbb{C}$ ist eine Menge $V \neq \emptyset$ zusammen mit

einer Addition: $\qquad\qquad + : \quad \begin{array}{l} V \times V \to V \\ (x, y) \mapsto x + y \end{array}$

und

$$\text{einer skalaren Multiplikation:} \quad \cdot : \quad \begin{array}{l} \mathbb{C} \times V \to V \\ (\lambda, x) \mapsto \lambda \cdot x, \end{array}$$

sodass (i)–(viii) mit $\mathbb{C}$ statt $\mathbb{R}$ gilt.

Beispiele
1. $V = \mathbb{C}^n = \{ (x_1, x_2, \ldots, x_n) \mid x_i \in \mathbb{C} \ \forall i \}$.
   Für $x = (x_1, x_2, \ldots, x_n)$, $y = (y_1, y_2, \ldots, y_n)$ ist die Addition definiert durch

$$x + y = (x_1 + y_1, x_2 + y_2, \ldots, x_n + y_n),$$

   und die Multiplikation ist gegeben durch

$$\lambda \cdot x = (\lambda x_1, \lambda x_2, \ldots, \lambda x_n) \quad \forall \lambda \in \mathbb{C}.$$

2. $\mathbb{C}^M =$ die Menge der Abbildungen von M nach $\mathbb{C}$.
   M ist hier eine beliebige Menge. Seien $f, g \in \mathbb{C}^M$. Die Abbildung $f + g$ ist definiert
   durch
$$(f + g)(m) = f(m) + g(m),$$

   die skalare Multiplikation durch

$$(\lambda \cdot f)(m) = \lambda f(m) \quad \forall \lambda \in \mathbb{C}.$$

Bemerkung Die Begriffe Unterraum, Linearkombination, lineare Hülle, Erzeugendensystem sind identisch für $\mathbb{C}$-Vektorräume wie für $\mathbb{R}$-Vektorräume. Die Skalare sind nur in $\mathbb{C}$ gewählt.

9.6 Übungen

Aufgabe 1 Es sei $\mathbb{R}^{\mathbb{R}}$ die Menge der Abbildungen von $\mathbb{R}$ nach $\mathbb{R}$. Nach Beispiel 5 mit $M = \mathbb{R}$ ist $\mathbb{R}^{\mathbb{R}}$ ein Vektorraum.

(a) Finde das Neutralelement.
(b) Für $f \in \mathbb{R}^{\mathbb{R}}$ finde das Inverse von f.
(c) Es sei $U = \{ f \in \mathbb{R}^{\mathbb{R}}$ mit $f(0) = 0 \}$. Zeige, dass U ein Unterraum von $\mathbb{R}^{\mathbb{R}}$ ist.
(d) Zeige, dass P_n (siehe Beispiel 3) ein Unterraum von $\mathbb{R}^{\mathbb{R}}$ ist.

Aufgabe 2 Sei V ein $\mathbb{R}$-Vektorraum und U ein Unterraum von V. Zeige, dass U ein Vektorraum ist.

Aufgabe 3 Es sei $U = \{(x_1, x_2, x_3) \in \mathbb{R}^3 \text{ mit } x_1^2 + x_2 = 0\}$. Ist U ein Unterraum von $\mathbb{R}^3$?

Aufgabe 4 Es sei $S \subset V$, V ein $\mathbb{R}$-Vektorraum und

$$[S] = \left\{ s \in V \mid \exists \alpha_1, \ldots, \alpha_n \in \mathbb{R}, s_1, \ldots, s_n \in S \text{ mit } s = \sum_{i=1}^{n} \alpha_i s_i \right\}.$$

Zeige, dass $[S]$ ein Unterraum von V ist.

Aufgabe 5 Es sei

$$U = \{x = (x_1, x_2, x_3) \in \mathbb{R}^3 \text{ mit } x_1 + x_2 + x_3 = 0\}.$$

(a) Zeige, dass U ein Unterraum von $\mathbb{R}^3$ ist.
(b) Ist $U = \mathbb{R}^3$?
(c) Zeige, dass $(1, 0, -1)$, $(0, 1, -1)$ U erzeugen.
(d) Finde ein anderes Erzeugendensystem von U.

Aufgabe 6 Es seien U_1, U_2 Unterräume von V im $\mathbb{R}$-Vektorraum.

(a) Zeige, dass $U_1 \cap U_2$ ein Unterraum von V ist.
(b) Ist $U_1 \cup U_2$ ein Unterraum?

Aufgabe 7 Es sei $P_3 = \{ a_0 + a_1 x + a_2 x^2 + a_3 x^3 \mid a_i \in \mathbb{R} \}$. Es sei

$$U = \{ p \in P_3 \mid p' + 2p'' = 0 \},$$

wobei p', p'' die Ableitungen von p sind. Zeige, dass U ein Unterraum von P_3 ist.

Basis und Dimension

10

Nachdem wir uns mit Vektorräumen vertraut gemacht haben, führen wir in diesem Abschnitt weitere wichtige Begriffe der linearen Algebra ein.

10.1 Lineare Unabhängigkeit

Definition 10.1 Es sei V ein Vektorraum über $\mathbb{R}$ (oder $\mathbb{C}$!). Seien $v_1, \ldots, v_k \in V$. $v_1, \ldots, v_k$ heißen *linear unabhängig*, wenn aus

$$\sum_{i=1}^{k} \alpha_i v_i = \underline{0}$$

die Gleichungen

$$\alpha_i = 0 \quad \forall\, i, = 1, \ldots, k$$

folgen. $\underline{0}$ ist also keine nichttriviale Linearkombination der v_i. Die $v_1, \ldots, v_k$ heißen abhängig, falls $\alpha_i \in \mathbb{R}$ (oder $\mathbb{C}$!) existieren mit

$$(\alpha_1, \ldots, \alpha_k) \neq (0, \ldots, 0) \quad \text{und} \quad \sum_{i=1}^{k} \alpha_i v_i = \underline{0}.$$

Beispiele

1. Es sei V ein $\mathbb{R}$-Vektorraum. Sei $v \in V$, $v \neq 0$.

   $\{v\}$ ist linear unabhängig, da $\alpha \cdot v = \underline{0} \Rightarrow \alpha = 0$ (siehe Übungen),

   $\{v, -v\}$ ist abhängig, da $1 \cdot v + 1 \cdot -v = v - v = \underline{0}$.

   (Wir bezeichnen mit $-v$ das inverse Element von v; siehe (iv) in der Definition eines Vektorraumes.)

© Springer-Verlag Berlin Heidelberg 2016
M. Chipot, *Mathematische Grundlagen der Naturwissenschaften*, Springer-Lehrbuch,
DOI 10.1007/978-3-662-47088-6_10

2. Im $\mathbb{R}^3$ sind die Vektoren $(1,0,0)$ und $(2,0,0)$ abhängig, da

$$2 \cdot (1,0,0) + (-1)(2,0,0) = \underline{0}$$

$$\text{oder} \qquad (1,0,0) + \left(-\frac{1}{2}\right)(2,0,0) = \underline{0}.$$

3. In $\mathbb{R}^n$ sind die Vektoren $e_i = (0,\ldots,1,\ldots,0)$, 1 an der i-ten Stelle, $i = 1, 2, \ldots, n$, linear unabhängig:

$$\sum_{i=1}^{n} \alpha_i \cdot e_i = \underline{0} \ \Leftrightarrow \ (\alpha_i,\ldots,\alpha_n) = \underline{0} \ \Leftrightarrow \ \alpha_i = 0 \quad \forall \, i = 1, \ldots, n.$$

Bemerkung In der Folge betrachten wir nur $\mathbb{R}$-Vektorräume. Die Beweise sind identisch für $\mathbb{C}$-Vektorräume.

Satz 10.1 *Es sei V ein Vektorraum. Sind die Vektoren $v_1, \ldots, v_k$ linear abhängig, dann lässt sich mindestens einer der Vektoren $v_1, \ldots, v_k$ als Linearkombination der anderen darstellen.*

Beweis Es existiert $(\alpha_1, \ldots, \alpha_k) \neq (0, \ldots, 0)$ mit

$$\underline{0} = \sum_{i=1}^{k} \alpha_i v_i.$$

Zum Beispiel ist $\alpha_{i_0} \neq 0$ für ein i_0. Dann gilt

$$\alpha_{i_0} v_{i_0} = -\sum_{\substack{i=1 \\ i \neq i_0}}^{k} \alpha_i v_i = \sum_{\substack{i=1 \\ i \neq i_0}}^{k} (-\alpha_i) v_i$$

$$\Rightarrow \qquad \frac{1}{\alpha_{i_0}} (\alpha_{i_0} v_{i_0}) = \frac{1}{\alpha_{i_0}} \sum_{\substack{i=1 \\ i \neq i_0}}^{k} (-\alpha_i) v_i$$

$$\Rightarrow \qquad v_{i_0} = \sum_{\substack{i=1 \\ i \neq i_0}}^{k} \frac{(-\alpha_i)}{\alpha_{i_0}} v_i. \qquad \qquad \square$$

Satz 10.2 *Sei v eine Linearkombination der Vektoren $v_1, \ldots, v_k$. Dann sind die Vektoren $v_1, \ldots, v_k, v$ linear abhängig.*

Beweis Es gilt

$$v = \sum_{i=1}^{k} \alpha_i v_i$$

$$\Leftrightarrow \quad 1 \cdot v + \sum_{i=1}^{k} (-\alpha_i) v_i = \underline{0} \quad \text{mit } 1 \neq 0. \qquad \square$$

Satz 10.3 *Seien $v_1, \ldots, v_k \in V$. $v_1, \ldots, v_k$ sind genau dann linear unabhängig, wenn jedes $v \in [v_1, \ldots, v_k]$ als genau eine Linearkombination von $v_1, \ldots, v_k$ dargestellt werden kann.*

Beweis
(i) Seien $v_1, \ldots, v_k$ unabhängig. Es gilt

$$v = \sum_{i=1}^{k} \alpha_i v_i = \sum_{i=1}^{k} \beta_i v_i,$$

falls v zwei Darstellungen besitzt. Dann folgt

$$\sum_{i=1}^{k} (\alpha_i - \beta_i) \cdot v_i = 0 \;\Rightarrow\; \alpha_i = \beta_i \quad \forall\, i.$$

(ii) Falls jedes v eine einzige Darstellung besitzt und

$$\underline{0} = \sum_{i=1}^{k} \alpha_i \cdot v_i \left(= \sum_{i=1}^{k} 0 \cdot v_i \right)$$

gilt, dann folgt, dass $\alpha_i = 0 \;\forall\, i = 1, \ldots, k$ ist und die Vektoren $v_1, \ldots, v_k$ linear unabhängig sind. $\qquad \square$

10.2 Basen

Definition 10.2 Sei V ein Vektorraum. Eine *Basis* von V ist eine Familie von Vektoren, die

(i) unabhängig sind,
(ii) V erzeugen.

Beispiele

1. $e_1 = (1, 0)$, $e_2 = (0, 1)$. $\{e_1, e_2\}$ ist eine Basis von $\mathbb{R}^2$. Das ist die kanonische Basis.
   (i) Unabhängigkeit

   $$\alpha_1 \cdot e_1 + \alpha_2 \cdot e_2 = 0 \Rightarrow \alpha_1 \cdot (1, 0) + \alpha_2 \cdot (0, 1) = (\alpha_1, \alpha_2) = \underline{0} \Rightarrow \alpha_1 = \alpha_2 = 0.$$

   (ii) $\{e_1, e_2\}$ erzeugt $\mathbb{R}^2$

   $$(x_1, x_2) = (x_1, 0) + (0, x_2) = x_1 \cdot e_1 + x_2 \cdot e_2.$$

   $e_i = (0, \ldots, 1, \ldots, 0)$, 1 an der i-ten Stelle. $\{e_1, \ldots, e_n\}$ ist die kanonische Basis von $\mathbb{R}^n$.

2. $e_1 = (1, 0, 0)$, $e_2 = (0, 1, 0)$, $e_3 = (0, 0, 1)$ ist die kanonische Basis von $\mathbb{R}^3$. $\mathbb{R}^3$ besitzt andere Basen. Seien

   $$f_1 = e_1, \qquad f_2 = e_2 + e_3, \qquad f_3 = e_2 - e_3.$$

   $\{f_1, f_2, f_3\}$ ist eine Basis von $\mathbb{R}^3$. Wir bemerken, dass

   $$f_2 = (0, 1, 0) + (0, 0, 1) = (0, 1, 1), \qquad f_3 = (0, 1, 0) - (0, 0, 1) = (0, 1, -1)$$

   gilt. Es gilt auch

   $$e_2 = \frac{1}{2}(f_2 + f_3), \qquad e_3 = \frac{1}{2}(f_2 - f_3).$$

   - f_1, f_2, f_3 erzeugen $\mathbb{R}^3$. Dies folgt aus

   $$\begin{aligned}
   x = (x_1, x_2, x_3) &= x_1 e_1 + x_2 e_2 + x_3 e_3 \\
   &= x_1 f_1 + x_2 \left(\frac{f_2 + f_3}{2} \right) + x_3 \left(\frac{f_2 - f_3}{2} \right) \\
   &= x_1 f_1 + \left(\frac{x_2 + x_3}{2} \right) f_2 + \left(\frac{x_2 - x_3}{2} \right) f_3,
   \end{aligned}$$

   d. h., alle $x \in \mathbb{R}^3$ sind Linearkombinationen von f_1, f_2, f_3.
   - f_1, f_2, f_3 sind linear unabhängig. Es seien $\alpha_1, \alpha_2, \alpha_3$ mit

   $$\begin{aligned}
   & \alpha_1 f_1 + \alpha_2 f_2 + \alpha_3 f_3 = \underline{0} \\
   \Leftrightarrow \quad & \alpha_1 e_1 + \alpha_2 (e_2 + e_3) + \alpha_3 (e_2 - e_3) = \underline{0} \\
   \Leftrightarrow \quad & \alpha_1 e_1 + (\alpha_2 + \alpha_3) e_2 + (\alpha_2 - \alpha_3) e_3 = \underline{0} \\
   \Leftrightarrow \quad & \alpha_1 = 0, \quad \alpha_2 + \alpha_3 = 0, \quad \alpha_2 - \alpha_3 = 0 \quad \text{(da } e_i, e_2, e_3 \text{ unabhängig sind)} \\
   \Leftrightarrow \quad & \alpha_1 = 0, \quad \alpha_2 = \alpha_3, \quad 2\alpha_2 = 0 \\
   \Leftrightarrow \quad & \alpha_1 = \alpha_2 = \alpha_3 = 0,
   \end{aligned}$$

   und $\{f_1, f_2, f_3\}$ ist eine Basis.

Bemerkung Die Anzahl e_i ist gleich der Anzahl f_i.

3. $\{1, x, x^2, \ldots, x^n\}$ ist eine Basis von P_n.

   (i) Unabhängigkeit

$$a_0 \cdot 1 + a_1 \cdot x + \cdots + a_n \cdot x^n = \underline{0} \quad \text{(die Nullfunktion)}$$

bedeutet, dass

$$a_0 \cdot 1 + a_1 \cdot x + \cdots + a_n \cdot x^n = 0 \quad \forall\, x$$

$x = 0 \Rightarrow a_0 = 0$. Dann gilt

$$a_1 \cdot x + a_2 \cdot x^2 + \cdots + a_n x^n = 0 = x(a_1 + a_2 x + \cdots + a_n \cdot x^{n-x})$$
$$\Rightarrow \quad a_1 + a_2 \cdot x + \cdots + a_n \cdot x^{n-1} = 0 \quad \forall\, x \neq 0.$$

Wir nehmen den Limes mit $x \to 0 \Rightarrow a_1 = 0$ usw., d. h.

$$a_0 = a_1 = \cdots = a_n = 0.$$

Eine andere Methode ist die folgende:

$$P(x) = 0 \quad \forall\, x \quad \Rightarrow \quad P^{(i)}(x) = 0 \quad \forall\, x\, \forall\, i.$$

$P^{(i)}$ ist die i-te Ableitung von P.

$$P^{(i)}(0) = i!a_i,$$

und $a_i = 0\ \forall\, i$ folgt.

   (ii) $P \in P_n$ bedeutet, dass

$$P(x) = a_0 + a_1 x + \cdots + a_n x^n,$$

d. h., $\{1, x, \ldots, x^n\}$ erzeugt P_n.

Satz 10.4 *Eine Familie S von Vektoren aus V ist genau dann eine Basis von V, wenn sich jeder Vektor aus V in eindeutiger Weise als Linearkombination von Vektoren aus S darstellen lässt.*

Beweis S ist eine Basis genau dann, wenn Folgendes festgelegt ist:

S erzeugt V, und die Vektoren in S sind unabhängig.

$\Leftrightarrow$ Jeder Vektor in V ist eine Linearkombination von Vektoren in S,

und diese Linearkombination ist eindeutig bestimmt (siehe Satz 10.3). $\square$

10.3 Dimension

Wir betrachten im Folgenden eine weitere Basis des $\mathbb{R}^2$. Wie wir später zeigen werden, besitzt jede Basis des $\mathbb{R}^2$ genau zwei Vektoren. Die Anzahl Vektoren einer Basis ist dann die Dimension des Vektorraumes.

Beispiel $\{(1, -1), (1, 1)\}$ ist eine Basis des $\mathbb{R}^2$.

(i) Unabhängigkeit

$$\alpha_1 \cdot (1, -1) + \alpha_2 (1, 1) = 0 \quad \Leftrightarrow \quad (\alpha_1 + \alpha_2, \alpha_2 - \alpha_1) = \underline{0} = (0, 0)$$

$$\Leftrightarrow \quad \alpha_2 - \alpha_1 = 0, \quad \alpha_1 + \alpha_2 = 0 \quad \Leftrightarrow \quad \alpha_1 = \alpha_2 = 0.$$

(ii) Diese Vektoren erzeugen $\mathbb{R}^2$:

$$\alpha_1 \cdot (1, -1) + \alpha_2 (1, 1) = (x_1, x_2) \quad \Leftrightarrow \quad (\alpha_1 + \alpha_2, \alpha_2 - \alpha_1) = (x_1, x_2)$$

$$\Leftrightarrow \quad \alpha_1 + \alpha_2 = x_1, \quad \alpha_2 - \alpha_1 = x_2 \quad \Leftrightarrow \quad \alpha_1 = \frac{x_1 - x_2}{2}, \quad \alpha_2 = \frac{x_1 + x_2}{2}.$$

Für alle $x = (x_1, x_2)$ gilt

$$x = \left(\frac{x_1 - x_2}{2} \right) \cdot (1, -1) + \left(\frac{x_1 + x_2}{2} \right) \cdot (1, 1),$$

daher ist $\{(1, -1), (1, 1)\}$ eine Basis des $\mathbb{R}^2$. Eine andere Basis (siehe Abschn. 10.2) ist gegeben durch $\{(1, 0), (0, 1)\}$. Die Anzahl der Elemente dieser Basen ist 2. Wir werden sehen, dass in $\mathbb{R}^2$ jede Basis zwei Elemente besitzt. Die *Dimension* von $\mathbb{R}^2$ ist 2 – jeder Vektor in $\mathbb{R}^2$ hängt von 2 Parametern ab.

Satz 10.5 *Jeder endlich erzeugbare Vektorraum besitzt eine Basis.*

Beweis Sei $\{v_1, \ldots, v_n\}$ ein Erzeugendensystem. Falls $v_1, \ldots, v_n$ unabhängig sind, ist $\{v_1, \ldots, v_n\}$ eine Basis. Falls $v_1, \ldots, v_n$ abhängig sind, gibt es ein v_i – z.B. v_n –, das eine Linearkombination der anderen Vektoren ist – d.h. $v_n = \sum_{i=1}^{n-1} \alpha_i v_i$ (siehe Satz 10.1). Dann ist $\{v_1, \ldots, v_{n-1}\}$ ein Erzeugendensystem von V. Falls $v_1, \ldots, v_{n-1}$ linear unabhängig sind, ist $\{v_1, \ldots, v_{n-1}\}$ eine Basis. Ansonsten wiederholen wir diese Vorgehensweise, d.h. wir eliminieren also den Vektor, der eine Linearkombination der anderen ist. Nach endlich vielen Schritten erhalten wir eine Basis ($\{v_i\}$ ist linear unabhängig für $v_i \neq 0$). $\qquad\qquad\square$

Satz 10.6 *Falls V eine Basis von n Elementen besitzt, so enthält jede Basis n Elemente. Die Zahl n heißt Dimension von V. Man sagt, dass V n-dimensional ist. (Bezeichnung: $\dim V = n$.)*

Hilfssatz 1 *Seien* $b_1, \ldots b_n \in V$ *und* $a_1, \ldots, a_{n+1} \in [b_1, \ldots, b_n]$. *Dann sind* $a_1, \ldots, a_{n+1}$
abhängig.

Beweis Wir führen einen Beweis durch Induktion aus.

- $n = 1$. $b_1 \in V$, $a_1, a_2 \in [b_1]$.
  $b_1 = \underline{0} \Rightarrow a_1 = a_2 = \underline{0}$, d. h., sie sind abhängig.
  $b_1 \neq \underline{0} \Rightarrow a_1 = \alpha_1 b_1$, $a_2 = \alpha_2 b_1$. α_1 oder α_2 ist ungleich null. Sonst, $a_1 = a_2 = \underline{0}$.
  Nehmen wir an, dass $\alpha_1 \neq 0$. Dann gilt

$$b_1 = \frac{1}{\alpha_1} a_1 \quad \Rightarrow \quad a_2 = \frac{\alpha_2}{\alpha_1} a_1.$$

- Wir nehmen an, dass der Satz für $n - 1$ gilt.
  Seien $b_1, \ldots, b_n \in V$, $a_1, \ldots, a_{n+1} \in [b_1, \ldots, b_n]$. Es gilt für $\alpha_k^i \in \mathbb{R}$

$$a_1 = \alpha_1^1 b_1 + \alpha_2^1 b_2 + \cdots + \alpha_n^1 b_n$$
$$a_2 = \alpha_1^2 b_1 + \alpha_2^2 b_2 + \cdots + \alpha_n^2 b_n$$
$$\vdots$$
$$a_{n+1} = \alpha_1^{n+1} b_1 + \alpha_2^{n+1} b_2 + \cdots + \alpha_n^{n+1} b_n.$$

Falls $\alpha_n^i = 0 \; \forall \, i = 1, \ldots, n + 1$ gilt, sind nach der Induktion die Vektoren abhängig.
Ansonsten existiert α_n^i mit $\alpha_n^i \neq 0$, z.B. $\alpha_n^1 \neq 0$. Wir multiplizieren die erste Gleichung
mit α_n^i / α_n^1, und wir subtrahieren sie von der i-ten Gleichung. Es gilt für verschiedene
β_k^i

$$a_i - \frac{\alpha_n^i}{\alpha_n^1} a_1 = \sum_{j=1}^{n-1} \beta_j^i b_j \quad \forall \, i = 2, \ldots, n + 1.$$

Nach der Induktionsannahme sind die $a_i - \frac{\alpha_n^i}{\alpha_n^1} a_1$ linear abhängig. Das heißt, für
$(\gamma_2, \ldots, \gamma_{n+1}) \neq (0, \ldots, 0)$ haben wir

$$\sum_{i=2}^{n+1} \gamma_i \left(a_i - \frac{\alpha_n^i}{\alpha_n^1} a_1 \right) = \underline{0}.$$

Also sind die a_i abhängig. $\qquad \square$

Beweis (Beweis des Satzes 10.6) Seien S, S' zwei Basen mit n bzw. n' Elementen. Falls
$n' > n$ ist, dann impliziert

$$S' \subset [S],$$

Abb. 10.1 Zwei abhängige Vektoren erzeugen nicht den $\mathbb{R}^2$

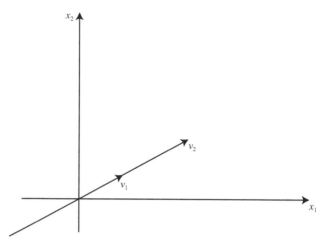

Abb. 10.2 Erzeugung von $\mathbb{R}^2$

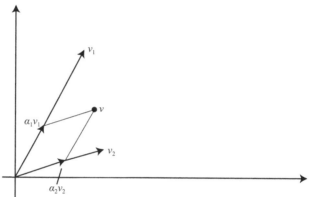

dass S' abhängig ist (siehe Hilfssatz 1). Der Beweis für $n' < n$ erfolgt analog. Deshalb ist $n = n'$. $\square$

Die Fälle $\mathbb{R}^2$ (siehe Abb. 10.1 und Abb. 10.2) **und** $\mathbb{R}^3$ (siehe Abb. 10.3 und Abb. 10.4).

Zwei unabhängige Vektoren v_1, v_2 erzeugen den $\mathbb{R}^2$ (siehe Abb. 10.2). $\{v_1, v_2\}$ ist eine Basis von $\mathbb{R}^2$. Für alle $v \in \mathbb{R}^2$ gilt

$$v = \alpha_1 v_1 + \alpha_2 v_2.$$

Drei unabhängige Vektoren v_1, v_2, v_3 erzeugen den $\mathbb{R}^3$ (siehe Abb. 10.4). $\{v_1, v_2, v_3\}$ ist eine Basis von $\mathbb{R}^3$.

Satz 10.7 *Es sei V ein Vektorraum der Dimension n. Dann gelten folgende Aussagen:*

(i)   *Weniger als n Vektoren bilden kein Erzeugendensystem.*
(ii) *Mehr als n Vektoren sind linear abhängig.*

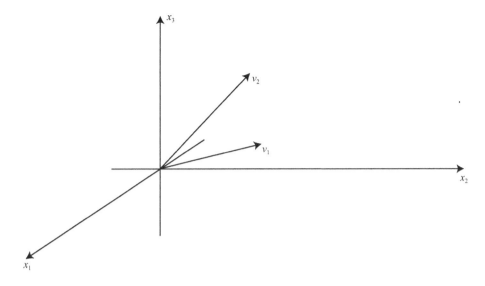

Abb. 10.3 Zwei unabhängige Vektoren im $\mathbb{R}^3$ erzeugen eine Ebene

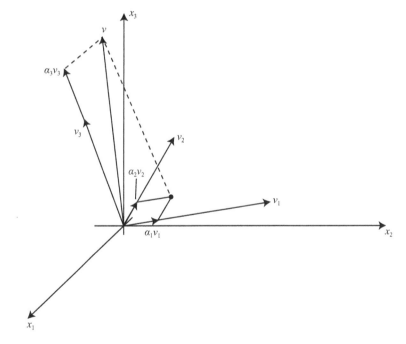

Abb. 10.4 $\{v_1, v_2, v_3\}$ ist eine Basis von $\mathbb{R}^3$

(iii) *Jedes Erzeugendensystem von n Vektoren ist eine Basis von V.*
(iv) *Jede linear unabhängige Familie von n Vektoren ist eine Basis von V.*

Beweis
(i)   Ein Erzeugendensystem enthält eine Basis (siehe den Beweis von Satz 10.5), d. h.
      mindestens n Elemente.
(ii) Folgt aus Hilfssatz 1.
(iii) Dieses Erzeugendensystem enthält eine Basis von n Elementen. Dies ist eine Basis.
(iv) Dieses System erzeugt V. Sonst existiert $v \in V$, das nicht eine Linearkombination
      der Familie ist. Dann erhalten wir $n + 1$ unabhängige Vektoren.   □

Satz 10.8 *Es sei U ein Unterraum eines Vektorraumes V mit* $\dim V = n$. *Dann gelten*

(i) $\dim U \leq \dim V$
(ii) $\dim U = \dim V \;\Leftrightarrow\; U = V.$

Beweis Wir betrachten den Fall, dass U mit weniger als n Vektoren erzeugbar ist. Es sei
$v_1 \in U$. Falls v_1 U erzeugt, sind wir fertig. Sonst gibt es $v_2 \in U$ mit $v_2 - \alpha v_1 \neq 0 \;\forall \alpha$,
d. h., v_1, v_2 sind linear unabhängig. Falls $\{v_1, v_2\}$ U erzeugt, ist $\{v_1, v_2\}$ eine Basis von
U. Sonst existiert v_3 mit $v_3 \notin [v_1, v_2]$, und v_1, v_2, v_3 sind linear unabhängig. Wir erhalten
nach endlich vielen Operationen eine Basis von U, da $n + 1$ Vektoren in $U \subset V$ linear
abhängig sind. Es zeigt auch, dass $\dim U \leq n = \dim V$ ist. Falls $\dim U = n$ eine Basis
von U ist, dann ist es auch eine Basis von V und $U = V$.   □

Bemerkung Falls V kein endliches Erzeugendensystem besitzt, setzt man

$$\dim V = +\infty$$

(die Dimension von V ist unendlich).

10.4   Direkte Summen

Definition 10.3 Es seien U, U' Unterräume von V. Definiere

$$U + U' := \{\, u + u' \mid u \in U,\; u' \in U' \,\}.$$

$U + U'$ ist ein Unterraum von V.

Abb. 10.5 Direkte Summe

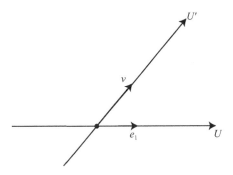

Definition 10.4 Es sei V ein Vektorraum. Seien U, U' Unterräume von V. U' wird (algebraisches) Komplement von U in V genannt, wenn

(i) $U \cap U' = \{\underline{0}\}$,
(ii) $U + U' = V$

gelten. Man sagt, dass V die *direkte Summe* von U und U' ist. Man schreibt

$$V = U \oplus U'.$$

Bemerkung U ist auch ein Komplement von U' in V. Ein Komplement ist nicht eindeutig bestimmt.

Beispiel Sei $V = \mathbb{R}^2, U = \{ \alpha \cdot e_1 \mid \alpha \in \mathbb{R} \}, e_1 = (1,0)$.

Es sei v linear unabhängig von e_1 (siehe Abb. 10.5):

$$U' = \{ \alpha \cdot v \mid \alpha \in \mathbb{R} \}.$$

Es gilt
$$\mathbb{R}^2 = U \oplus U'.$$

Beweis
(i) $U \cap U' = \{\underline{0}\}$.
     Sei $x \in U \cap U'$. Dann gilt $x = \alpha \cdot e_1 = \beta \cdot v$. Es folgt

$$\alpha \cdot e_1 - \beta \cdot v = \underline{0} \quad \Rightarrow \quad \alpha = \beta = 0 \quad \text{(aufgrund der linearen Unabhängigkeit)}$$

und $x = \underline{0}$.
(ii) $\{e_1, v\}$ ist eine Basis von $\mathbb{R}^2 \Rightarrow \mathbb{R}^2 = U \oplus U'$. $\square$

Bemerkung Es gibt viele Komplemente von U. Alle Vektoren in $\mathbb{R}^2$, die unabhängig von e_1 sind, erzeugen ein Komplement.

Satz 10.9 *Es seien U, U' Unterräume von V. Der Unterraum U' ist genau dann ein Komplement von U, wenn jeder Vektor $v \in V$ eindeutig in der Form $u + u'$ dargestellt werden kann, wobei $u \in U$, $u' \in U'$.*

Beweis

(i) Es sei U' ein Komplement von U. Sei $v \in V = U + U'$. Es existiert $u_1 \in U$, $u'_1 \in U'$ mit

$$v = u_1 + u'_1.$$

Sei $u_2 + u'_2$ eine andere Darstellung von v. Es gilt

$$u_1 + u'_1 = u_2 + u'_2$$
$$\Leftrightarrow \quad u_1 - u_2 = u'_1 - u'_2 \in U \cap U' = \{\underline{0}\}.$$

Es folgt, dass $u_1 = u_2$, $u'_1 = u'_2$ und die Darstellung von v eindeutig bestimmt sind.

(ii) Jeder Vektor $v \in V$ sei eindeutig in der Form $u + u'$ darstellbar. Es gilt $V = U + U'$. Sei $v \in U \cap U'$. Es gilt

$$v = v + \underline{0} = \underline{0} + v.$$

Die Eindeutigkeit der Darstellung von v impliziert $v = \underline{0}$, d. h.

$$U \cap U' = \{\underline{0}\}. \qquad \qquad \square$$

Satz 10.10 *Jeder Unterraum U eines endlich-dimensionalen Vektorraums besitzt ein Komplement.*

Beweis Wir wählen eine Basis $\{a_1, \dots, a_p\}$ von U.

(i) Wir zeigen, dass $a_{p+1}, \dots, a_n \in V$ existieren, sodass $\{a_1, \dots, a_p, a_{p+1}, \dots, a_n\}$ eine Basis von V ist ($n = \dim V$). Sei $a_{p+1} \in V$ mit

$$a_{p+1} \notin [a_1, \dots, a_p],$$

dann sind $a_1, \dots, a_p, a_{p+1}$ linear unabhängig. Falls $[a_1, \dots, a_{p+1}] = V$, haben wir eine Basis erhalten. Sonst existert $a_{p+2} \in V$ mit

$$a_{p+2} \notin [a_1, \dots, a_p, a_{p+1}].$$

Dann sind $a_1, \dots, a_{p+2}$ linear unabhängig. Dieses Verfahren wird beendet, wenn die Dimension von V erreicht ist, da V nicht mehr als n unabhängige Vektoren enthalten kann.

(ii) Wir zeigen, dass $U' = [a_{p+1}, \ldots, a_n]$ ein Komplement von U ist. Es gilt $V = U + U'$. Sei $v \in U \cap U'$,

$$v = \sum_{i=1}^{p} \alpha_i a_i = \sum_{1=p+1}^{n} \alpha_i a_i.$$

Es folgt

$$\sum_{i=1}^{p} \alpha_i a_i + \sum_{i=p+1}^{n} (-\alpha_i) a_i = \underline{0}.$$

Da $\{a_1, \ldots, a_n\}$ eine Basis ist, folgt $\alpha_i = 0 \; \forall \, i$, d. h. $v = \underline{0}$. $\qquad\square$

10.5 Übungen

Aufgabe 1
(a) Zeige, dass die Vektoren in $\mathbb{R}^3$

$$(1, 0, 0), \quad (1, 1, 0), \quad (1, 1, 1)$$

unabhängig sind.
(b) Sind die Vektoren

$$(1, 0, 0) \quad (1, 1, 0), \quad (2, 1, 0)$$

unabhängig?

Aufgabe 2 In $\mathbb{R}^{[0,2\pi]} = \{ f : [0, 2\pi] \to \mathbb{R} \}$ sind die „Vektoren"

$$f_1(x) = \cos x, \quad f_2(x) = \sin x, \quad f_3(x) = \sin 2x$$

linear unabhängig.

Aufgabe 3 Es sei

$$U = \{ (x_1, x_2, x_3) \in \mathbb{R}^3 \mid 3x_1 + x_2 + x_3 = 0 \}.$$

(a) Finde die Dimension von U.
(b) Finde zwei verschiedene Basen von U.

Aufgabe 4 Es sei

$$P_3 = \{ a_0 + a_1 x + a_2 x^2 + a_3 x^3 \mid a_i \in \mathbb{R} \}.$$

Es sei

$$U = \{ p \in P_3 \mid p' + 2p'' = 0 \},$$

wobei p', p'' die erste und zweite Ableitung von p sind. Finde eine Basis von U und bestimme die Dimension von U.

Aufgabe 5 Es sei $\mathbb{R}^{\mathbb{N}}$ die Menge der Folgen

$$x = (x_0, x_1, \ldots, x_n, \ldots).$$

Zeige, dass $\dim \mathbb{R}^{\mathbb{N}} = +\infty$ ist.

Aufgabe 6 Zeige, dass

$$v_1 = (1,1,0,0), \quad v_2 = (1,0,1,0), \quad v_3 = (1,0,0,1), \quad v_4 = (2,0,0,0)$$

eine Basis von $\mathbb{R}^4$ ist.

Aufgabe 7 Zeige, dass

$$1, 1 + x, 1 + x + x^2, \ldots, 1 + x + x^2 + \cdots + x^n$$

eine Basis von P_n ist.

Lineare Abbildungen

11

11.1 Einführung

Definition 11.1 Es seien V, W zwei Vektorräume. Eine Abbildung

$$f : \begin{array}{l} V \to W \\ v \mapsto f(v) \end{array}$$

heißt *linear*, wenn

(i) $\qquad f(v + u) = f(v) + f(u) \qquad\qquad \forall\, v, u \in V.$

(ii) $\qquad f(\lambda \cdot v) = \lambda \cdot f(v) \qquad\qquad\quad \forall\, v \in V,\ \forall\, \lambda \in \mathbb{R}.$

Bemerkungen

1. In der ersten Gleichung ist das „+" von $v + u$ das „+" von V, das „+" von $f(v) + f(u)$ ist das „+" von W. In der zweiten Gleichung ist $\lambda \cdot v$ die Multiplikation in V, $\lambda \cdot f(v)$ die Multiplikation in W.

2. (i), (ii) sind äquivalent zu

(iii) $\qquad f(\alpha \cdot v + \beta \cdot u) = \alpha \cdot f(v) + \beta \cdot f(u) \quad \forall\, u, v \in V, \quad \forall\, \alpha, \beta \in \mathbb{R}.$

3. Für eine lineare Abbildung f gilt $f(\underline{0}) = \underline{0}$, da

$$f(\underline{0}) = f(0 \cdot \underline{0}) = 0 \cdot f(\underline{0}) = \underline{0}.$$

(Wir bezeichnen mit $\underline{0}$ das Neutralelement in V und in W.)

4. Für jede Linearkombination gilt

$$f\left(\sum_{i=1}^{n} \alpha_i \cdot a_i\right) = \sum_{i=1}^{n} \alpha_i \cdot f(a_i).$$

(Dies folgt aus (iii) nach Induktion.)

© Springer-Verlag Berlin Heidelberg 2016
M. Chipot, *Mathematische Grundlagen der Naturwissenschaften*, Springer-Lehrbuch,
DOI 10.1007/978-3-662-47088-6_11

Abb. 11.1 Projektion

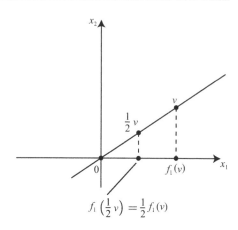

$$f_1\left(\tfrac{1}{2}v\right) = \tfrac{1}{2}f_1(v)$$

Beispiele

1. Sei $V = \mathbb{R}^3$, $W = \mathbb{R}^2$. Die Abbildung

$$f((x_1, x_2, x_3)) = (x_1, x_1 + x_3)$$

ist linear. Die Abbildung

$$g((x_1, x_2, x_3)) = (x_1^2, x_2 + x_3)$$

ist nichtlinear, da

$$g(\lambda(1,0,0)) = (\lambda^2, 0),$$
$$\lambda g((1,0,0)) = \lambda(1,0) = (\lambda, 0) \neq (\lambda^2, 0) \text{ für } \lambda \neq 0, 1.$$

2. Sei $V = \mathbb{R}^n$, $W = \mathbb{R}^n$. Die Abbildung

$$f_i(x_1, \ldots, x_n) = (0, \ldots, x_i, \ldots, 0)$$

(wir schreiben $f_i(x_1, \ldots, x_n)$ für $f_i((x_1, \ldots, x_n))$) ist linear.
Für $n = 2$ ist f_1 die Projektion von $\mathbb{R}^2$ auf die x_1-Achse (siehe Abb. 11.1).

3. Sei $V = W = P_n$. Dann sind

$$f(p) = p', \qquad g(p) = 2p'' + p \quad \forall\, p \in P_n$$

lineare Abbildungen von P_n nach P_n. Die Funktion

$$P \mapsto \int\limits_{-1}^{1} P(x)\, dx$$

ist eine lineare Abbildung von P_n nach $\mathbb{R}$.

Bezeichnung Wir bezeichnen mit
$$\mathcal{L}(V, W)$$
die Menge der linearen Abbildungen von V nach W. $\mathcal{L}(V, W)$ ist ein Vektorraum:

Wir können eine Addition definieren durch

$$f + g : \quad \begin{array}{c} V \to W \\ v \mapsto f(v) + g(v) \end{array} \quad \forall\, f, g \in \mathcal{L}(V, W).$$

Es ist einfach zu zeigen, dass $f + g \in \mathcal{L}(V, W)$ ist. Wir können eine skalare Multiplikation einführen mittels

$$\lambda \cdot f : \quad \begin{array}{c} V \to W \\ v \mapsto \lambda \cdot f(v) \end{array} \quad \forall\, \lambda \in \mathbb{R},\ f \in \mathcal{L}(V, W)$$

und die Eigenschaften (i)–(viii) von Kap. 9 überprüfen.

Satz 11.1 *Es seien V, W, X Vektorräume, $f \in \mathcal{L}(V, W)$, $g \in \mathcal{L}(W, X)$, dann gilt*

$$g \circ f \in \mathcal{L}(V, X).$$

Beweis Seien $\alpha_1, \alpha_2 \in \mathbb{R}$, $v_1, v_2 \in V$

$$
\begin{aligned}
(g \circ f)(\alpha_1 v_1 + \alpha_2 v_2) &= g(f(\alpha_1 v_1 + \alpha_2 v_2)) \\
&= g(\alpha_1 f(v_1) + \alpha_2 f(v_2)) && \text{(Linearität von } f\text{)} \\
&= \alpha_1 g(f(v_1)) + \alpha_2 g(f(v_2)) && \text{(Linearität von } g\text{)} \\
&= \alpha_1 (g \circ f)(v_1) + \alpha_2 (g \circ f)(v_2). && \square
\end{aligned}
$$

11.2 Kern und Bild

Definition 11.2 Es sei $f \in \mathcal{L}(V, W)$. Wir definieren den *Kern* von f als

$$\operatorname{Ker} f = \{\, v \in V \mid f(v) = \underline{0}\,\}$$

und das *Bild* von f als

$$\operatorname{Im} f = \{\, f(v) \mid v \in V \,\}.$$

Satz 11.2 *Es sei* $f \in \mathcal{L}(V, W)$*. Ker* f *ist ein Unterraum von* V*,* Im f *ist ein Unterraum von* W*.*

Beweis

(i) Ker f ist ein Unterraum von V:
Es seien $v_1, v_2 \in$ Ker f. Es gilt $f(v_1) = f(v_2) = \underline{0}$. Es folgt

$$f(\alpha_1 v_1 + \alpha_2 v_2) = \alpha_1 f(v_1) + \alpha_2 f(v_2) = \alpha_1 \cdot \underline{0} + \alpha_2 \cdot \underline{0} = \underline{0},$$

d. h. $\alpha_1 v_1 + \alpha_2 v_2 \in$ Ker f $\forall \alpha_1, \alpha_2 \in \mathbb{R}$, und Ker f ist ein Unterraum von V.

(ii) Im f ist ein Unterraum von W:
Es seien $y_1, y_2 \in$ Im f. Es existiert $v_1, v_2 \in V$ mit

$$y_1 = f(v_1), \qquad y_2 = f(v_2).$$

Dann folgt

$$\alpha_1 y_1 + \alpha_2 y_2 = \alpha_1 f(v_1) + \alpha_2 f(v_2) = f(\alpha_1 v_1 + \alpha_2 v_2) \in \text{Im } f$$

für alle $\alpha_1, \alpha_2 \in \mathbb{R}$, und Im f ist ein Unterraum von W. □

Beispiele

1. Sei $V = \mathbb{R}^3$, $W = \mathbb{R}^2$,

$$f(x_1, x_2, x_3) = (x_1, x_2 + x_3).$$

(i) Ker f:

$$
\begin{aligned}
\text{Ker } f &= \{ (x_1, x_2, x_3) \mid (x_1, x_2 + x_3) = \underline{0} \} \\
&= \{ (x_1, x_2, x_3) \mid x_1 = 0,\ x_2 + x_3 = 0 \} \\
&= \{ (0, x_2, -x_2) \mid x_2 \in \mathbb{R} \} = \{ x_2(0, 1, -1) \mid x_2 \in \mathbb{R} \}.
\end{aligned}
$$

(ii) Im $f = \mathbb{R}^2$, da für $(y_1, y_2) \in \mathbb{R}^2$ gilt

$$(y_1, y_2) = f(y_1, y_2, 0).$$

2. Sei $V = W = \mathbb{R}^n$, $f = f_i$ die Projektion auf die e_i-Achse

$$f_i(x_1, \ldots, x_n) = (0, \ldots, x_i, \ldots, 0) = x_i e_i$$

($e_i = (0, \ldots, 1, \ldots, 0)$, 1 an der i-ten Stelle). Dann gilt

$$\text{Ker } f_i = \{ x \mid x_i = 0 \} = \{ (x_1, \ldots, 0, \ldots, x_n) \},$$
$$\text{Im } f_i = \{ x_i e_i \mid x_i \in \mathbb{R} \}.$$

3. Sei $V = W = P_n$ und

$$f(p) = p''.$$

Dann ist

$$\operatorname{Ker} f = \{\, p \in P_n \mid p'' = 0 \,\} = \{\, a_0 + a_1 x \mid a_0, a_1 \in \mathbb{R} \,\},$$
$$\operatorname{Im} f = \{\, Q \mid \exists\, P \in P_n \text{ mit } P'' = Q \,\}$$
$$= \{\, Q = a_0 + a_1 x + \cdots + a_{n-2} x^{n-2} \,\} = P_{n-2}.$$

Falls $Q \in \operatorname{Im} f$, dann existiert $P \in P_n$ mit $Q = P''$, d. h. Q ist vom Grad $n-2$. Falls Q vom Grad $n-2$ ist, dann gilt

$$Q = a_0 + a_1 x + \cdots + a_{n-2} x^{n-2} = \left\{ \frac{a_0}{2} x^2 + \frac{a_1 x^3}{2 \cdot 3} + \cdots + \frac{a_{n-2}}{(n-1)n} x^n \right\}''$$

und $Q \in \operatorname{Im} f$.

Definition 11.3 Eine Abbildung $f : V \to W$ heißt *injektiv*, wenn für alle $u, v \in V$ mit $f(u) = f(v)$ stets $u = v$ folgt.

Satz 11.3 *Eine lineare Abbildung $f : V \to W$ ist genau dann injektiv, wenn*

$$\operatorname{Ker} f = \{0\}$$

gilt.

Beweis
(i) Sei f injektiv.

$$v \in \operatorname{Ker} f \quad \Rightarrow \quad f(v) = \underline{0} = f(\underline{0}) \quad \Rightarrow \quad v = \underline{0}, \quad \text{d. h. } \operatorname{Ker} f = \{\underline{0}\}.$$

(ii) Sei $\operatorname{Ker} f = \{\underline{0}\}$.
Es seien $u, v \in V$ mit $f(u) = f(v)$. Es folgt $f(u) - f(v) = f(u-v) = \underline{0} \Rightarrow$ $u - v \in \operatorname{Ker} f \Rightarrow u - v = \underline{0} \Rightarrow u = v.$ $\qquad\qquad\qquad\square$

Definition 11.4 Eine Abbildung $f : V \to W$ heißt *surjektiv*, wenn zu jedem $w \in W$ mindestens ein $v \in V$ mit $f(v) = w$ existiert. Eine Abbildung f heißt bijektiv, wenn f injektiv und surjektiv ist.

Satz 11.4 *Eine lineare Abbildung $f : V \to W$ ist genau dann surjektiv, wenn*

$$\operatorname{Im} f = W$$

gilt.

Beweis Trivial.   □

Definition 11.5
- Eine lineare Abbildung $f : V \to W$ wird als *Homomorphismus* bezeichnet.
- Eine lineare Abbildung $f : V \to V$ heißt *Endomorphismus*.
- Eine lineare, bijektive Abbildung $f : V \to W$ heißt *Isomorphismus*.
- Eine lineare, bijektive Abbildung $f : V \to V$ heißt *Automorphismus*.

Satz 11.5 *Es sei* $f : V \to W$ *eine lineare Abbildung. Dann ist* f *genau dann ein Isomorphismus, wenn* $g \in \mathcal{L}(W, V)$ *existiert mit*

$$g \circ f = I_V, \qquad f \circ g = I_W \qquad\qquad (*)$$

(I_V ist die Identitätsabbildung in V, d. h. $I_V(v) = v \; \forall \, v \in V$).

Beweis
(i)   Es sei $g \in \mathcal{L}(W, V)$ mit $(*)$.

- f ist injektiv.

$$f(v) = \underline{0} \quad \Rightarrow \quad v = g \circ f(v) = g(f(v)) = g(\underline{0}) = \underline{0},$$

  d. h., Ker $f = \{\underline{0}\}$, und f ist injektiv.
- f ist surjektiv.
  Es sei $w \in W$. Es gilt
$$w = f \circ g(w) = f(g(w)),$$

  d. h. $w \in$ Im f, und f ist surjektiv.

(ii) Es sei f bijektiv.
  Sei $w \in W$. Es existiert $v \in V$ eindeutig bestimmt mit $w = f(v)$. Wir setzen

$$g(w) = v.$$

- $g \circ f(v) = g(w) = v \Rightarrow g \circ f = I_V$.
- $f \circ g(w) = f(v) = w \Rightarrow f \circ g = I_W$.
- g ist linear:
    Es seien $w_1, w_2 \in W$ und v_1, v_2 mit $f(v_1) = w_1, f(v_2) = w_2$. Es gilt

$$\alpha_1 w_1 + \alpha_2 w_2 = \alpha_1 f(v_1) + \alpha_2 f(v_2) = f(\alpha_1 v_1 + \alpha_2 v_2) \quad \forall \, \alpha_1, \alpha_2 \in \mathbb{R}.$$

  Es folgt aus der Definition von g

$$g(\alpha_1 w_1 + \alpha_2 w_2) = \alpha_1 v_1 + \alpha_2 v_2 = \alpha_1 g(w_1) + \alpha_2 g(w_2)$$

  und $g \in \mathcal{L}(W, V)$.   □

Bezeichnung Wir definieren $f^{-1} = g$.

Satz 11.6 *Es seien V, W Vektorräume, $\{v_1, \ldots, v_n\}$ eine Basis von V und $\{w_1, \ldots, w_n\}$ eine Familie von Vektoren aus W. Dann gibt es eine eindeutig bestimmte lineare Abbildung $f : V \to W$ mit*

$$f(v_i) = w_i \quad \forall i = 1, \ldots, n. \tag{$**$}$$

Beweis Es sei $v \in V$. Dann existieren eindeutig bestimmte $\alpha_1, \ldots, \alpha_n$ mit

$$v = \sum_{i=1}^{n} \alpha_i v_i.$$

Falls $f \in \mathcal{L}(V, W)$ ist, folgt

$$f(v) = f\left(\sum_{i=1}^{n} \alpha_i v_i \right) = \sum_{i=1}^{n} \alpha_i f(v_i) = \sum_{i=1}^{n} \alpha_i w_i.$$

Dies zeigt, dass es höchstens ein $f \in \mathcal{L}(V, W)$ gibt, das $(**)$ erfüllt. Für $v = \sum_{i=1}^{n} \alpha_i v_i$ setzen wir

$$f(v) = \sum_{i=1}^{n} \alpha_i w_i$$

und überprüfen, dass das so definierte f die gewünschten Eigenschaften besitzt:

- $v_i = 0 v_1 + \cdots + 1 v_i + \cdots + 0 v_n \quad \Rightarrow \quad f(v_i) = w_i$.
- Es seien $v = \sum_{i=1}^{n} \alpha_i v_i$, $u = \sum_{i=1}^{n} \beta_i v_i$ mit $\alpha_i, \beta_i \in \mathbb{R}$. Dann folgt

$$
\begin{aligned}
f(\alpha v + \beta u) &= f\left(\alpha \sum_{i=1}^{n} \alpha_i v_i + \beta \sum_{i=1}^{n} \beta_i v_i \right) \\
&= f\left(\sum_{i=1}^{n} (\alpha \alpha_i + \beta \beta_i) v_i \right) \\
&= \sum_{i=1}^{n} (\alpha \alpha_i + \beta \beta_i) w_i \quad \text{(Definition von } f) \\
&= \alpha \sum_{i=1}^{n} \alpha_i w_i + \beta \sum_{i=1}^{n} \beta_i w_i \\
&= \alpha f(v) + \beta f(u)
\end{aligned}
$$

und daher $f \in \mathcal{L}(V, W)$. $\square$

Satz 11.7 *Es sei* $f \in \mathcal{L}(V, W)$ *mit* $\dim V = n$. *Dann gilt*

$$\dim \operatorname{Ker} f + \dim \operatorname{Im} f = n = \dim V.$$

Beweis Es sei $\{a_1, \ldots, a_p\}$ eine Basis von $\operatorname{Ker} f$. Wir erweitern diese Menge zu einer Basis $\{a_1, \ldots, a_p, a_{p+1}, \ldots, a_n\}$ – siehe Satz 10.10 – von V. Es sei $v \in V$, $v = \sum_{i=1}^{n} \alpha_i a_i$. Dann gilt

$$f(v) = f\left(\sum_{i=1}^{p} \alpha_i a_i + \sum_{i=p+1}^{n} \alpha_i a_i\right)$$

$$= \sum_{i=1}^{p} \alpha_i f(a_i) + \sum_{i=p+1}^{n} \alpha_i f(a_i)$$

$$= \sum_{i=p+1}^{n} \alpha_i f(a_i).$$

Dies bedeutet, dass $\operatorname{Im} f$ von $\{f(a_{p+1}), \ldots, f(a_n)\}$ erzeugt wird. Wir wissen

$$\sum_{i=p+1}^{n} \alpha_i f(a_i) = 0 \quad \Rightarrow \quad f\left(\sum_{i=p+1}^{n} \alpha_i a_i\right) = 0 \quad \Rightarrow \quad \sum_{i=p+1}^{n} \alpha_i a_i \in \operatorname{Ker} f.$$

Es folgt, dass $\alpha_i, i = 1, \ldots, p$ mit

$$\sum_{i=p+1}^{n} \alpha_i a_i = \sum_{i=1}^{p} \alpha_i a_i$$

existieren. Das heißt

$$\sum_{i=1}^{p} \alpha_i a_i + \sum_{i=p+1}^{n} (-\alpha_i) a_i = 0.$$

Also sind $a_i, \ldots, a_n$ linear unabhängig, und es gilt

$$\alpha_i = 0 \quad \forall\, i.$$

Folglich ist $\{f(a_{p+1}), \ldots, f(a_n)\}$ ist eine Basis von $\operatorname{Im} f$. Es gilt daher

$$\dim(\operatorname{Im} f) = n - p = n - \dim \operatorname{Ker} f. \qquad \square$$

Korollar 11.8 *Es sei* $f \in \mathcal{L}(V, W)$ *und* $\dim V = n$. *Es sei* $\{a_1, \ldots, a_n\}$ *eine Basis von* V, *sodass* $\{a_1, \ldots, a_p\}$ *eine Basis von* $\operatorname{Ker} f$ *ist. Dann ergibt die Restriktion der linearen Abbildung auf* $U = [a_{p+1}, \ldots, a_n]$ *einen Isomorphismus* $f|_U : U \to \operatorname{Im} f$.

Beweis Klar, siehe oben.   □

Beispiele

1. Sei $f \in \mathcal{L}(\mathbb{R}^n, \mathbb{R})$ definiert durch

$$f(x_1, \ldots, x_n) = \sum_{i=1}^{n} a_i x_i, \quad a_i \in \mathbb{R}.$$

Falls $(a_1, \ldots, a_n) \neq (0, \ldots, 0)$ ist, gilt $\operatorname{Im} f = \mathbb{R}$ und $\dim \operatorname{Im} f = 1$. Es folgt, dass

$$\dim \operatorname{Ker} f = n - 1.$$

Ker f ist eine *Hyperebene* von $\mathbb{R}^n$ (eine Ebene für $n = 3$).

2. $V = \mathbb{R}^4$, $W = \mathbb{R}^2$. Es sei $\{e_1, \ldots, e_4\}$ die kanonische Basis von $\mathbb{R}^4$, d. h.

$$e_1 = (1, 0, 0, 0), \quad e_2 = (0, 1, 0, 0), \quad e_3 = (0, 0, 1, 0), \quad e_4 = (0, 0, 0, 1).$$

Sei $\{f_1, f_2\}$ die kanonische Basis von $\mathbb{R}^2$, d. h.

$$f_1 = (1, 0), \qquad f_2 = (0, 1).$$

Es sei f die lineare Abbildung mit

$$f(e_1) = f_1 + f_2, \qquad f(e_2) = 2(f_1 + f_2), \qquad f(e_3) = \underline{0}, \qquad f(e_4) = \underline{0}.$$

Dann gilt

$$
\begin{aligned}
f(x_1, x_2, x_3, x_4) &= \sum_{i=1}^{4} x_i f(e_i) \\
&= x_1(f_1 + f_2) + 2x_2(f_1 + f_2) \\
&= (x_1 + 2x_2, \ x_1 + 2x_2) \\
\operatorname{Ker} f &= \{ x = (x_1, x_2, x_3, x_4) \mid x_1 + 2x_2 = 0 \} \\
&= \{ (-2x_2, x_2, x_3, x_4) \mid x_2, x_3, x_4 \in \mathbb{R} \} \\
\operatorname{Im} f &= [f_1 + f_2].
\end{aligned}
$$

Wir wissen also

$$\dim \operatorname{Ker} f = 3, \qquad \dim \operatorname{Im} f = 1, \qquad \dim \mathbb{R}^4 = 4.$$

Definition 11.6 Es seien V ein Vektorraum und $\{v_1, \ldots, v_n\}$ eine Basis von V. Für alle $v \in V$ existieren eindeutige $\alpha_1, \ldots, \alpha_n$ mit

$$v = \sum_{i=1}^{n} \alpha_i v_i.$$

Die Koeffizienten α_i heißen die *Koordinaten* des Vektors v bezüglich der Basis $\{v_1, \ldots, v_n\}$.

Beispiel $V = \mathbb{R}^3$, $v = (1, 1, 1)$. Die Koordinaten von v bezüglich der kanonischen Basis von $\mathbb{R}^3$

$$e_1 = (1, 0, 0), \qquad e_2 = (0, 1, 0), \qquad e_3 = (0, 0, 1)$$

sind $1, 1, 1$, d. h.

$$v = e_1 + e_2 + e_3.$$

Es seien

$$v_1 = (1, 0, 0), \qquad v_2 = (0, 1, 0), \qquad v_3 = (1, 1, 1).$$

Bezüglich der Basis $\{v_1, v_2, v_3\}$ sind die Koordinaten von v durch $0, 0, 1$ gegeben, d. h.

$$v = 0v + 0v_2 + v_3.$$

Definition 11.7 Es sei V ein Vektorraum. Weiter sei $\{v_1, \ldots, v_n\}$ eine Basis von V. Die Abbildung

$$f: \begin{array}{c} V \to \mathbb{R}^n \\ v = \sum_{i=1}^{n} \alpha_i v_i \mapsto (\alpha_1, \ldots, \alpha_n) \end{array}$$

wird als Koordinatenabbildung bezeichnet. Diese Abbildung ist linear mit Inverser

$$g: \begin{array}{c} \mathbb{R}^n \to V \\ (\alpha_1, \ldots, \alpha_n) \mapsto v = \sum_{i=1}^{n} \alpha_i v_i. \end{array}$$

Satz 11.9 *Es sei* $f \in \mathcal{L}(V, W)$. *Die Familie* $\{v_1, \ldots, v_p\}$ *von Vektoren aus* V *sei linear abhängig. Dann ist die Familie* $\{f(v_1), \ldots, f(v_p)\}$ *linear abhängig.*

Beweis $\{v_1, \ldots, v_p\}$ ist linear abhängig $\Rightarrow \exists (\alpha_1, \ldots, \alpha_p) \neq (0, \ldots, 0)$ mit

$$\sum_{i=1}^{p} \alpha_i v_i = \underline{0}.$$

Es folgt

$$\underline{0} = f\left(\sum_{i=1}^{p} \alpha_i v_i\right) = \sum_{i=1}^{p} \alpha_i f(v_i). \qquad \square$$

Korollar 11.10 *Es sei* $f : V \to W$ *ein Isomorphismus. Dann sind die folgenden Aussagen äquivalent:*

(i) $\{v_1, \ldots, v_p\}$ *ist linear abhängig,*
(ii) $\{f(v_1), \ldots, f(v_p)\}$ *ist linear abhängig.*

Beweis
(i) $\Rightarrow$ (ii) folgt aus Satz 11.9.
(ii) $\Rightarrow$ (i). Es sei g das Inverse von f. $\{f(v_1), \ldots, f(v_p)\}$ linear abhängig impliziert, dass auch $\{g(f(v_1)), \ldots, g(f(v_p))\} = \{v_1, \ldots, v_p\}$ linear abhängig ist. $\qquad\square$

Definition 11.8 Zwei Vektorräume V, W heißen isomorph, wenn ein Isomorphismus $f : V \to W$ existiert. Durch f kann man V mit W *identifizieren*, also v mit $f(v)$.

Satz 11.11 *Zwei endlich erzeugbare Vektorräume V, W sind genau dann isomorph, wenn*

$$\dim V = \dim W$$

gilt.

Beweis
(i) V, W seien isomorph.
Sei $f : V \to W$ ein Isomorphismus. Es folgt aus Korollar 11.10

$$\{v_1, \ldots, v_n\} \text{ Basis von } V \Leftrightarrow \{f(v_1), \ldots, f(v_n)\} \text{ Basis von } W.$$

Also gilt $\dim V = \dim W$.
(ii) Sei $\dim V = \dim W$.
Es seien $\{v_1, \ldots, v_n\}$ und $\{w_1, \ldots, w_n\}$ Basen von V bzw. von W. Wir setzen

$$f\left(\sum_{i=1}^{n} \alpha_i v_i\right) = \sum_{i=1}^{n} \alpha_i w_i, \qquad g\left(\sum_{i=1}^{n} \alpha_i w_i\right) = \sum_{i=1}^{n} \alpha_i v_i.$$

Es ist klar, dass f, g linear sind. Zudem gilt

$$g \circ f = I_V, \qquad f \circ g = I_W. \qquad\square$$

Korollar 11.12 *Jeder n-dimensionale Vektorraum V über $\mathbb{R}$ ist isomorph zu $\mathbb{R}^n$.*

Bemerkung Durch die Koordinatenabbildung kann man V mit $\mathbb{R}^n$ identifizieren.

Satz 11.13 *Es sei V ein endlich-dimensionaler Vektorraum. Es sei $f \in \mathcal{L}(V, V)$ ein Endomorphismus. Folgende Aussagen sind äquivalent:*

(i)   *f ist injektiv,*
(ii) *f ist surjektiv,*
(iii) *f ist bijektiv.*

Beweis Es gilt:

$$\operatorname{Im} f \subset V \quad \text{und} \quad \dim(\operatorname{Ker} f) + \dim(\operatorname{Im} f) = \dim V.$$

$\operatorname{Im} f = V \Leftrightarrow \dim(\operatorname{Im} f) = \dim V \Leftrightarrow \dim(\operatorname{Ker} f) = 0 \Leftrightarrow \operatorname{Ker} f = \{\underline{0}\}$. Die Äquivalenz folgt. $\qquad\qquad\square$

11.3 Übungen

Aufgabe 1 Es sei f definiert durch

$$f(x_1, x_2, x_3, x_4) = (x_1 + x_4, x_2 + x_3).$$

(a) Zeige, dass $f \in \mathcal{L}(\mathbb{R}^4, \mathbb{R}^2)$.
(b) Finde $\operatorname{Ker} f$, $\operatorname{Im} f$.

Aufgabe 2 Es sei f definiert durch

$$f(x_1, x_2, x_3) = (x_1 + x_2, x_2 + x_3, x_3 + x_1).$$

(a) Zeige, dass $f \in \mathcal{L}(\mathbb{R}^3, \mathbb{R}^3)$.
(b) Ist f injektiv bzw. surjektiv?

Aufgabe 3 Es sei
$$f(x_1, x_2) = (x_1, x_1 + x_2).$$
Zeige, dass $f : \mathbb{R}^2 \to \mathbb{R}^2$ ein Automorphismus ist. Finde f^{-1}.

Aufgabe 4 Es sei $f : P_n \to P_n$ definiert durch

$$f(P) = p + p'.$$

Zeige, dass f ein Automorphismus von P_n ist (p' ist die Ableitung von p).

Aufgabe 5 Es sei V ein endlich-dimensionaler $\mathbb{R}$-Vektorraum. Es sei $g \in \mathcal{L}(V, V)$ mit

$$g \circ g = g.$$

(a) Zeige, dass $\operatorname{Ker} g \cap \operatorname{Im} g = \{0\}$.
(b) Zeige, dass $V = \operatorname{Ker} g \oplus \operatorname{Im} g$.
(c) Sei $V = \mathbb{R}^3$, g definiert durch

$$g(x_1, x_2, x_3) = (x_1, x_2, 0).$$

Finde $\operatorname{Ker} g$, $\operatorname{Im} g$.

Matrizen

12

12.1 Einführung

Die Wahl einer Basis in einem Vektorraum erlaubt es, die Vektoren als Zahlenreihen zu betrachten (als Komponenten bezüglich der gewählten Basis). Die Matrizen erlauben das Gleiche für lineare Abbildungen.

Definition 12.1 Ein rechteckiges Schema

$$M = \begin{pmatrix} a_{11} & a_{12} & \cdots & a_{1n} \\ a_{21} & a_{22} & \cdots & a_{2n} \\ \vdots & \vdots & & \vdots \\ a_{m1} & a_{m2} & \cdots & a_{mn} \end{pmatrix}$$

von Elementen aus $\mathbb{R}$ (oder $\mathbb{C}$) heißt *Matrix* oder $m \times n$-Matrix.

$$a_i = (a_{i1}, a_{i2}, \ldots, a_{in}) \qquad \text{ist die } i\text{-te } Zeile$$

$$a^j = \begin{pmatrix} a_{1j} \\ a_{2j} \\ \vdots \\ a_{mj} \end{pmatrix} \qquad \text{ist die } j\text{-te } Spalte.$$

Man schreibt

$$M = (a_{ij}).$$

i ist der *Zeilenindex*, j der *Spaltenindex*. a_{ij} sind die *Koeffizienten* oder *Einträge* von M.

© Springer-Verlag Berlin Heidelberg 2016
M. Chipot, *Mathematische Grundlagen der Naturwissenschaften*, Springer-Lehrbuch,
DOI 10.1007/978-3-662-47088-6_12

Falls $m = n$ ist, heißt M *quadratisch*.

$$I = I_n = \begin{pmatrix} 1 & 0 & \dots & \dots & 0 \\ \vdots & \vdots & & & \vdots \\ \vdots & \vdots & & & \vdots \\ 0 & 0 & \dots & \dots & 1 \end{pmatrix}$$

heißt *Einheitsmatrix* der Ordnung n. Es gilt

$$I = (\delta_{ij}),$$

wobei δ_{ij} das *Kronecker-Symbol* ist, d. h.

$$\delta_{ij} = \begin{cases} 1 & \text{für } i = j, \\ 0 & \text{sonst.} \end{cases}$$

Die Elemente a_{ii} nennt man *Diagonalelemente*. Eine quadratische Matrix heißt *diagonal*, falls

$$a_{ik} = 0 \quad \forall\, i \neq k.$$

Satz 12.1 *Die Menge $M_{m,n}(\mathbb{R})$ der $m \times n$-Matrizen mit Koeffizienten in $\mathbb{R}$ ist ein $\mathbb{R}$-Vektorraum mit den Operationen*

$$\begin{aligned} A + B &= (a_{ij} + b_{ij}) & &\forall\, A = (a_{ij}),\ B = (b_{ij}), \\ \lambda \cdot A &= (\lambda a_{ij}) & &\forall\, A = (a_{ij}),\ \forall\, \lambda \in \mathbb{R}. \end{aligned}$$

Beweis Einfach.   □

Bemerkung Man kann $M_{m,n}(\mathbb{R})$ mit $\mathbb{R}^{mn}$ identifizieren. Die oben erwähnten Operationen sind die gewöhnlichen Operationen in $\mathbb{R}^{mn}$. (Eine Matrix ist nur ein Vektor mit mn Komponenten.) $M_{m,n}(\mathbb{R})$ ist isomorph zu $\mathbb{R}^{mn}$. $M_{m,n}(\mathbb{C})$ – die Menge der $m \times n$-Matrizen mit komplexeren Koeffizienten – ist ebenfalls identifizierbar mit $\mathbb{C}^{mn}$, und ein $\mathbb{C}$-Vektorraum für die Addition und Multiplikation induziert von $\mathbb{C}^{mn}$.

Definition 12.2 Es seien $A \in M_{m,n}$, $B \in M_{n,p}$, $A = (a_{ij})$, $B = (b_{ij})$. Das Produkt AB ist die Matrix aus $M_{m,p}$ mit

$$AB = \left(\sum_{k=1}^{n} a_{ik} b_{kj} \right).$$

Bemerkung Die Koeffizienten von A und B können in $\mathbb{R}$ oder $\mathbb{C}$ sein.

Beispiel

1. $\begin{pmatrix} 1 & 1 \\ 1 & 2 \end{pmatrix} \begin{pmatrix} 3 & 1 \\ 1 & 2 \end{pmatrix} = \begin{pmatrix} 4 & 3 \\ 5 & 5 \end{pmatrix}.$

2. $\begin{pmatrix} i & -i \\ -i & i \end{pmatrix}^2 = \begin{pmatrix} i & -i \\ -i & i \end{pmatrix} \begin{pmatrix} i & -i \\ -i & i \end{pmatrix} = \begin{pmatrix} -2 & 2 \\ 2 & -2 \end{pmatrix}.$

3. $\begin{pmatrix} 1 & 0 & 1 \\ 1 & 1 & 0 \\ 0 & 1 & 1 \end{pmatrix} \begin{pmatrix} 1 & 1 \\ 0 & 1 \\ 1 & 0 \end{pmatrix} = \begin{pmatrix} 2 & 1 \\ 1 & 2 \\ 1 & 1 \end{pmatrix}.$

4. $\begin{pmatrix} 1 & -1 \\ 2 & 1 \end{pmatrix} \begin{pmatrix} 1 \\ 1 \end{pmatrix} = \begin{pmatrix} 0 \\ 3 \end{pmatrix}.$

5. $\begin{pmatrix} a_{11} & \cdots & \cdots & a_{1n} \\ \vdots & & & \vdots \\ \vdots & & & \vdots \\ a_{m1} & \cdots & \cdots & a_{mn} \end{pmatrix} \begin{pmatrix} x_1 \\ \vdots \\ x_n \end{pmatrix} = \begin{pmatrix} \sum_{j=1}^{n} a_{1j} x_j \\ \vdots \\ \sum_{j=1}^{n} a_{mj} x_j \end{pmatrix}.$

6. $IA = AI = A \quad \forall\, A \in M_{n,n}.$

Satz 12.2 *Es seien A, B, C Matrizen. Es gilt*

$$A(B + C) = AB + AC, \qquad (\lambda A)B = \lambda(AB) = A(\lambda B), \qquad A(BC) = (AB)C.$$

Im Allgemeinen gilt nicht $AB = BA$.

Beweis $A(BC) = (AB)C.$

$$A = (a_{ij}), \qquad B = (b_{kl}), \qquad C = (c_{pq}),$$

$$BC = \left(\sum_l b_{kl} c_{lq} \right) \qquad A(BC) = \left(\sum_k a_{ik} \sum_l b_{kl} c_{lq} \right) = \left(\sum_{k,l} a_{ik} b_{kl} c_{lq} \right),$$

$$AB = \left(\sum_k a_{ik} b_{kl} \right) \qquad (AB)C = \left(\sum_l \sum_k a_{ik} b_{kl} c_{lq} \right) = \left(\sum_{k,l} a_{ik} b_{kl} c_{lq} \right).$$

Im Allgemeinen ist $AB \neq BA$:

$$A = \begin{pmatrix} 1 & 1 \\ 1 & 1 \end{pmatrix} \qquad\qquad B = \begin{pmatrix} 1 & 0 \\ -1 & 0 \end{pmatrix}$$

$$\Rightarrow \qquad AB = \begin{pmatrix} 0 & 0 \\ 0 & 0 \end{pmatrix} = \underline{0} \qquad BA = \begin{pmatrix} 1 & 1 \\ -1 & -1 \end{pmatrix}. \qquad\qquad \square$$

12.2 Die Matrix einer linearen Abbildung

Definition 12.3 Es seien V, W zwei Vektorräume, $\{v_1, \ldots, v_n\}$ und $\{w_1, \ldots, w_m\}$ Basen von V bzw. W und $f : V \to W$ eine lineare Abbildung. Es existieren eindeutig bestimmte Koeffizienten a_{ij} mit

$$f(v_j) = \sum_{i=1}^{m} a_{ij} w_i \quad \forall\, j = 1, \ldots, n.$$

Die Matrix $M = (a_{ij})$, $i = 1, \ldots, m$, $j = 1, \ldots, n$ heißt Matrix von f bezüglich der Basen $\{v_1, \ldots, v_n\}$, $\{w_1, \ldots, w_m\}$.

Bemerkung Die Spalten von M sind die Koordinaten von $f(v_j)$ bezüglich der Basis $\{w_1, \ldots, w_m\}$.

Beispiele
1. Sei $f : \mathbb{R}^3 \to \mathbb{R}^2$ mit
$$f((x, y, z)) = (x + y, y + z).$$
   Sei $v_1 = (1, 0, 0)$, $v_2 = (0, 1, 0)$, $v_3 = (0, 0, 1)$ die kanonische Basis in $\mathbb{R}^3$ und $w_1 = (1, 0)$, $w_2 = (0, 1)$ die kanonische Basis in $\mathbb{R}^2$. Dann gilt

$$f(v_1) = (1, 0) = e_1,$$
$$f(v_2) = (1, 1) = 1 \cdot e_1 + 1 \cdot e_2,$$
$$f(v_3) = (0, 1) = e_2.$$

   Die Matrix von f bezüglich der kanonischen Basen ist

$$M = \begin{pmatrix} 1 & 1 & 0 \\ 0 & 1 & 1 \end{pmatrix}.$$

2. Sei I_V die Identität in V – d. h.

$$I_V(v) = v \quad \forall\, v \in V.$$

   Die Matrix von I_V bezüglich der Basen $\{v_1, \ldots, v_n\}$, $\{v_1, \ldots, v_n\}$ ist die Einheitsmatrix – d. h.

$$M(I_V) = \begin{pmatrix} 1 & \cdots & \cdots & \cdots & 0 \\ 0 & 1 & \cdots & \cdots & 0 \\ \vdots & & \ddots & & \vdots \\ \vdots & & & \ddots & \vdots \\ 0 & \cdots & \cdots & \cdots 1 & 0 \\ 0 & \cdots & \cdots & \cdots & 1 \end{pmatrix}.$$

Satz 12.3 *Es seien* $f : V \to W$ *eine lineare Abbildung und* $M = M(f)$ *die Matrix von* f *bezüglich der Basen* $\{v_1, \ldots, v_n\}$, $\{w_1, \ldots, w_m\}$. *Es gelte*

$$v = \sum_{i=1}^{n} x_i v_i, \qquad f(v) = \sum_{i=1}^{m} y_i w_i.$$

Dann ist

$$\begin{pmatrix} y_1 \\ \vdots \\ y_m \end{pmatrix} = M \begin{pmatrix} x_1 \\ \vdots \\ x_n \end{pmatrix}. \tag{12.1}$$

Beweis Es sei $M = (a_{ij})$. Wir berechnen

$$f(v) = f\left(\sum_{j=1}^{n} x_j v_j \right) = \sum_{j=1}^{n} x_j f(v_j) = \sum_{j=1}^{n} x_j \sum_{i=1}^{m} a_{ij} w_i.$$

Nach Vertauschung der Summen folgt

$$f(v) = \sum_{i=1}^{m} \left(\sum_{j=1}^{n} a_{ij} x_j \right) w_i$$

und

$$y_i = \sum_{j=1}^{n} a_{ij} x_j \quad \forall\, i = 1, \ldots, m.$$

Das heißt

$$\begin{pmatrix} y_1 \\ \vdots \\ y_m \end{pmatrix} = \begin{pmatrix} a_{11} & \ldots & a_{1n} \\ \vdots & & \vdots \\ a_{m1} & \ldots & a_{mn} \end{pmatrix} \begin{pmatrix} x_1 \\ \vdots \\ x_n \end{pmatrix},$$

und (12.1) folgt.   □

Satz 12.4 *Es seien* $f : V \to W$, $g : W \to Z$ *zwei lineare Abbildungen. Weiter seien*

$$
\begin{array}{ll}
M(f) & \text{die Matrix von } f \text{ bezüglich der Basen} \quad \{v_1, \ldots, v_n\}, \{w_1, \ldots, w_m\}, \\
M(g) & \text{die Matrix von } g \text{ bezüglich der Basen} \quad \{w_1, \ldots, w_m\}, \{z_1, \ldots, z_p\}, \\
M(g \circ f) & \text{die Matrix von } g \circ f \text{ bezüglich der Basen} \; \{v_1, \ldots, v_n\}, \{z_1, \ldots, z_p\}.
\end{array}
$$

Dann gilt

$$M(g \circ f) = M(g) \cdot M(f). \tag{12.2}$$

Beweis Es seien

$$M(f) = (f_{ij}), \qquad M(g) = (g_{k,l}).$$

Wir drücken $(g \circ f)(v_j)$ bezüglich $\{z_1, \ldots, z_p\}$ aus:

$$(g \circ f)(v_j) = g(f(v_j))$$

$$= g\left(\sum_{i=1}^{m} f_{ij} w_i\right)$$

$$= \sum_{i=1}^{m} f_{ij} g(w_i)$$

$$= \sum_{i=1}^{m} f_{ij} \sum_{k=1}^{p} g_{ki} z_k$$

$$= \sum_{k=1}^{p} \left(\sum_{i=1}^{m} g_{ki} f_{ij}\right) z_k.$$

Es folgt

$$M(g \circ f) = \left(\sum_{i=1}^{n} g_{ki} f_{ij}\right) = M(g) \cdot M(f). \qquad \square$$

Satz 12.5 *Es seien V, W Vektorräume mit Basen $\{v_1, \ldots, v_n\}$ bzw. $\{w_1, \ldots, w_m\}$. Es sei $M = (a_{ij})$ eine $m \times n$-Matrix. Die Abbildung*

$$f(v) = \sum_{i=1}^{m} \left(\sum_{j=1}^{n} a_{ij} x_j\right) w_i \quad \forall \, v = \sum_{i=1}^{n} x_i v_i \qquad (12.3)$$

ist linear, und es gilt

$$M(f) = M,$$

wobei $M(f)$ die zu f gehörige Matrix bezüglich der Basen $\{v_1, \ldots, v_n\}$ und $\{w_1, \ldots, w_m\}$ ist.

Beweis Aus (12.3) folgt

$$f(v_j) = \sum_{i=1}^{m} a_{ij} w_i,$$

d. h.

$$M(f) = (a_{ij}) = M. \qquad \square$$

Beispiel Sei $f : \mathbb{R}^3 \to \mathbb{R}^2$ mit

$$M(f) = \begin{pmatrix} 1 & 2 & 1 \\ 0 & -1 & 1 \end{pmatrix}$$

bezüglich der kanonischen Basen. Sei $g : \mathbb{R}^2 \to \mathbb{R}^3$ mit

$$M(g) = \begin{pmatrix} 1 & 0 \\ 1 & 1 \\ 0 & 1 \end{pmatrix}$$

bezüglich der kanonischen Basen. Es gilt

$$M(g \circ f) = M(g) \cdot M(f) = \begin{pmatrix} 1 & 0 \\ 1 & 1 \\ 0 & 1 \end{pmatrix} \begin{pmatrix} 1 & 2 & 1 \\ 0 & -1 & 1 \end{pmatrix} = \begin{pmatrix} 1 & 2 & 1 \\ 1 & 1 & 2 \\ 0 & -1 & 1 \end{pmatrix}$$

bezüglich der kanonischen Basen von $\mathbb{R}^3$. Das heißt

$$(g \circ f)(e_1) = e_1 + e_2$$
$$(g \circ f)(e_2) = 2e_1 + e_2 - e_3$$
$$(g \circ f)(e_3) = e_1 + 2e_2 + e_3,$$

wobei $\{e_1, e_2, e_3\}$ die kanonische Basis von $\mathbb{R}^3$ ist. $f \circ g$ ist eine Abbildung von $\mathbb{R}^2$ nach $\mathbb{R}^2$ mit der dazu gehörigen Matrix

$$M(f \circ g) = M(f) \cdot M(g) = \begin{pmatrix} 1 & 2 & 1 \\ 0 & -1 & 1 \end{pmatrix} \begin{pmatrix} 1 & 0 \\ 1 & 1 \\ 0 & 1 \end{pmatrix} = \begin{pmatrix} 3 & 3 \\ -1 & 0 \end{pmatrix}$$

bezüglich der kanonischen Basen von $\mathbb{R}^2$. Es folgt, dass

$$(f \circ g)(e_1) = 3e_1 - e_2$$
$$(f \circ g)(e_2) = 3e_1,$$

wobei $\{e_1, e_2\}$ die kanonische Basis von $\mathbb{R}^2$ ist. Mit einer direkten Auswertung folgt

$$(f \circ g)(e_1) = f(g(e_1)) = f(e_1 + e_2) = f(e_1) + f(e_2) = e_1 + 2e_1 - e_2 = 3e_1 - e_2.$$

(e_i bezeichnet Vektoren der kanonischen Basis von $\mathbb{R}^2$ oder $\mathbb{R}^3$.)

12.3   Rang einer Matrix

Definition Es sei $A = (a_{ij})$ eine $m \times n$-Matrix (mit Koeffizienten in $\mathbb{R}$ oder $\mathbb{C}$). Wir setzen

$$a_i = (a_{i1}, \ldots, a_{in}) \quad i = 1, \ldots, m,$$

$$a^j = \begin{pmatrix} a_{1j} \\ \vdots \\ a_{mj} \end{pmatrix} \quad j = 1, \ldots, n$$

(wenn die Koeffizienten in $\mathbb{R}$ sind, sind $a_i \in \mathbb{R}^n$ und $a^j \in \mathbb{R}^m$ – wir identifizieren Zeilen- oder Spaltenelemente von $\mathbb{R}^p$ ($p = n$ oder m) – d. h., die Elemente von $\mathbb{R}^p$ können als Zeilen oder Spalten bezeichnet werden).

$$[a_1, \ldots, a_m] \subset \mathbb{R}^n \quad \text{heißt } \textit{Zeilenraum} \text{ von } A,$$

$$[a^1, \ldots, a^n] \subset \mathbb{R}^m \quad \text{heißt } \textit{Spaltenraum} \text{ von } A.$$

Satz 12.6 *Es seien $v_1, \ldots, v_p$ Vektoren aus einem Vektorraum V. Es sei $\alpha \in \mathbb{R}$ (oder $\alpha \in \mathbb{C}$ für $\mathbb{C}$ Vektorräume). Dann gilt*

$$[v_1, \ldots, v_p] = [v_1, \ldots, v_{i-1}, v_i + \alpha v_j, v_{i+1}, \ldots, v_p] \quad \forall\, i, \ \forall\, j \neq i. \tag{12.4}$$

Zusätzlich gilt

$v_1, \ldots, v_p$ *linear unabhängig* $\Leftrightarrow$ $v_1, \ldots, v_{i-1}, v_i + \alpha v_j, v_{i+1}, \ldots, v_p$ *linear unabhängig.*

Beweis
1. Es ist klar, dass

$$[v_1, \ldots, v_{i-1}, v_i + \alpha v_j, v_{i+1}, \ldots, v_p] \subset [v_1, \ldots, v_p]$$

gilt. Sei $v \in [v_1, \ldots, v_p]$. Dann existieren $\alpha_1, \ldots, \alpha_p$ mit

$$v = \alpha_1 v_1 + \cdots + \alpha_i v_i + \cdots + \alpha_p v_p$$
$$= \alpha_1 v_1 + \cdots + \alpha_i (v_i + \alpha v_j) + \cdots + (\alpha_j - \alpha_i \alpha) v_j + \cdots + \alpha_p v_p$$

und $v \in [v_1, \ldots, v_i + \alpha v_j, \ldots, v_p]$. Gleichung (12.4) gilt.
2. Falls ein System von Vektoren linear unabhängig ist, ist die Dimension der zwei Räume in (12.4) p, und beide Systeme sind Basen. $\square$

Definition Es seien $v_1, \ldots, v_p$ Vektoren. Die Dimension $\dim[v_1, \ldots, v_p]$ heißt *Rang* der Familie $\{v_1, \ldots, v_p\}$.

Wir erklären jetzt, wie der Rang berechnet und eine Basis von $[v_1, \ldots, v_p]$ gefunden werden kann. Man macht dies mit der Zeilenstufenform einer Matrix.

Definition Es sei $A = (a_{ij})$ eine $m \times n$-Matrix. Die folgenden drei Operationen nennt man *elementare Zeilenoperationen*:

- Vertauschung zweier Zeilen,
- Multiplikation einer Zeile mit $\alpha \neq 0$,
- Addition des α-Fachen einer Zeile zu einer anderen.

Satz 12.7 *Es sei $A = (a_{ij})$ eine $m \times n$-Matrix. Durch elementare Operationen lässt sich A auf sogenannte Zeilenstufenform bringen*

$$
\begin{pmatrix}
0 & 0 & \ldots & 0 & 1 & * & * & \ldots & \ldots & \ldots & \ldots & \ldots & \ldots & \ldots & \ldots & * \\
\vdots & \vdots & & \vdots & 0 & 0 & \ldots & 0 & 1 & * & * & \ldots & \ldots & \ldots & \ldots & * \\
\vdots & \vdots & & \vdots & 0 & 0 & 0 & 0 & 0 & \ldots & 0 & 1 & * & * & \ldots & * \\
\vdots & \vdots & & \vdots & & & & & & & & & & & & \\
\vdots & \vdots & & \vdots & 0 & 0 & \ldots & \ldots & \ldots & \ldots & \ldots & \ldots & 0 & 1 & * & * \\
\vdots & \vdots & & \vdots & 0 & 0 & \ldots & \ldots & \ldots & \ldots & \ldots & \ldots & \ldots & 0 & 0 \\
\vdots & \vdots & & \vdots & \vdots & \vdots & \ldots & \ldots & \ldots & \ldots & \ldots & \ldots & & \vdots & \vdots \\
0 & 0 & \ldots & 0 & 0 & 0 & \ldots & \ldots & \ldots & \ldots & \ldots & \ldots & \ldots & \ldots & 0 & 0
\end{pmatrix}
$$

(unter den Stufen befinden sich Nullen).

Beweis Der Beweis erfolgt durch Induktion nach m.

$m = 1$ ist klar. Sei $m > 1$. Sei j_0 die erste Spalte, die ungleich null ist. Es sei $a_{i_0 j_0} \neq 0$. Wir multiplizieren die i_0-te Zeile mit $\frac{1}{a_{i_0 j_0}}$. Wir vertauschen die i_0-te und die erste Zeile. Sei $a_1 = (0, 0, \ldots 0, 1, * \cdots *)$ die neue erste Zeile. Wir ersetzen alle Zeilen a_i durch $a_i - a_{i j_0} a_1$ (für $i \geq 2$). Dann erhalten wir eine Matrix der Form

$$
A' = \begin{pmatrix}
0 & 0 & \ldots & 1 & * & * & \ldots & \ldots & \ldots \\
0 & 0 & & 0 & * & * & * & \ldots & \ldots \\
\vdots & \vdots & & \vdots & & & & & \\
\vdots & \vdots & & \vdots & & & B & & \\
\vdots & \vdots & & \vdots & & & & & \\
0 & 0 & \ldots & 0 & & & & &
\end{pmatrix}.
$$

Wir wenden jetzt die Induktionsannahme für B an. $\qquad\square$

Satz 12.8 *Es sei $A = (a_{ij})$ eine $m \times n$-Matrix. Bringt man A durch elementare Operationen auf Zeilenstufenform, so bleiben die Nicht-Null-Zeilen eine Basis des Zeilenraumes.*

Beweis Es folgt aus Satz 12.6, dass sich der Zeilenraum bei elementaren Operationen nicht ändert. Zudem sind die Nicht-Null-Zeilen der Matrix auf Stufenform linear unabhängig. Dies folgt aus

$$0 = \alpha_1 a_1 + \alpha_2 a_2 \cdots + \alpha_r a_r = (0, \ldots, \alpha_1, \ldots) \Rightarrow \alpha_1 = 0.$$

($a_1, \ldots, a_r$ sind die Nicht-Null-Zeilen der Matrix auf Zeilenstufenform.) Dann gilt $\alpha_2 = \cdots = \alpha_r = 0$.   □

Beispiel Es seien

$$v_1 = (0, 1, 2, 3), \quad v_2 = (0, 2, 3, 4), \quad v_3 = (0, 3, 4, 0), \quad v_4 = (0, 4, 0, 0).$$

Wir möchten den Rang dieser Familie und eine Basis von $[v_1, v_2, v_3, v_4]$ in $\mathbb{R}^4$ bestimmen. Man bringt dazu die Matrix

$$\begin{pmatrix} 0 & 1 & 2 & 3 \\ 0 & 2 & 3 & 4 \\ 0 & 3 & 4 & 0 \\ 0 & 4 & 0 & 0 \end{pmatrix}$$

in Zeilenstufenform. Wir addieren das $\begin{smallmatrix}(-2)\\(-3)\\(-4)\end{smallmatrix}$-Fache der ersten Zeile zur $\begin{smallmatrix}\text{2-ten}\\\text{3-ten}\\\text{4-ten}\end{smallmatrix}$ Zeile und erhalten

$$\begin{pmatrix} 0 & 1 & 2 & 3 \\ 0 & 0 & -1 & -2 \\ 0 & 0 & -2 & -9 \\ 0 & 0 & -8 & -12 \end{pmatrix}.$$

Wir multiplizieren die zweite Zeile mit (-1):

$$\begin{pmatrix} 0 & 1 & 2 & 3 \\ 0 & 0 & 1 & 2 \\ 0 & 0 & -2 & -9 \\ 0 & 0 & -8 & -12 \end{pmatrix}.$$

Addition des $\begin{smallmatrix}(2)\\(8)\end{smallmatrix}$-Fachen der zweiten Zeile zur $\begin{smallmatrix}\text{3-ten}\\\text{4-ten}\end{smallmatrix}$ Zeile ergibt

$$\begin{pmatrix} 0 & 1 & 2 & 3 \\ 0 & 0 & 1 & 2 \\ 0 & 0 & 0 & -5 \\ 0 & 0 & 0 & 4 \end{pmatrix}.$$

Das Verfahren weiterführend erhalten wir

$$\begin{pmatrix} 0 & 1 & 2 & 3 \\ 0 & 0 & 1 & 2 \\ 0 & 0 & 0 & 1 \\ 0 & 0 & 0 & 4 \end{pmatrix} \longrightarrow \begin{pmatrix} 0 & 1 & 2 & 3 \\ 0 & 0 & 1 & 2 \\ 0 & 0 & 0 & 1 \\ 0 & 0 & 0 & 0 \end{pmatrix}.$$

Eine Basis von $[v_1, v_2, v_3, v_4]$ ist $\{(0, 1, 2, 3), (0, 0, 1, 2), (0, 0, 0, 1)\}$. Dieser Raum ist 3-dimensional.

Definition Es sei $A = (a_{ij})$ eine $m \times n$-Matrix. Der Zeilenrang von A ist der Rang der Familie $\{a_1, \dots, a_m\}$. Der Spaltenrang von A ist der Rang der Familie $\{a^1, \dots, a^n\}$.

Satz 12.9 *Sei $A = (a_{ij})$ eine $m \times n$-Matrix. Der Zeilenrang von A ist gleich dem Spaltenrang von A und heißt Rang von A.*

Beweis Siehe Übungen. □

12.4 Invertierbare Matrizen und Basiswechsel

Satz 12.10 *Es sei A eine $n \times n$-Matrix. Die folgenden Aussagen sind äquivalent:*

(i) *Die Spalten von A sind linear unabhängig in $\mathbb{R}^n$.*
(ii) *Die Zeilen von A sind linear unabhängig in $\mathbb{R}^n$.*
(iii) *Rang $(A) = n$.*
(iv) *A ist invertierbar – d. h., es existiert eine Matrix B mit*

$$AB = BA = I, \tag{12.5}$$

wobei I die Einheitsmatrix in $\mathbb{R}^n$ ist.

Beweis Die Äquivalenz von (i), (ii), (iii) folgt aus Satz 12.9. Für $\begin{pmatrix} x_1 \\ \vdots \\ x_n \end{pmatrix}$ betrachten wir die Abbildung

$$a : x \mapsto Ax = \begin{pmatrix} a_{11} & \dots & a_{1n} \\ \vdots & & \vdots \\ a_{n1} & \dots & a_{nn} \end{pmatrix} \begin{pmatrix} x_1 \\ \vdots \\ x_n \end{pmatrix}.$$

Diese Abbildung ist linear von $\mathbb{R}^n$ nach $\mathbb{R}^n$.
Wir zeigen (i) $\Rightarrow$ (iv):

Aus (i) folgt $\operatorname{Ker} a = \{0\}$, d. h., a ist injektiv und auch bijektiv von $\mathbb{R}^n$ nach $\mathbb{R}^n$. Es sei a^{-1} die Abbildung von $\mathbb{R}^n$ nach $\mathbb{R}^n$ mit

$$a \circ a^{-1} = a^{-1} \circ a = I_{\mathbb{R}^n},$$

wobei $I_{\mathbb{R}^n}$ die Identität in $\mathbb{R}^n$ ist. Seien $M(a)$, $M(a^{-1})$ die Matrizen von a und a^{-1} bezüglich der kanonischen Basis von $\mathbb{R}^n$. Nach (12.2) folgt

$$M(a)M(a^{-1}) = M(a^{-1})M(a) = I.$$

Es ist jedoch $M(a) = A$.

Nun zeigen wir (iv) $\Rightarrow$ (i).

Es sei a^j die j-te Spalte von A. Es gilt

$$\sum_{j=1}^n \alpha_j a^j = 0 \quad \Leftrightarrow \quad A \begin{pmatrix} \alpha_1 \\ \vdots \\ \alpha_n \end{pmatrix} = 0,$$

und Letzteres impliziert $BA \begin{pmatrix} \alpha_1 \\ \vdots \\ \alpha_n \end{pmatrix} = 0$, d. h. $\alpha_i = 0 \; \forall \, i$. $\qquad \square$

Definition Eine $n \times n$-Matrix von Rang n heißt *reguläre* oder *invertierbare* Matrix. Die Matrix B (siehe (12.5)) heißt *Inverse* von A und wird mit A^{-1} bezeichnet.

Definition Es seien $v = \{v_1, \dots, v_n\}$, $w = \{w_1, \dots, w_n\}$ zwei Basen eines n-dimensionalen Vektorraums. Es existieren Koeffizienten p_{ij} mit

$$w_j = \sum_{i=1}^n p_{ij} v_i \quad \forall \, j = 1, \dots, n. \tag{12.6}$$

Die Matrix $P = (p_{ij})$ heißt Matrix des Basiswechsels $v \to w$.

Satz 12.11 *Die Matrix P des Basiswechsels $v \to w$ ist invertierbar, und P^{-1} ist die Matrix des Basiswechsels $w \to v$.*

Beweis Es existiert eine einzige bijektive Abbildung p mit

$$p(v_j) = w_j \quad \forall \, j.$$

P ist die Matrix von p bezüglich v. P^{-1} ist die Matrix von p^{-1} bezüglich v. Es sei $P^{-1} = (q_{ij})$. Aus (12.6) folgt

$$\sum_k q_{ki} w_k = \sum_k q_{ki} \sum_l p_{lk} v_l = \sum_l \sum_k p_{lk} q_{ki} v_l = \sum_l \delta_{li} v_l = v_i, \tag{12.7}$$

und P^{-1} ist die Matrix des Basiswechsels $w \to v$. $\qquad \square$

Satz 12.12 *Es seien* $x = \begin{pmatrix} x_1 \\ \vdots \\ x_n \end{pmatrix}$ *die Koordinaten von X bezüglich der Basis v (d. h.*

$x = \sum_{i=1}^n x_i v_i$*). Die Koordinaten von x bezüglich w sind gegeben durch*

$$y = P^{-1} x. \tag{12.8}$$

Beweis Es gilt

$$x = \sum_i x_i v_i = \sum_i x_i \sum_k q_{ki} w_k = \sum_k \left(\sum_i q_{ki} x_i \right) w_k,$$

d. h. $y_k = \sum_i q_{ki} x_i \; \forall k$ und (12.8) folgt. $\square$

Satz 12.13 *Es seien a ein Endomorphismus von V und v, w zwei Basen von V. Es sei A die Matrix von a bezüglich v. Die Matrix von a bezüglich w ist gegeben durch*

$$P^{-1} A P, \tag{12.9}$$

wobei P die Matrix des Basiswechsels v → w ist.

Beweis Man berechnet $a(w_j)$ bezüglich w_i. Es gilt – (siehe (12.6), (12.7))

$$a(w_j) = a\left(\sum_i p_{ij} v_i \right)$$

$$= \sum_i p_{ij} a(v_i)$$

$$= \sum_i p_{ij} \sum_k a_{ki} v_k$$

$$= \sum_i p_{ij} \sum_k a_{ki} \sum_l q_{lk} w_l$$

$$= \sum_l \sum_i \sum_k q_{lk} a_{ki} p_{ij} w_l.$$

$\sum_i \sum_k q_{lk} a_{ki} p_{ij}$ ist der lj-te Koeffizient der Matrix $P^{-1} A P$ und (12.9) folgt. $\square$

12.5 Übungen

Aufgabe 1 Berechne die folgenden Produkte:

(a)

$$\begin{pmatrix} 1 & 2 & 3 \\ 3 & 1 & 2 \end{pmatrix} \begin{pmatrix} 1 & 3 \\ 2 & 1 \\ 3 & 2 \end{pmatrix}.$$

(b)

$$\begin{pmatrix} i & 1 \\ 1 & i \end{pmatrix}^3.$$

(c)

$$\begin{pmatrix} i & -i & i \\ -i & i & -i \\ i & -i & i \end{pmatrix}^2.$$

(d)

$$\begin{pmatrix} \cos\theta & \sin\theta \\ -\sin\theta & \cos\theta \end{pmatrix}^n, \quad n \in \mathbb{N}.$$

(e)

$$\begin{pmatrix} 0 & 1 & 1 & \dots & 1 \\ & 0 & 1 & \dots & 1 \\ \vdots & \vdots & \vdots & \vdots & \vdots \\ 0 & \dots & \dots & 0 & 1 \\ \dots & \dots & \dots & \dots & 0 \end{pmatrix}^n, \quad n \in \mathbb{N}.$$

Aufgabe 2 Es sei $f : \mathbb{R}^3 \to \mathbb{R}^3$ die lineare Abbildung gegeben durch

$$f(x_1, x_2, x_3) = (x_1 + x_3, x_2, x_2 + x_3).$$

Finde $M(f)$, $M(f^2)$ die Matrizen von f und f^2 bezüglich der kanonischen Basis von $\mathbb{R}^3$.

Aufgabe 3 Finde den Rang der Matrizen

(a) $\begin{pmatrix} 1 & 1 \\ 0 & 0 \end{pmatrix}$, (b) $\begin{pmatrix} 1 & 0 & 1 \\ 0 & 1 & 1 \\ 1 & 0 & 0 \end{pmatrix}$, (c) $\begin{pmatrix} 2 & 1 & 1 & 3 \\ 1 & 2 & 3 & 1 \\ 2 & 1 & 1 & 4 \\ 1 & 2 & 3 & 2 \end{pmatrix}.$

Aufgabe 4 (Beweis des Satzes 12.9)

Es sei $A = (a_{ij})$ eine $m \times n$-Matrix mit Zeilen a_i und Spalten a^j.

(a) Zeige, dass der Spaltenrang von A sich nach elementaren Zeilenoperationen nicht ändert.

(b) Zeige, dass Satz 12.9 aus (a) folgt.

Aufgabe 5 Es sei
$$A = \begin{pmatrix} 1 & 0 & -1 \\ 0 & 1 & 0 \\ 1 & 0 & 1 \end{pmatrix}.$$

(a) Zeige, dass A regulär ist.

(b) Berechne A^{-1}.

Determinanten

13

13.1 Die Determinantenfunktion

Definition 13.1 Eine Determinantenfunktion auf $\mathbb{R}^n$ ist eine Abbildung

$$D : \begin{array}{l} \mathbb{R}^n \times \cdots \times \mathbb{R}^n \to \mathbb{R} \\ (v_1, v_2, \ldots, v_n) \mapsto D(v_1, v_2, \ldots, v_n) \end{array}$$

mit folgenden Eigenschaften:

(i)   die Abbildung $v_i \mapsto D(v_1, \ldots, v_i, \ldots, v_n)$ ist linear für alle $i = 1, \ldots, n$,

(ii) falls $v_i = v_j$ ist für gewisses $i \neq j$, dann gilt $D(v_1, \ldots, v_n) = 0$,

(iii) $D(e_1, \ldots, e_n) = 1$, wenn $\{e_1, \ldots, e_n\}$ die kanonische Basis von $\mathbb{R}^n$ ist.

Bemerkung Man kann $\mathbb{R}$ mit $\mathbb{C}$ (und $\mathbb{R}^n$ mit $\mathbb{C}^n$) ersetzen, um die Definition einer Determinantenfunktion auf $\mathbb{C}^n$ zu erhalten.

Satz 13.1 *Es sei D eine Determinantenfunktion. Es gilt*

$$D\left(v_i, \ldots, v_i + \sum_{k \neq i} \alpha_k v_k, \ldots, v_n\right) = D(v_1, \ldots, v_i, \ldots, v_n). \qquad (13.1)$$

Beweis Die Linearität von D bezüglich v_i (Eigenschaft (i)) impliziert

$$D\left(v_1, \ldots, v_i + \sum_{k \neq i} \alpha_k v_k, \ldots, v_n\right) = D(v_1, \ldots, v_i, \ldots, v_n)$$
$$+ \sum_{k \neq i} \alpha_k D(v_1, \ldots, v_k, \ldots, v_n).$$

Jeder Term der vorherigen Summe verschwindet, da für jeden Term jeweils zwei Vektoren, die in D eingesetzt werden, gleich sind (Eigenschaft (ii)). Gleichung 13.1 folgt. $\qquad \square$

© Springer-Verlag Berlin Heidelberg 2016
M. Chipot, *Mathematische Grundlagen der Naturwissenschaften*, Springer-Lehrbuch,
DOI 10.1007/978-3-662-47088-6_13

Bemerkung Der Wert einer Determinantenfunktion bleibt also gleich, wenn man zu einem Vektor eine Linearkombination der anderen addiert.

Satz 13.2 *Eine Determinantenfunktion ist schiefsymmetrisch, d. h.*

$$D(v_1, \ldots, v_i, \ldots, v_j, \ldots, v_n) = -D(v_1, \ldots, v_j, \ldots, v_i, \ldots, v_n) \quad \forall\, i \neq j. \quad (13.2)$$

Beweis Aus der Eigenschaft (ii) der Definition folgt

$$D(v_1, \ldots, v_i + v_j, \ldots, v_i + v_j, \ldots, v_n) = 0$$

$\Leftrightarrow$ (siehe (i)) $D(v_1, \ldots, v_i, \ldots, v_i + v_j, \ldots, v_n)$
$$+ D(v_1, \ldots, v_j, \ldots, v_i + v_j, \ldots, v_n) = 0$$

$\Leftrightarrow$ (siehe (i), (ii)) $D(v_1, \ldots, v_i, \ldots, v_j, \ldots, v_n) + D(v_1, \ldots, v_j, \ldots, v_i, \ldots, v_n) = 0,$

und (13.2) folgt. $\square$

Bemerkung Wenn wir verschiedene Vektoren vertauschen, wird der Wert einer Determinantenfunktion also mit ± 1 multipliziert.

Satz 13.3 *Es sei D eine Determinantenfunktion. Es gilt*

$$D(v_1, \ldots, v_n) \neq 0 \quad \Leftrightarrow \quad v_1, \ldots, v_n \text{ sind linear unabhängig.} \quad (13.3)$$

Beweis 1. Wir nehmen an, dass $D(v_1, \ldots, v_n) \neq 0$ ist.
Falls $v_1, \ldots, v_n$ linear abhängig sind, ist ein Vektor – z.B. v_{i_0} – eine Linearkombination der anderen, d. h.

$$v_{i_0} = \sum_{k \neq i_0} \alpha_k v_k.$$

Dann gilt

$$D(v_1, \ldots, v_{i_0}, \ldots, v_n) = \sum_{k \neq i_0} \alpha_k D(v_1, \ldots, v_k, \ldots, v_n).$$

In $D(v_1, \ldots, v_k, \ldots, v_n)$ sind immer zwei identische Vektoren eingesetzt worden, also ist (siehe (ii))

$$D(v_1, \ldots, v_n) = 0.$$

Das ist ein Widerspruch. Also sind $v_1, \ldots, v_n$ unabhängig.

2. Wir nehmen an, dass $v_1, \ldots, v_n$ unabhängig sind.
$\{v_1, \ldots, v_n\}$ ist eine Basis von $\mathbb{R}^n$. Dann existieren γ_{ij} mit

$$e_i = \sum_{j=1}^{n} \gamma_{ij} v_j.$$

Wir haben dann

$$1 = D(e_1, \ldots, e_n) = D\left(\sum_{j=1}^{n} \gamma_{1j} v_j, \ldots, \sum_{j=1}^{n} \gamma_{nj} v_j\right).$$

Es folgt aus (i), dass

$$1 = D(e_1, \ldots, e_n) = \sum_{i_1, \ldots, i_n = 1}^{n} c_{i_1 \ldots i_n} D(v_{i_1}, \ldots, v_{i_n})$$

gilt. Die $c_{i_1, \ldots, i_n}$ sind verschiedene Konstanten. Es gilt nun

$$D(v_{i_1}, \ldots, v_{i_n}) = 0, \text{ wenn zwei Vektoren gleich sind,}$$
$$D(v_{i_1}, \ldots, v_{i_n}) = \pm D(v_1, \ldots, v_n), \text{ wenn die Vektoren alle verschieden sind}$$

(siehe die Bemerkung nach Satz 13.2). Die obige Formel liefert

$$1 = C \cdot D(v_1, \ldots, v_n),$$

wobei C eine Konstante ist und $D(v_1, \ldots, v_n) \neq 0$. $\qquad \square$

13.2 Eindeutigkeit der Determinantenfunktion

Satz 13.4 *Es existiert eine einzige Determinantenfunktion auf* $\mathbb{R}^2$.

Beweis Es seien

$$v_1 = \begin{pmatrix} a \\ b \end{pmatrix}, \qquad v_2 = \begin{pmatrix} c \\ d \end{pmatrix} \in \mathbb{R}^2.$$

Wenn $\{e_1, e_2\}$ die kanonische Basis in $\mathbb{R}^2$ ist, gilt

$$v_1 = ae_1 + be_2, \qquad v_2 = ce_1 + de_2.$$

Es sei D eine Determinantenfunktion auf $\mathbb{R}^2$. Es gilt

$$\begin{aligned}
D(v_1, v_2) &= D(ae_1 + be_2, ce_1 + de_2) \\
&= a D(e_1, ce_1 + de_2) + b D(e_2, ce_1 + de_2) \\
&= a\{cD(e_1, e_1) + dD(e_1, e_2)\} + b\{cD(e_2, e_1) + dD(e_2, e_2)\} \\
&= ad D(e_1, e_2) + bc D(e_2, e_1) \\
&= (ad - bc)D(e_1, e_2) = ad - bc.
\end{aligned}$$

Abb. 13.1 2×2-Determinante

Die einzige Möglichkeit D zu definieren, ist also

$$D(v_1, v_2) = ad - bc.$$

Diese Funktion ist eine Determinantenfunktion, da

$$\begin{pmatrix} a \\ b \end{pmatrix} \mapsto ad - bc, \qquad \begin{pmatrix} c \\ d \end{pmatrix} \mapsto ad - bc$$

linear sind (Eigenschaft (i) der Determinantenfunktion). Für $v_1 = v_2 = \begin{pmatrix} a \\ b \end{pmatrix}$ gilt

$$D(v_1, v_2) = ab - ba = 0$$

(Eigenschaft (ii)). Außerdem ist

$$D(e_1, e_2) = 1 \cdot 1 - 0 \cdot 0 = 1.$$

Bezeichnung Man bezeichnet die $\mathbb{R}^2$-Determinantenfunktion mit

$$D(v_1, v_2) = \begin{vmatrix} a & c \\ b & d \end{vmatrix} = ad - bc.$$

Bemerkung Man bildet das Produkt der Elemente der Diagonalen (siehe Abb. 13.1).

Satz 13.5 *Es existiert eine einzige Determinantenfunktion auf* $\mathbb{R}^n$.

Beweis Nach Induktion.   □

- Der Satz gilt, wenn $n = 2$, siehe Satz 13.4.
- Sei D die einzige Determinantenfunktion auf $\mathbb{R}^{n-1}$.

Bezeichnung Für $v_j = \begin{pmatrix} a_{ij} \\ \vdots \\ a_{n-1j} \end{pmatrix}$, $j = 1, \ldots, n-1$ setzen wir

$$D(v_1, \ldots, v_{n-1}) = \begin{vmatrix} a_{11} & \ldots & a_{1n-1} \\ \vdots & & \vdots \\ a_{n-11} & \ldots & a_{n-1n-1} \end{vmatrix}. \qquad (13.4)$$

Sei $\bar{D}$ eine Determinantenfunktion auf $\mathbb{R}^n$. Seien

$$v_j = \begin{pmatrix} a_{ij} \\ \vdots \\ a_{nj} \end{pmatrix} \quad j = 1, \ldots, n$$

n Vektoren aus $\mathbb{R}^n$.

Es gilt

$$v_j = \begin{pmatrix} 0 \\ a_{2j} \\ \vdots \\ a_{nj} \end{pmatrix} + a_{1j} e_1 = \hat{v}_j + a_{1j} e_1,$$

wobei

$$\hat{v}_j = \begin{pmatrix} 0 \\ a_{2j} \\ \vdots \\ a_{nj} \end{pmatrix}, \quad j = 1, \ldots, n.$$

Dann gilt

$$\bar{D}(v_1, \ldots, v_n) = \bar{D}(\hat{v}_1 + a_{11} e_1, \hat{v}_2 + a_{12} e_1, \ldots, \hat{v}_n + a_{1n} e_1).$$

Mit der Linearitätseigenschaft von $\bar{D}$ folgt ($a_{1j} e_1$ ist an der j-ten Stelle)

$$\bar{D}(v_1, \ldots, v_n) = \bar{D}(\hat{v}_1, \ldots, \hat{v}_n) + \sum_{j=1}^{n} \bar{D}(\hat{v}_1, \ldots, a_{1j} e_1, \ldots, \hat{v}_n)$$

(wenn in $\bar{D}$ $a_{1i} e_1$ und $a_{1j} e_1$ vorkommen, gilt $\bar{D}(\ldots, a_{1i} e_1, \ldots, a_{ij} e_1, \ldots) = 0$). Wir setzen

$$\tilde{v}_j = \begin{pmatrix} a_{2j} \\ \vdots \\ \vdots \\ a_{nj} \end{pmatrix} \quad j = 1, \ldots, n.$$

Die Vektoren $\tilde{v}_j$ sind n Vektoren aus $\mathbb{R}^{n-1}$. Sie sind linear abhängig, und die Vektoren $\hat{v}_j$ sind ebenfalls linear abhängig. Nach Satz 13.3 (siehe (13.3)) gilt

$$\bar{D}(\hat{v}_1, \ldots, \hat{v}_n) = 0$$

und

$$\bar{D}(v_1, \ldots, v_n) = \sum_{j=1}^{n} a_{1j} \, \bar{D}(\hat{v}_1, \ldots, e_1, \ldots, \hat{v}_n). \tag{13.5}$$

Wir definieren D_j mit

$$D_j(\tilde{v}_1, \ldots, \tilde{v}_{j-1}, \tilde{v}_{j+1}, \ldots, \tilde{v}_n) = (-1)^{j+1} \bar{D}(\hat{v}_1, \ldots, e_1, \ldots, \hat{v}_n). \tag{13.6}$$

- D_j ist linear bezüglich jeder Variablen.
- Wenn zwei Vektoren gleich sind, verschwindet D_j.
- Für die kanonische Basis von $\mathbb{R}^{n-1}$ $\{\tilde{e}_2, \ldots, \tilde{e}_n\}$ gilt

$$D_j(\tilde{e}_2, \ldots, \tilde{e}_n) = (-1)^{j+1} \bar{D}(e_2, e_3, \ldots, e_1, \ldots, e_n)$$

(mit $\tilde{e}_2 = \begin{pmatrix} 1 \\ 0 \\ \vdots \\ 0 \end{pmatrix}$, $\hat{e}_2 = \begin{pmatrix} 0 \\ 1 \\ 0 \\ \vdots \\ 0 \end{pmatrix} = e_2$). Es folgt

$$D_j(\tilde{e}_2, \ldots, \tilde{e}_n) = (-1)^{j+1}(-1)^{j-1} \bar{D}(e_1, \ldots, e_n) = 1,$$

und D_j ist die Determinantenfunktion in $\mathbb{R}^{n-1}$.

Aus (13.6) folgt:

$$\bar{D}(\hat{v}_1, \ldots, e_1, \ldots, \hat{v}_n) = (-1)^{j+1} D_j(\tilde{v}_1, \ldots, \tilde{v}_{j-1}, \tilde{v}_{j+1}, \ldots, \tilde{v}_n)$$

$$= (-1)^{j+1} \begin{vmatrix} a_{21} & \cdots & a_{2j-1} & a_{2j+1} & \cdots & a_{2n} \\ \vdots & & \vdots & \vdots & & \vdots \\ \vdots & & \vdots & \vdots & & \vdots \\ a_{n1} & \cdots & a_{nj-1} & a_{nj+1} & \cdots & a_{nn} \end{vmatrix}.$$

Es folgt aus (13.5), dass $\bar{D}$ eindeutig bestimmt ist mit

$$\bar{D}(v_1, \ldots, v_n) = \sum_{j=1}^{n} a_{1j} (-1)^{j+1} \begin{vmatrix} a_{21} & \cdots & a_{2j-1} & a_{2j+1} & \cdots & a_{2n} \\ \vdots & & \vdots & \vdots & & \vdots \\ \vdots & & \vdots & \vdots & & \vdots \\ a_{n1} & \cdots & a_{nj-1} & a_{nj+1} & \cdots & a_{nn} \end{vmatrix}. \tag{13.7}$$

Umgekehrt sei $\bar{D}$ die Funktion definiert durch (13.7). Dann gilt

- $\bar{D}$ ist linear bezüglich v_i für alle $i = 1, \ldots, n$.
- Wenn $v_i = v_j$ ist für gewisse $i \neq j, i, j > 2$, so folgt $\bar{D} = 0$.
  Wenn $v_1 = v_j$ ist für ein $j \neq 1$, gilt

$$\bar{D}(v_1, \ldots, v_i, \ldots, v_n) = a_{11} \begin{vmatrix} a_{22} & \ldots & a_{21} & \ldots & a_{2n} \\ \vdots & & \vdots & & \vdots \\ \vdots & & \vdots & & \vdots \\ a_{n2} & \ldots & a_{n1} & \ldots & a_{nn} \end{vmatrix}$$

$$+ (-1)^{j+1} a_{11} \begin{vmatrix} a_{21} & \ldots & \ldots & a_{2n} \\ \vdots & & & \vdots \\ \vdots & & & \vdots \\ a_{n1} & \ldots & \ldots & a_{nn} \end{vmatrix}$$

$$= \{a_{11} + (-1)^{j+1}(-1)^j a_{11}\} \begin{vmatrix} a_{22} & \ldots & a_{21} & \ldots & a_{2n} \\ \vdots & & \vdots & & \vdots \\ \vdots & & \vdots & & \vdots \\ a_{n2} & \ldots & a_{n1} & \ldots & a_{nn} \end{vmatrix} = 0.$$

- $\bar{D}(e_1, \ldots, e_n) = D(\tilde{e}_2, \ldots, \tilde{e}_n) = 1$.

Es folgt, dass $\bar{D}$ eine Determinantenfunktion ist. $\qquad\square$

Bemerkung Die Formel (13.7) erlaubt die Berechnung der Determinantenfunktion.

Es gilt auch

$$v_1 = \sum_{i=1}^{n} a_{i1} e_i$$

und

$$\bar{D}(v_1, \ldots, v_n) = \bar{D}\left(\sum_{i=1}^{n} a_{i1} e_i, v_2, \ldots, v_n\right) = \sum_{i=1}^{n} a_{i1} \bar{D}(e_i, v_2, \ldots, v_n). \qquad (13.8)$$

Wir versuchen $\bar{D}(e_i, v_2, \ldots, v_n)$ auszurechnen. Wir setzen

$$\hat{v}_j = \begin{pmatrix} a_{1j} \\ \vdots \\ 0 \\ \vdots \\ a_{nj} \end{pmatrix} \quad \forall\, j = 2, \ldots, n$$

(die 0 liegt an der i-ten Stelle) und erhalten

$$v_j = \hat{v}_j + a_{ij} e_i.$$

Nach Satz 13.1 folgt

$$\bar{D}(e_i, v_2, \ldots, v_n) = \bar{D}(e_i, \hat{v}_2, \ldots, \hat{v}_n).$$

Für

$$\tilde{v}_j = \begin{pmatrix} a_{1j} \\ \vdots \\ a_{i-1j} \\ a_{i+1j} \\ \vdots \\ a_{nj} \end{pmatrix} \in \mathbb{R}^{n-1}, \quad j = 2, \ldots, n$$

definieren wir

$$D_i'(\tilde{v}_2, \ldots, \tilde{v}_n) = (-1)^{i+1} \bar{D}(e_i, \hat{v}_2, \ldots, \hat{v}_n). \tag{13.9}$$

- D_i' ist linear bezüglich jeder Variablen.
- Gilt $\tilde{v}_k = \tilde{v}_l$ für gewisse $k \neq l$, so folgt $\hat{v}_k = \hat{v}_l$ und daher $D_i'(\tilde{v}_2, \ldots, \tilde{v}_n) = 0$.
- Wenn $\tilde{v}_2, \ldots, \tilde{v}_n$ die kanonische Basis von $\mathbb{R}^{n-1}$ ist, erhalten wir

$$D_i'(\tilde{v}_2, \ldots, \tilde{v}_n) = (-1)^{i+1} \bar{D}(e_i, e_1, \ldots, e_{i-1}, e_{i+1}, \ldots, e_n)$$
$$= (-1)^{i+1}(-1)^{i-1} \bar{D}(e_1, \ldots, e_n) = 1.$$

D_i' ist also die Determinantenfunktion auf $\mathbb{R}^{n-1}$, und aus (13.8), (13.9) folgt

$$\bar{D}(v_1, \ldots, v_n) = \sum_{i=1}^{n} (-1)^{i+1} a_{i1} \begin{vmatrix} a_{12} & \ldots & a_{1n} \\ \vdots & & \vdots \\ a_{i-12} & \ldots & a_{i-1n} \\ a_{i+12} & \ldots & a_{i+1n} \\ \vdots & & \vdots \\ a_{n2} & \ldots & a_{nn} \end{vmatrix}. \tag{13.10}$$

13.3 Entwicklung einer Determinante

Definition 13.2 Es sei $A = (a_{ij})$ eine $n \times n$-Matrix. Die Determinante von A ist die Zahl

$$\det A = \begin{vmatrix} a_{11} & \cdots & a_{1n} \\ a_{21} & \cdots & a_{2n} \\ \vdots & & \vdots \\ a_{n1} & \cdots & a_{nn} \end{vmatrix},$$

d. h. die Determinantenfunktion ihrer Spalten.

Definition 13.3 Seien $i, j \in \{1, \ldots, n\}$. Die Determinante

$$M_{ij} = \begin{vmatrix} a_{11} & a_{12} & & a_{1n} \\ & & \rule{1.5cm}{0.4pt} \; a_{ij} \; \rule{1.5cm}{0.4pt} & \\ a_{n1} & a_{n2} & & a_{nn} \end{vmatrix}, \tag{13.11}$$

wobei in A die i-te Zeile und j-te Spalte gelöscht sind, heißt (i, j)-*Unterdeterminante* von A.

Definition 13.4 Die transponierte Matrix von A ist die Matrix

$$A^t = \begin{pmatrix} a_{11} & \cdots & a_{n1} \\ a_{12} & \cdots & a_{n2} \\ \vdots & & \vdots \\ a_{1n} & \cdots & a_{nn} \end{pmatrix}, \tag{13.12}$$

wobei die i-te Spalte von A^t die i-te Zeile von A ist.

Satz 13.6 *Es gilt*

$$\det A^t = \det A. \tag{13.13}$$

Beweis Der Beweis erfolgt durch Induktion.
Für $n = 2$ gilt

$$A = \begin{pmatrix} a_{11} & a_{12} \\ a_{21} & a_{22} \end{pmatrix}, \qquad A^t = \begin{pmatrix} a_{11} & a_{21} \\ a_{12} & a_{22} \end{pmatrix}$$

und

$$\det A = \det A^t = a_{11}a_{22} - a_{12}a_{21}.$$

Induktionsannahme: (13.13) gelte für $n - 1 \times n - 1$-Matrizen.
Nach (13.7) ist

$$\det A = \sum_{j=1}^{n}(-1)^{j+1}a_{1j}M_{1j}, \qquad \det A^t = \sum_{j=1}^{n}(-1)^{j+1}a_{j1}M_{1j}^t, \tag{13.14}$$

wobei M_{1j}^t die $(1, j)$-Unterdeterminante von A^t bezeichnet. Aber diese Unterdeterminante ist (Induktionsannahme) gleich M_{j1}. So erhalten wir

$$\det A^t = \sum_{j=1}^{n}(-1)^{j+1}a_{j1}M_{j1} = \det A \tag{13.15}$$

(nach (13.10)).   □

Satz 13.7 (Entwicklung einer Determinante) *Es gilt*

$$\det A = \sum_{i=1}^{n}(-1)^{i+j}a_{ij}M_{ij} = \sum_{j=1}^{n}(-1)^{i+j}a_{ij}M_{ij}. \tag{13.16}$$

Beweis Wir bringen die j-te Spalte in die erste Position. Es gilt

$$\det A = (-1)^{j-1}\begin{vmatrix} a_{1j} & a_{12} & \dots & a_{1j-1} & a_{1j+1} & \dots & a_{1n} \\ a_{2j} & a_{22} & & \vdots & \vdots & & \vdots \\ \vdots & \vdots & & \vdots & \vdots & & \vdots \\ a_{nj} & a_{n2} & \dots & a_{nj-1} & a_{nj+1} & \dots & a_{nn} \end{vmatrix}.$$

Aus (13.15) oder (13.10) folgt

$$\det A = \sum_{i=1}^{n}(-1)^{i+1}(-1)^{j-1}a_{ij}M_{ij} = \sum_{i=1}^{n}(-1)^{i+j}a_{ij}M_{ij}.$$

Die erste Gl. 13.16 folgt. Die zweite folgt aus (13.15).   □

Anwendungen

1. 3×3-*Determinante*

   Nach Entwicklung durch die erste Spalte gilt

$$\begin{vmatrix} a & d & g \\ b & e & h \\ c & f & i \end{vmatrix} = a \begin{vmatrix} e & h \\ f & i \end{vmatrix} - b \begin{vmatrix} d & g \\ f & i \end{vmatrix} + c \begin{vmatrix} d & g \\ e & h \end{vmatrix}.$$

Zum Beispiel ist

$$\begin{vmatrix} 1 & 0 & 1 \\ 0 & 0 & 1 \\ 1 & 2 & 0 \end{vmatrix} = 1 \begin{vmatrix} 0 & 1 \\ 2 & 0 \end{vmatrix} + 1 \cdot \begin{vmatrix} 0 & 1 \\ 0 & 1 \end{vmatrix} = -2 \neq 0,$$

d. h., die Spalten bzw. die Zeilen dieser Matrix sind linear unabhängig in $\mathbb{R}^3$. Nach Entwicklung nach der ersten Zeile gilt

$$\begin{vmatrix} a & d & g \\ b & e & h \\ c & f & i \end{vmatrix} = a \begin{vmatrix} e & h \\ f & i \end{vmatrix} - d \begin{vmatrix} b & h \\ c & i \end{vmatrix} + g \begin{vmatrix} b & e \\ c & f \end{vmatrix}.$$

2. *Dreiecksmatrizen*

$$A = \begin{pmatrix} a_{11} & * & \dots & * \\ 0 & a_{22} & \dots & * \\ \vdots & \vdots & & \vdots \\ 0 & 0 & \dots & a_{nn} \end{pmatrix}$$

$(a_{ji} = 0 \ \forall \ i > j)$. Wir entwickeln nach der ersten Spalte und erhalten

$$\det A = (-1)^{1+1} a_{11} \begin{vmatrix} a_{22} & * & * \\ 0 & & \vdots \\ \vdots & & * \\ 0 & \dots & a_{nn} \end{vmatrix} = a_{11} \begin{vmatrix} a_{22} & * & * \\ \vdots & & \vdots \\ \vdots & & \vdots \\ 0 & \dots & a_{nn} \end{vmatrix} = a_{11} a_{22} \dots a_{nn}.$$

13.4   Berechnungsverfahren für Determinanten

- Wir können (nach Spalten oder Zeilen) entwickeln.
- Wir können das α-Fache einer anderen Zeile (bzw. Spalte) zu einer anderen addieren (siehe Satz 13.1).

Beispiele

1. Wir berechnen

$$D = \begin{vmatrix} 1 & 2 & 3 & 4 \\ 5 & 6 & 7 & 8 \\ 9 & 10 & 11 & 12 \\ 13 & 14 & 15 & 16 \end{vmatrix}.$$

Wir subtrahieren das $\frac{2}{4}$-Fache der ersten Spalte von der $\frac{2}{4}$-ten Spalte:

$$\Rightarrow \quad D = \begin{vmatrix} 1 & 0 & 0 & 0 \\ 5 & -4 & -8 & -12 \\ 9 & -8 & -16 & -24 \\ 13 & -12 & -24 & -36 \end{vmatrix}$$

$$\Rightarrow \quad D = \begin{vmatrix} -4 & -8 & -12 \\ -8 & -16 & -24 \\ -12 & -24 & -36 \end{vmatrix} = - \begin{vmatrix} 4 & 8 & 12 \\ 8 & 16 & 24 \\ 12 & 24 & 36 \end{vmatrix} \qquad \text{(Linearität)}.$$

Wir subtrahieren das $\frac{2}{3}$-Fache der ersten Spalte von der $\frac{2}{3}$-ten Spalte:

$$D = - \begin{vmatrix} 4 & 0 & 0 \\ 8 & 0 & 0 \\ 12 & 0 & 0 \end{vmatrix} = 0.$$

2. Wir berechnen

$$D = \begin{vmatrix} 1 & 1 & 0 & 0 \\ 1 & 0 & 1 & 2 \\ 0 & 2 & 0 & -1 \\ 1 & 0 & 0 & 1 \end{vmatrix}.$$

Entwicklung nach der dritten Spalte ergibt

$$D = - \begin{vmatrix} 1 & 1 & 0 \\ 0 & 2 & -1 \\ 1 & 0 & 1 \end{vmatrix}.$$

Wir subtrahieren die erste Zeile von der letzten und erhalten

$$D = - \begin{vmatrix} 1 & 1 & 0 \\ 0 & 2 & -1 \\ 0 & -1 & 1 \end{vmatrix} = \begin{vmatrix} 2 & -1 \\ -1 & 1 \end{vmatrix} = 2 - 1 = 1.$$

3. Wir wollen zeigen, dass die Vektoren

$$(1, 1, 0, 0, 1) \ (1, 2, 1, 0, 1) \ (1, -1, 0, 1, 0) \ (-1, 0, 0, 0, 1) \ (1, 1, 0, -1, 1)$$

linear unabhängig in $\mathbb{R}^5$ sind.
Man berechnet

$$\begin{vmatrix} 1 & 1 & 0 & 0 & 1 \\ 1 & 2 & 1 & 0 & 1 \\ 1 & -1 & 0 & 1 & 0 \\ -1 & 0 & 0 & 0 & 1 \\ 1 & 1 & 0 & -1 & 1 \end{vmatrix}$$

$$= - \begin{vmatrix} 1 & 1 & 0 & 1 \\ 1 & -1 & 1 & 0 \\ -1 & 0 & 0 & 1 \\ 1 & 1 & -1 & 1 \end{vmatrix} \qquad \text{(Entwicklung nach dritter Spalte)}$$

$$= - \begin{vmatrix} 1 & 1 & 0 & 1 \\ 1 & -1 & 1 & 0 \\ -1 & 0 & 0 & 1 \\ 2 & 0 & 0 & 1 \end{vmatrix} \qquad \text{(Addition der zweiten Zeile zur letzten)}$$

$$= \begin{vmatrix} 1 & 1 & 1 \\ -1 & 0 & 1 \\ 2 & 0 & 1 \end{vmatrix} \qquad \text{(Entwicklung nach dritter Spalte)}$$

$$= - \begin{vmatrix} -1 & 1 \\ 2 & 1 \end{vmatrix} = 3 \neq 0.$$

13.5 Die Inverse einer Matrix

Satz 13.8 *Es seien A, B zwei $n \times n$-Matrizen. Es gilt*

$$\det(AB) = \det A \cdot \det B. \tag{13.17}$$

Beweis Es seien $b^1, \ldots, b^n$ die Spalten von B. Es gilt

$$\det(AB) = \det(A(b^1), \ldots, A(b^n))$$

(die Spalten von AB sind $A(b^i)$).

- Falls $\det(A) = 0$ gilt, sind $A(b^1), \ldots, A(b^n)$ abhängig, und es folgt

$$\det(AB) = 0 = \det A.$$

- Falls $\det A \neq 0$ ist, betrachten wir

$$D(b^1, \ldots, b^n) = \det(A(b^1), \ldots, A(b^n))/\det A.$$

Es ist einfach zu sehen, dass D die Determinantenfunktion von $b^1, \ldots, b^n$ ist. Dann gilt (siehe Satz 13.5)

$$D(b^1, \ldots, b^n) = \det B.$$

Gleichung (13.17) folgt. $\square$

Satz 13.9 *Sei A eine invertierbare Matrix. Es gilt*

$$\det A^{-1} = \frac{1}{\det A}. \tag{13.18}$$

Beweis Nach Satz 12.10 sind die Spalten von A unabhängig und

$$\det(A) \neq 0.$$

Dann folgt

$$1 = \det I = \det A \cdot A^{-1} = \det A \cdot \det A^{-1}.$$ $\square$

Satz 13.10 *Es sei A eine $n \times n$-Matrix. Falls A nicht singulär ist, gilt*

$$A^{-1} = \frac{1}{\det A}[(-1)^{i+j} M_{ij}]^t.$$

Beweis Wir müssen folgende Gleichungen zeigen:

$$\delta_{ij} = \sum_k a_{ik} \frac{(-1)^{k+j} M_{jk}}{\det A} \quad \forall\, i, j.$$

- Es sei $j = i$:

  Wir entwickeln det A bezüglich der i^{ten} Zeile. Es folgt

$$\det A = \delta_{ij} \det A = \sum_{k=1}^{n} a_{ik}(-1)^{k+i} M_{ik}.$$

- Es sei $j \neq i$:

  Wir entwickeln

$$0 = \begin{vmatrix} a_{11} & a_{12} & \cdots & a_{1n} \\ \vdots & \vdots & & \vdots \\ a_{i1} & a_{i2} & & a_{in} \\ \vdots & \vdots & & \vdots \\ a_{i1} & a_{i2} & & a_{in} \\ \vdots & \vdots & & \vdots \\ a_{n1} & a_{n2} & \cdots & a_{nn} \end{vmatrix} \leftarrow j$$

bezüglich der j^{ten} Zeile (die i^{ten}, j^{ten} Zeilen sind identisch). Es folgt

$$\delta_{ij} = 0 = \sum_{k} a_{ik}(-1)^{k+j} M_{kj} = \sum_{k} a_{ik} \frac{(-1)^{k+j} M_{kj}}{\det A}. \qquad \square$$

13.6 Übungen

Aufgabe 1 Berechne die folgenden Determinanten:

$$\text{(a)} \quad \begin{vmatrix} 1 & 0 & 1 \\ 1 & 1 & 1 \\ 1 & -1 & 0 \end{vmatrix} \qquad \text{(b)} \quad \begin{vmatrix} 1 & 0 & 1 & 0 \\ -1 & 0 & 0 & 0 \\ 1 & 0 & -1 & 1 \\ 0 & 1 & 1 & 1 \end{vmatrix}.$$

Aufgabe 2 Zeige, dass die folgenden Vektoren unabhängig sind

$$(1, 2, 3), \quad (1, 3, 2) \quad (3, 1, 2).$$

Abb. 13.2 Fläche und Determinante

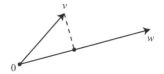

Aufgabe 3 Berechne die Determinante der folgenden Matrix:

$$\begin{vmatrix} 0 & 1 & 0 & \dots & \dots & 0 \\ 1 & 0 & 1 & & & \vdots \\ \vdots & & \ddots & \ddots & & \vdots \\ \vdots & & & \ddots & \ddots & 1 \\ 0 & \dots & \dots & \dots & 1 & 0 \end{vmatrix}$$

(Einsen oberhalb und unterhalb der Diagonale).

Aufgabe 4 Es sei

$$A = \begin{pmatrix} 1 & 2 & 0 \\ 2 & 1 & 1 \\ 0 & 1 & 2 \end{pmatrix}.$$

(a) Berechne $\det A$.
(b) Berechne die Matrix $(-1)^{i+j} M_{ij}$.
(c) Bestimme A^{-1}.

Aufgabe 5 Zeige, dass

$$\begin{vmatrix} 1 & 1 & 1 \\ x_1 & x_2 & x_3 \\ x_1^2 & x_2^2 & x_3^2 \end{vmatrix} = (x_3 - x_1)(x_3 - x_2)(x_2 - x_1)$$

gilt.

Aufgabe 6 Es seien $v, w \in \mathbb{R}^2$. Zeige

$$\frac{1}{2} |\det(v, w)| = \text{Fläche}(0, v, w) \text{ (siehe Abb. 13.2).}$$

Lineare Systeme

14

14.1 Einführung

Definition 14.1 Ein *lineares System* ist eine Familie von Gleichungen

$$\begin{cases} a_{11}x_1 + a_{12}x_2 + \cdots + a_{1n}x_n = b_1 \\ \qquad\qquad\vdots \\ a_{m1}x_1 + a_{m2}x_1 + \cdots + a_{mn}x_n = b_m. \end{cases} \tag{14.1}$$

(a_{ij}), (b_i) sind gegeben, gesucht sind die $x_1, \ldots, x_n$, die (14.1) lösen.

$$A = \begin{pmatrix} a_{11} & \cdots & a_{1n} \\ \vdots & & \vdots \\ a_{m1} & \cdots & a_{mn} \end{pmatrix}$$

heißt Matrix des Systems.

Bemerkung Wenn wir $b = \begin{pmatrix} b_1 \\ b_2 \\ \vdots \\ b_m \end{pmatrix}$ setzen, dann ist (14.1) äquivalent zu

$$Ax = b \tag{14.2}$$

oder

$$x_1 a^1 + x_2 a^2 + \cdots + x^n a^n = b, \tag{14.3}$$

wobei a^j die j-te Spalte von A ist. Gleichungen 14.2, 14.3 sind Gleichungen in $\mathbb{R}^m$.

© Springer-Verlag Berlin Heidelberg 2016
M. Chipot, *Mathematische Grundlagen der Naturwissenschaften*, Springer-Lehrbuch,
DOI 10.1007/978-3-662-47088-6_14

14.2 Der Fall $m = n = 2$

Das zu lösende System ist vom Typ

$$\begin{cases} a_{11}x_1 + a_{12}x_2 = b_1 \\ a_{21}x_1 + a_{22}x_2 = b_2. \end{cases} \tag{14.4}$$

Die Matrix des Systems ist

$$A = \begin{pmatrix} a_{11} & a_{12} \\ a_{21} & a_{22} \end{pmatrix}.$$

Es gibt drei Fälle:

1. Das System besitzt keine Lösung.
   Das ist der Fall für das System

$$\begin{cases} x_1 + x_2 = 1 \\ x_1 + x_2 = 2. \end{cases}$$

Bemerkung Die Matrix des Systems ist

$$A = \begin{pmatrix} 1 & 1 \\ 1 & 1 \end{pmatrix}$$

und $\begin{pmatrix} 1 \\ 2 \end{pmatrix}$ gehört nicht zum Spaltenraum von A.

2. Das System besitzt eine einzige Lösung.
   Das ist der Fall für das System

$$\begin{cases} x_1 + x_2 = 1 \\ x_1 + 2x_2 = 2. \end{cases}$$

Die Matrix des Systems ist

$$A = \begin{pmatrix} 1 & 1 \\ 1 & 2 \end{pmatrix}.$$

Die Spalten von A sind linear unabhängig, da

$$\begin{vmatrix} 1 & 1 \\ 1 & 2 \end{vmatrix} = 2 - 1 = 1 \neq 0.$$

Also ist $\left(\begin{smallmatrix} 1 \\ 1 \end{smallmatrix}\right) \left(\begin{smallmatrix} 1 \\ 2 \end{smallmatrix}\right)$ eine Basis von $\mathbb{R}^2$, und da $\left(\begin{smallmatrix} 1 \\ 2 \end{smallmatrix}\right) \in \mathbb{R}^2$ ist, existieren eindeutig bestimmte x_1, x_2 mit

$$\begin{pmatrix} 1 \\ 2 \end{pmatrix} = x_1 \begin{pmatrix} 1 \\ 1 \end{pmatrix} + x_2 \begin{pmatrix} 1 \\ 2 \end{pmatrix}$$

$(x_1 = 0, x_2 = 1)$.

1. Das System besitzt unendlich viele Lösungen.

   Das ist der Fall für das System

$$\begin{cases} x_1 + x_2 = 1 \\ 2x_1 + 2x_2 = 2 \end{cases} \quad \Leftrightarrow \quad x_1 + x_2 = 1.$$

Bemerkung Die Matrix des Systems ist

$$A = \begin{pmatrix} 1 & 1 \\ 2 & 2 \end{pmatrix}$$

und $\left(\begin{smallmatrix} 1 \\ 2 \end{smallmatrix}\right)$ gehört zum Spaltenraum von A. Außerdem ist der Kern von A, d. h. die Menge

$$\text{Ker } A = \left\{ x = \begin{pmatrix} x_1 \\ x_2 \end{pmatrix} \;\middle|\; Ax = 0 \right\} = \{\, x \mid x_1 + x_2 = 0 \,\},$$

nicht entartet (d. h. nicht gleich $\{\underline{0}\}$).

Diese drei Fälle können im Allgemeinen auftreten.

14.3 Gauß-Verfahren

Wir betrachten das System

$$\begin{cases} a_{11}x_1 + \cdots + a_{1n}x_n = b_1 \\ \qquad\vdots \\ a_{m1}x_1 + \cdots + a_{mn}x_n = b_m. \end{cases} \tag{14.5}$$

Wir können annehmen, dass die erste Spalte der Matrix des Systems ungleich null ist. Nach elementaren *Gleichungsoperationen*, d. h.

- Vertauschung zweier Gleichungen,
- Multiplikation einer Gleichung mit $\alpha \neq 0$,
- Addition des α-Fachen einer Gleichung zu einer anderen,

erhalten wir ein äquivalentes System. Dann gilt:

Satz 14.1 *Durch elementare Gleichungsoperationen kann das System (14.5) zu einem äquivalenten Stufenformsystem*

$$
\begin{pmatrix}
1 & * & * & & & \\
 & & 1 & & & \\
 & & & 1 & & \\
 & & & & 1 & \\
0 & & & & 0 & \\
0 & & & & 0 &
\end{pmatrix}
\begin{pmatrix}
x_1 \\
\\
\\
\\
\\
x_n
\end{pmatrix}
=
\begin{pmatrix}
b_1^* \\
\\
\\
\\
\\
b_m^*
\end{pmatrix}
\tag{14.6}
$$

umgeformt werden.

Beweis Dieser folgt einfach aus Satz 12.7.   □

Bemerkung Natürlich ist es einfach, (14.6) zu lösen.

Beispiel Lösen des Systems

$$
\begin{cases}
x_1 + 2x_2 + 3x_3 = 1 \\
2x_1 + x_2 + x_3 = 0 \\
3x_1 + x_2 - x_3 = 1.
\end{cases}
\tag{14.7}
$$

- Man subtrahiert das $\frac{2}{3}$-Fache der ersten Gleichung von der $\frac{2}{3}$-ten Gleichung.

$$
(14.7) \quad \Leftrightarrow \quad
\begin{cases}
x_1 + 2x_2 + 3x_3 = 1 \\
-3x_2 - 5x_3 = -2 \\
-5x_2 - 10x_3 = -2
\end{cases}
\quad \Leftrightarrow \quad
\begin{cases}
x_1 + 2x_2 + 3x_3 = 1 \\
x_2 + \dfrac{5}{3}x_3 = \dfrac{2}{3} \\
-5x_2 - 10x_3 = -2.
\end{cases}
$$

- Wir addieren das 5-Fache der zweiten Gleichung zur Dritten.

$$
(14.7) \quad \Leftrightarrow \quad
\begin{cases}
x_1 + 2x_2 + 3x_3 = 1 \\
x_2 + \dfrac{5}{3}x_3 = \dfrac{2}{3} \\
-\dfrac{5}{3}x_3 = \dfrac{4}{3}
\end{cases}
\quad \Leftrightarrow \quad
\begin{cases}
x_1 = 1 - 3x_3 - 2x_2 = 1 + \dfrac{12}{5} - 4 \\
\quad = \dfrac{12}{5} - 3 = -\dfrac{3}{5} \\
x_2 = \dfrac{2}{3} - \dfrac{5}{3}x_3 = \dfrac{2}{3} + \dfrac{20}{15} = \dfrac{30}{15} = 2 \\
x_3 = -\dfrac{4}{5}.
\end{cases}
$$

Definition 14.2 Für eine $m \times n$-Matrix A ist der Kern von A definiert als

$$\text{Ker } A = \left\{ x = \begin{pmatrix} x_1 \\ \vdots \\ x_n \end{pmatrix} \,\middle|\, Ax = 0 \right\}.$$

Satz 14.2 *Es sei* $x_0 \in \mathbb{R}^n$ *eine Lösung des Systems* (14.5)*, d. h.*

$$Ax_0 = b.$$

Alle anderen Lösungen sind vom Typ

$$x = x_0 + k$$

mit $k \in \text{Ker } A$.

Beweis Sei x eine Lösung des Systems. Dann gilt

$$Ax - b \Leftrightarrow Ax = Ax_0 \Leftrightarrow A(x - x_0) = 0 \Leftrightarrow x - x_0 \in \text{Ker } A. \qquad \square$$

Bemerkung Eine Menge $x_0 + U$, wobei U ein Unterraum ist, heißt affiner Unterraum. Es gilt $\text{Ker } A = \{\underline{0}\}$, falls die Spalten von A linear unabhängig sind (dies impliziert $m \geq n$). In diesem Fall ist die Lösung eindeutig bestimmt oder das System ist nicht lösbar.

14.4 Cramer'sche Formel

Satz 14.3 *Sei A eine invertierbare $n \times n$-Matrix. Das System* (14.5)

$$Ax = b$$

ist eindeutig lösbar, und es gilt
$$x = A^{-1}b.$$

Zusätzlich gilt

$$x_k = \det(a^1, \dots, a^{k-1}, b, a^{k+1}, \dots, a^n) / \det A \quad k = 1, \dots, n. \qquad (14.8)$$

Beweis a^j ist die j-te Spalte von A.

$$Ax = b \Leftrightarrow A^{-1}Ax = A^{-1}b \Leftrightarrow Ix = A^{-1}b \Leftrightarrow x = A^{-1}b.$$

Das System kann auch geschrieben werden als

$$\sum_{i=1}^{n} x_i a^i = b.$$

Dann gilt

$$\det(a^1, \ldots, a^{k-1}, b, a^{k+1}, \ldots, a^n) = \det\left(a^1, \ldots, a^{k-1}, \sum_i x_i a^i, a^{k+1}, \ldots, a^n\right)$$

$$= \sum_{i=1}^{n} x_i \det(a^1, \ldots, a^{k-1}, a^i, a^{k+1}, \ldots, a^n)$$

$$= x_k \det(a^1, \ldots, a^k, \ldots, a^n) = x_k \det A,$$

und (14.8) folgt.   □

Beispiel In dem System (14.7) ist x_2 gegeben durch

$$x_2 = \begin{vmatrix} 1 & 1 & 3 \\ 2 & 0 & 1 \\ 3 & 1 & -1 \end{vmatrix} \Big/ \begin{vmatrix} 1 & 2 & 3 \\ 2 & 1 & 1 \\ 3 & 1 & -1 \end{vmatrix}$$

$$= \begin{vmatrix} 1 & 1 & 3 \\ 0 & -2 & -5 \\ 0 & -2 & -10 \end{vmatrix} \Big/ \begin{vmatrix} 1 & 2 & 3 \\ 0 & -3 & -5 \\ 0 & -5 & -10 \end{vmatrix} = \begin{vmatrix} -2 & -5 \\ -2 & -10 \end{vmatrix} \Big/ \begin{vmatrix} -3 & -5 \\ -5 & -10 \end{vmatrix} = 10/5 = 2.$$

14.5 Übungen

Aufgabe 1 Löse die folgenden Systeme mit Gauß'scher Elimination:

(a)
$$\begin{cases} 2x_1 + x_2 = 1, \\ x_1 - 3x_2 = 2. \end{cases}$$

(b)
$$\begin{cases} 3x_1 + 2x_2 + x_3 = 0, \\ x_1 - 2x_2 + x_3 = 1, \\ 2x_1 - x_2 - x_3 = 2. \end{cases}$$

(c)

$$\begin{cases} x_1 + x_2 + x_3 + x_4 = 1, \\ x_1 - x_2 - x_3 - x_4 = -1, \\ x_1 - 2x_2 = 1, \\ x_1 - x_2 + \cdots + x_4 = 0. \end{cases}$$

Überprüfe das Ergebnis mit der Cramer'schen Formel.

Aufgabe 2 Löse die folgenden Systeme:

(a)

$$\begin{cases} x_1 - x_2 - x_3 = 1, \\ x_1 + x_2 + x_3 = 0. \end{cases}$$

(b)

$$\begin{cases} x_1 + x_2 = 1, \\ x_1 - x_2 = 0, \\ 3x_1 + x_2 = 1. \end{cases}$$

Aufgabe 3 Es sei $a \in \mathbb{R}$. Löse das System

$$\begin{cases} ax_1 + x_2 + x_3 = 1, \\ x_1 + ax_2 + x_3 = 0, \\ x_1 + x_2 + ax_3 = a. \end{cases}$$

Euklidische Räume und Metrik

15

Wir möchten verschiedene Begriffe einführen, damit wir „Längen messen" können.

15.1 Skalarprodukt

Definition 15.1 Es sei V ein $\mathbb{R}$-Vektorraum. Ein *Skalarprodukt* ist eine Abbildung

$$s : \begin{array}{l} V \times V \to \mathbb{R} \\ (v, w) \mapsto s(v, w) \end{array} \qquad (15.1)$$

mit den folgenden Eigenschaften:

(i) $v \mapsto s(v, w)$ ist linear $\forall\, w \in V$,
(ii) s ist symmetrisch, d. h.

$$s(v, w) = s(w, v) \quad \forall\, v, w \in V, \qquad (15.2)$$

(iii) s ist positiv definit, d. h.

$$s(v, v) > 0 \quad \forall\, v \in V,\ v \neq 0. \qquad (15.3)$$

Bemerkung (i) und (ii) implizieren, dass

$$w \mapsto s(v, w)$$

linear von V nach $\mathbb{R}$ ist.

© Springer-Verlag Berlin Heidelberg 2016
M. Chipot, *Mathematische Grundlagen der Naturwissenschaften*, Springer-Lehrbuch,
DOI 10.1007/978-3-662-47088-6_15

Beispiele

1. Sei $V = \mathbb{R}^2$.

   Für $x = (x_1, x_2)$, $y = (y_1, y_2)$ definiert

$$s(x, y) = x_1 y_1 + x_2 y_2$$

   ein Skalarprodukt. Wir überprüfen die verschiedenen Eigenschaften:
   (i)   Seien $x = (x_1, x_2)$, $x' = (x_1', x_2')$, $\alpha, \beta \in \mathbb{R}$. Dann gilt

$$
\begin{aligned}
s(\alpha x + \beta x', y) &= (\alpha x_1 + \beta x_1') \cdot y_1 + (\alpha x_2 + \beta x_2') \cdot y_2 \\
&= \alpha(x_1 y_1 + x_2 y_2) + \beta(x_1' y_1 + x_2' y_2) \\
&= \alpha s(x, y) + \beta s(x', y).
\end{aligned}
$$

   (ii) $s(x, y) = x_1 y_1 + x_2 y_2 = y_1 x_1 + y_2 x_2 = s(y, x)$.
   (iii) $s(x, x) = x_1^2 + x_2^2 > 0 \; \forall \, x \neq \underline{0} = (0, 0)$.

2. Sei $V = \mathbb{R}^n$.

   Für $x = (x_1, x_2, \ldots, x_n)$, $y = (y_1, y_2, \ldots, y_n)$ definieren wir

$$s(x, y) = x_1 y_1 + x_2 y_2 + \cdots + x_n y_n = \sum_{i=1}^{n} x_i y_i.$$

   Wenn wir die Vektoren als Spalten betrachten, erhält man

$$s(x, y) = x^t y \qquad (15.4)$$

   (Produkt einer Zeilenmatrix mit einer Spaltenmatrix).

Bezeichnung In Zukunft werden wir dieses Skalarprodukt mit

$$(x, y) \qquad (15.5)$$

bezeichnen – „s" spielt keine Rolle.

3. Sei $V = P_n = \{\, a_0 + a_1 x + \cdots + a_n x^n \mid a_0, a_1, \ldots, a_n \in \mathbb{R} \,\}$.

   Seien p, q zwei Polynome aus P_n. Dann definiert

$$S(p, q) = \int_0^1 p(x) q(x) \, dx$$

   ein Skalarprodukt (siehe Übungen).

15.2 Euklidische Metrik

Definition 15.2 (Norm) Eine *Norm n* auf einem $\mathbb{R}$-Vektorraum V ist eine Abbildung

$$n : \begin{array}{l} V \to \mathbb{R}^+ = [0, +\infty) \\ v \mapsto n(v) \end{array} \tag{15.6}$$

mit den Eigenschaften

(i) $n(v) = 0 \Leftrightarrow v = 0$,
(ii) $n(\lambda v) = |\lambda| n(v) \; \forall \, v \in V, \forall \, \lambda \in \mathbb{R}$,
(iii) $n(v + w) \le n(v) + n(w) \; \forall \, v, w \in V$.

Bezeichnung Wir werden n mit $\| \cdot \|$ bezeichnen. Ein Vektorraum mit einer Norm heißt *normierter Vektorraum*. In einem solchen Vektorraum kann man die „Länge" von Vektoren messen.

Definition 15.3 (*Distanz*) Sei X eine Menge. Eine Distanzfunktion ist eine Abbildung

$$d : \begin{array}{l} X \times X \to \mathbb{R}^+ \\ (x, y) \mapsto d(x, y) \end{array} \tag{15.7}$$

mit den Eigenschaften

(i) $d(x, y) = 0 \Leftrightarrow x = y$,
(ii) $d(x, y) = d(y, x) \; \forall \, x, y \in X$,
(iii) $d(x, y) \le d(x, z) + d(z, y) \; \forall \, x, y, z \in V$ (Dreiecksungleichung).

Beispiel
1. Sei $(V, \| \cdot \|)$ ein normierter Vektorraum. Dann definiert

$$d(x, y) = \|x - y\|$$

   eine Distanzfunktion:
   (i) $\|x - y\| = 0 \Leftrightarrow x - y = \underline{0} \Leftrightarrow x = y$,
   (ii) $\|x - y\| = \|(-1)(y - x)\| = |-1| \, \|y - x\| = \|y - x\|$,
   (iii) $\|x - y\| = \|(x - z) + (z - y)\| \le \|x - z\| + \|z - y\|$.

2. Sei X eine beliebige Menge. Dann ist durch

$$d(x, y) = \begin{cases} 0 & \text{falls } x = y \\ 1 & \text{sonst.} \end{cases}$$

   eine Distanzfunktion definiert (siehe Aufgabe 2).

Satz 15.1 (Cauchy-Schwarz-Ungleichung) *Sei* $(\cdot, \cdot)$ *ein Skalarprodukt auf einem* $\mathbb{R}$-*Vektorraum* V. *Es gilt*

$$|(v, w)| \leq (v, v)^{\frac{1}{2}} (w, w)^{\frac{1}{2}}. \tag{15.8}$$

Beweis Es ist

$$(v + \lambda w, v + \lambda w) \geq 0 \quad \forall \lambda \in \mathbb{R}.$$

Das impliziert aufgrund der Bilinearität und der Symmetrie des Skalarproduktes

$$(v, v) + 2\lambda(v, w) + \lambda^2(w, w) \geq 0 \quad \forall \lambda \in \mathbb{R}. \tag{15.9}$$

Für $(w, w) = 0$, also $w = 0$, ist (15.8) klar. Wir nehmen an, dass $(w, w) \neq 0$ gilt. Die Funktion

$$F(\lambda) = (v, v) + 2\lambda(v, w) + \lambda^2(w, w)$$

erreicht ihr Minimum für λ mit

$$F'(\lambda) = 0 \quad \Leftrightarrow \quad 2\lambda(w, w) + 2(v, w) = 0 \quad \Leftrightarrow \quad \lambda = -(v, w)/(w, w).$$

Für diesen Wert ergibt (15.9)

$$(v, v) - 2\frac{(v, w)^2}{(w, w)} + \frac{(v, w)^2}{(w, w)} \geq 0 \quad \Leftrightarrow \quad (v, w)^2 \leq (v, v)(w, w)$$

und (15.8) folgt.   □

Definition 15.4 Ein *euklidischer Raum* ist ein Vektorraum mit einem Skalarprodukt.

Satz 15.2 *Es sei* V *ein euklidischer Vektorraum mit Skalarprodukt* $(\cdot, \cdot)$. *Dann ist*

$$v \mapsto (v, v)^{\frac{1}{2}}$$

eine Norm auf V.

Beweis
(i) $(v, v)^{\frac{1}{2}} = 0 \Leftrightarrow v = \underline{0}$ (Eigenschaft (i) des Skalarprodukts).
(ii) $(\lambda v, \lambda v)^{\frac{1}{2}} = \{\lambda^2(v, v)\}^{\frac{1}{2}} = |\lambda|(v, v)^{\frac{1}{2}}$ (aufgrund der Bilinearität des Skalarprodukts).
(iii) $(v + w, v + w)^{\frac{1}{2}} = \{(v, v) + 2(v, w) + (w, w)\}^{\frac{1}{2}}$

$$\leq \{(v, v) + 2(v, v)^{\frac{1}{2}}(w, w)^{\frac{1}{2}} + (w, w)\}^{\frac{1}{2}} \quad \text{(nach (15.8))}$$

$$= (v, v)^{\frac{1}{2}} + (w, w)^{\frac{1}{2}}.$$

Das heißt, falls wir

$$\|v\| = (v, v)^{\frac{1}{2}}$$

setzen, gilt

$$\|v + w\| \leq \|v\| + \|w\|. \qquad\qquad □$$

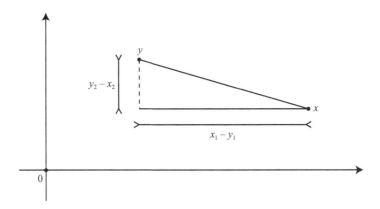

Abb. 15.1 Distanz in $\mathbb{R}^2$

Beispiele

1. Wir betrachten $\mathbb{R}^2$ mit dem Skalarprodukt

$$(x, y) = x_1 y_1 + x_2 y_2 \quad \forall\, x, y \in \mathbb{R}^2,\ x = (x_1, x_2),\ y = (y_1, y_2).$$

Es gilt

$$\|x\| = (x, x)^{\frac{1}{2}} = (x_1^2 + x_2^2)^{\frac{1}{2}}.$$

Dann ist $\|x\|$ die Länge des Vektors x, und

$$\|x - y\| = \big((x_1 - y_1)^2 + (x_2 - y_2)^2\big)^{\frac{1}{2}}$$

ist die gewöhnliche Distanz zwischen x und y (siehe Abb. 15.1).

2. Auf $\mathbb{R}^3$ und $\mathbb{R}^n$ definiert

$$\|x\| = \left\{ \sum_{i=1}^{n} x_i^2 \right\}^{\frac{1}{2}}$$

eine Norm. Sie heißt euklidische Norm.

3. Auf $\mathbb{R}^n$ sind durch

$$\|x\|_1 = \sum_{i=1}^{n} |x_i|, \qquad \|x\|_\infty = \underset{i=1,\dots,n}{\mathrm{Max}}\, |x_i|$$

Normen definiert. Diese Normen sind nicht durch ein Skalarprodukt induziert.

15.3 Orthogonalität

Definition 15.5 Es sei V ein euklidischer Vektorraum mit einem Skalarprodukt $(\cdot, \cdot)$.

a) Seien $v, w \in V$. Der Vektor v wird als *orthogonal* zu w bezeichnet, wenn

$$(v, w) = 0$$

gilt.

b) Eine Familie $\{v_1, \ldots, v_n\}$ von Vektoren aus V heißt orthogonal, wenn

$$(v_i, v_j) = 0 \quad \forall\, i \neq j$$

gilt.

c) Eine Familie $\{v_1, \ldots, v_n\}$ von Vektoren aus V heißt orthonormal, wenn

$$(v_i, v_j) = 0 \quad \forall\, i \neq j$$

sowie

$$\|v_i\| = 1 \quad \forall\, i$$

gelten.

Beispiele

1. In $\mathbb{R}^2$ sind die Vektoren (a, b), $(-b, a)$ orthogonal zueinander (siehe Abb. 15.2).
2. In $\mathbb{R}^n$ mit dem euklidischen Skalarprodukt ist die kanonische Basis

$$\{e_1, \ldots, e_n\}$$

eine orthonormale Basis.

Abb. 15.2 Orthogonale Vektoren

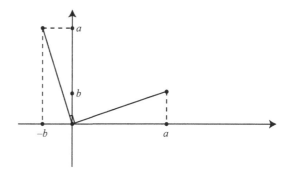

Satz 15.3 *Es sei $\{v_1, \ldots, v_n\}$ eine orthogonale Familie von Vektoren eines euklidischen Vektorraums mit $v_i \neq \underline{0} \; \forall \, i$. Dann gilt:*

(i) *Die Familie $w_i = v_i / \|v_i\|$ ist orthonormal.*
(ii) *Die Vektoren v_i sind linear unabhängig.*

Beweis
(i) $\|w_i\| = \left\| \frac{v_i}{\|v_i\|} \right\| = \frac{1}{\|v_i\|} \times \|v_i\| = 1.$
(ii) Sei

$$\alpha_1 v_1 + \alpha_2 v_2 + \cdots + \alpha_n v_n = \underline{0}.$$

Dann folgt für alle i

$$(\alpha_1 v_1 + \alpha_2 v_2 + \cdots + \alpha_n v_n, v_i) = (\underline{0}, v_i) = 0$$
$$\Leftrightarrow \quad \alpha_i (v_i, v_i) = 0$$
$$\Leftrightarrow \quad \alpha_i = 0. \qquad\qquad \square$$

Satz 15.4 *Jeder endlich-dimensionale euklidische Vektorraum besitzt eine orthonormale Basis.*

Beweis   Siehe Übungen. $\square$

15.4   Vektor- oder Kreuzprodukt

Satz 15.5 (Vektor- oder Kreuzprodukt) *Es sei $(\cdot, \cdot)$ das kanonische Skalarprodukt in $\mathbb{R}^3$. Seien $u, v \in \mathbb{R}^3$. Dann existiert ein einziger Vektor $U \in \mathbb{R}^3$ mit*

$$\det(u, v, w) = (U, w) \quad \forall \, w \in \mathbb{R}^3. \tag{15.10}$$

U heißt Vektorprodukt oder Kreuzprodukt von u und v. Die Bezeichnung ist

$$U = u \wedge v \quad \text{oder} \quad U = u \times v.$$

Beweis   Es seien

$$u = \begin{pmatrix} u_1 \\ u_2 \\ u_3 \end{pmatrix}, \quad v = \begin{pmatrix} v_1 \\ v_2 \\ v_3 \end{pmatrix}, \quad w = \begin{pmatrix} w_1 \\ w_2 \\ w_3 \end{pmatrix}, \quad U = \begin{pmatrix} U_1 \\ U_2 \\ U_3 \end{pmatrix}.$$

Dann ist (15.10) äquivalent zu

$$\begin{vmatrix} u_1 & v_1 & w_1 \\ u_2 & v_2 & w_2 \\ u_3 & v_3 & w_3 \end{vmatrix} = U_1 w_1 + U_2 w_2 + U_3 w_3 \quad \forall \, w \in \mathbb{R}^3.$$

Entwicklung der Determinante nach der letzten Zeile liefert

$$\begin{vmatrix} u_2 & v_2 \\ u_3 & v_3 \end{vmatrix} w_1 - \begin{vmatrix} u_1 & v_1 \\ u_3 & v_3 \end{vmatrix} w_2 + \begin{vmatrix} u_1 & v_1 \\ u_2 & v_2 \end{vmatrix} w_3 = U_1 w_1 + U_2 w_2 + U_3 w_3$$

für alle $w \in \mathbb{R}^3$. Wenn wir $w = e_1, e_2, e_3$ wählen, folgt

$$U_1 = u_2 v_3 - v_2 u_3, \qquad U_2 = u_3 v_1 - u_1 v_3, \qquad U_3 = u_1 v_2 - v_1 u_2. \qquad \Box$$

Satz 15.6 (Eigenschaften des Vektorprodukts) *Es gilt*

(i)   *u, v linear abhängig $\Leftrightarrow u \wedge v = 0$.*
(ii) *Die Abbildungen $u \mapsto u \wedge v$, $v \mapsto u \wedge v$ sind linear.*
(iii) *$u \wedge v = -v \wedge u$.*
(iv) *$u \wedge v$ ist orthogonal zu u und v.*

Beweis
(i)   Falls u, v linear abhängig sind, gilt

$$\det(u, v, w) = 0 \quad \forall\, w$$

und $U = u \wedge v = 0$.
Falls u, v linear unabhängig sind, existiert w, sodass

$$\{u, v, w\}$$

eine Basis von $\mathbb{R}^3$ ist. Dann folgt aus (15.10), dass $U \neq 0$ gilt.
(ii) Dies folgt aus der Linearität der Determinante.
(iii) $(u \wedge v, w) = \det(u, v, w) = -\det(v, u, w) = (-v \wedge u, w)\ \forall\, w$.

$$\Rightarrow \quad (u \wedge v + v \wedge u, w) = 0 \quad \forall\, w \in \mathbb{R}^3.$$

Wir wählen $w = u \wedge v + v \wedge u$. Es folgt $u \wedge v + v \wedge u = 0$.
(iv) Dies folgt aus (15.10), wenn wir $w = v, u$ wählen. $\qquad \Box$

Anwendung Es seien P_1 und P_2 zwei Planeten mit Masse m_1 und m_2 (siehe Abb. 15.3). P_1 sei fest am Ursprung des $\mathbb{R}^3$, und P_2 bewege sich um P_1 herum. Es sei $x(t)$ die Position in $\mathbb{R}^3$ des Schwerpunktes von P_2 zur Zeit t. Das Newton'sche Gesetz und das Gravitationsgesetz liefern

$$m_2 x''(t) = -g m_1 m_2 \frac{x(t)}{\|x(t)\|^3}.$$

Die Kraft auf P_2 wirkt in Richtung von x und ist proportional zu $\frac{1}{\|x(t)\|^2}$. g ist die Gravitationskonstante.

Abb. 15.3 Gravitationsprinzip

$\overset{\bullet}{P_1}$

Wir setzen $G = g m_1 > 0$. Gesucht ist $x = x(t) \in \mathbb{R}^3$ mit

$$\begin{cases} x''(t) = -\dfrac{G x(t)}{\|x(t)\|^3} & t > t_0 \\ x(t_0) = x_0, \quad x'(t_0) = y_0 \end{cases}.$$

(Die Position und die Geschwindigkeit von P_2 sind für $t = t_0$ gegeben. Es gilt $x = (x_1, x_2, x_3)$, $x' = (x'_1, x'_2, x'_3)$, $x'' = (x''_1, x''_2, x''_3)$).

Satz 15.7 *Wenn x_0, y_0 unabhängig sind, bleibt der Planet P_2 in der Ebene $[x_0, y_0]$ von* $\mathbb{R}^3$.

Beweis Es gilt

$$\frac{d}{dt}(x \wedge x') = x' \wedge x' + x \wedge x'' = 0, \tag{15.11}$$

da x'' und x abhängig sind (siehe Satz 15.6(i)). Dann folgt

$$x(t) \wedge x'(t) = \text{Konst.} = x(t_0) \wedge x'(t_0) = x_0 \wedge y_0 \quad \forall\, t.$$

Es folgt, dass $x(t)$, $x'(t)$ orthogonal zu $x_0 \wedge y_0$ für alle t sind, d. h. $x(t)$, $y(t)$ sind in $[x_0, y_0]$ für alle t. $\qquad\qquad\square$

Bemerkung Es gilt $x' = (x'_1, x'_2, x'_3)$, da

$$x'(t) = \lim_{h \to 0} \frac{x(t+h) - x(t)}{h} = \lim_{h \to 0} \begin{pmatrix} \frac{x_1(t+h) - x_1(t)}{h} \\ \frac{x_2(t+h) - x_2(t)}{h} \\ \frac{x_3(t+h) - x_3(t)}{h} \end{pmatrix} = \begin{pmatrix} x'_1(t) \\ x'_2(t) \\ x'_3(t) \end{pmatrix}.$$

$x'(t)$ ist die momentane Geschwindigkeit. Gleichung (15.11) ist dann einfach zu zeigen.

15.5 Übungen

Aufgabe 1 Zeige, dass

$$(p, q) = \int_0^1 p(x)q(x)\, dx \quad \forall\, p, q \in P_n$$

ein Skalarprodukt ist.

Aufgabe 2 Es sei M eine beliebige nichtleere Menge. Zeige, dass

$$d(x, y) = \begin{cases} 0 & \text{falls } x = y \\ 1 & \text{sonst.} \end{cases}$$

eine Distanz definiert.

Aufgabe 3 Zeige, dass

$$\|x\|_1 = \sum_{i=1}^n |x_i|, \quad \|x\|_\infty = \operatorname*{Max}_i |x_i| \quad \forall\, x \in \mathbb{R}^n$$

Normen auf $\mathbb{R}^n$ sind. Zeige, dass

$$\|x\|_\infty \le \|x\|_1 \le n\|x\|_\infty \quad \forall\, x \in \mathbb{R}^n$$

gilt.

Aufgabe 4 Zeige, dass

$$\begin{pmatrix} \frac{1}{\sqrt{2}} \\ -\frac{1}{\sqrt{2}} \\ 0 \end{pmatrix}, \begin{pmatrix} \frac{1}{\sqrt{2}} \\ \frac{1}{\sqrt{2}} \\ 0 \end{pmatrix}, \begin{pmatrix} 0 \\ 0 \\ 1 \end{pmatrix}$$

eine orthonormale Basis von $\mathbb{R}^3$ ist.

Aufgabe 5 Es sei V ein n-dimensionaler euklidischer Vektorraum.

(a) Es seien $v_1, v_2 \in V$ linear unabhängig. Sei $w_1 = v_1/\|v_1\|$. Zeige, dass w_2 mit

$$w_2 = \alpha w_1 + v_2, \quad (w_1, w_2) = 0$$

existiert ($(\cdot, \cdot)$ ist das Skalarprodukt in V, $\|v\| = (v, v)^{\frac{1}{2}}$).
(b) Beweise Satz 15.4.

Aufgabe 6 Es seien $a, b \in \mathbb{R}^3$, θ der Winkel zwischen a, b. Zeige

(a) $(a, b) = \|a\| \, \|b\| \cos \theta$,
(b) $\|a \times b\| = \|a\| \, \|b\| \, |\sin \theta|$.

Aufgabe 7 Berechne

$$\begin{pmatrix} 1 \\ 1 \\ 0 \end{pmatrix} \times \begin{pmatrix} 0 \\ 1 \\ 1 \end{pmatrix}.$$

Aufgabe 8 Zeige, dass $a \times (b \times c) = (c, a)b - (a, b)c$ gilt.

Aufgabe 9 Es seien $f, g \in \mathcal{L}(\mathbb{R}^n, \mathbb{R}^m)$ mit

$$f(x) = \lambda(x)g(x) \quad \forall\, x \in \mathbb{R}^n, \quad f \not\equiv 0.$$

Zeige, dass $\lambda(x)$ konstant ist.

Diagonalisierung

16

Beispiele 16.1

1. Es sei a die Abbildung

$$\mathbb{R}^2 \to \mathbb{R}^2$$

$$a: \quad \begin{pmatrix} x \\ y \end{pmatrix} \mapsto \begin{pmatrix} x + y \\ x + y \end{pmatrix}.$$

Die Matrix A dieser Abbildung bezüglich der kanonischen Basis ist

$$A = \begin{pmatrix} 1 & 1 \\ 1 & 1 \end{pmatrix}.$$

Es sei

$$v_1 = \begin{pmatrix} 1 \\ -1 \end{pmatrix}, \qquad v_2 = \begin{pmatrix} 1 \\ 1 \end{pmatrix}.$$

Es sei B die Matrix von a bezüglich dieser Basis. Es gilt

$$a(v_1) = \underline{0}, \qquad a(v_2) = \begin{pmatrix} 2 \\ 2 \end{pmatrix} = 2v_2$$

und

$$B = \begin{pmatrix} 0 & 0 \\ 0 & 2 \end{pmatrix}.$$

In dieser Basis ist die Matrix von a *diagonal* und „einfach". Man kann die Transformation a auch anschaulich beschreiben:

a ist eine Projektion auf die v_2-Achse, kombiniert mit einer Streckung im Faktor 2 (siehe Abb. 16.1).

Die Diagonalisierung einer Matrix ist das Finden einer Basis, in der die Matrix diagonal ist. Das ist nicht immer möglich!

© Springer-Verlag Berlin Heidelberg 2016
M. Chipot, *Mathematische Grundlagen der Naturwissenschaften*, Springer-Lehrbuch,
DOI 10.1007/978-3-662-47088-6_16

Abb. 16.1 Projektion und
Streckung

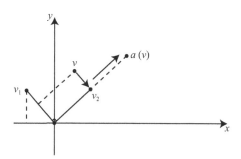

2. *Beispiel einer nicht diagonalisierbaren Matrix*
   Es sei

$$A = \begin{pmatrix} 0 & -1 \\ 1 & 0 \end{pmatrix}.$$

Die Matrix A ist die Matrix der Abbildung

$$a \begin{pmatrix} x \\ y \end{pmatrix} = \begin{pmatrix} -y \\ x \end{pmatrix}$$

in der kanonischen Basis. Diese Abbildung ist die Drehung im Winkel $\pi/2$. Um diagonalisierbar zu sein, muss ein Vektor $v \neq 0$ existieren mit

$$a(v) = \lambda v$$

für ein $\lambda \in \mathbb{R}$, d. h.

$$\begin{pmatrix} -y \\ x \end{pmatrix} = \lambda \begin{pmatrix} x \\ y \end{pmatrix}$$

$\Leftrightarrow \qquad -y = \lambda x, \qquad x = \lambda y$ \hfill (16.1)

$\Rightarrow \qquad x = -\lambda^2 x$

$\Rightarrow \qquad \lambda^2 = -1 \quad (x \neq 0, \text{sonst } (16.1) \Rightarrow x = y = 0, \text{d. h. } v = 0).$

Jedoch gibt es kein $\lambda \in \mathbb{R}$ mit $\lambda^2 = -1$, A ist also nicht diagonalisierbar.

16.1 Eigenvektoren und Eigenwerte

Definition 16.1 Es sei $a : V \to V$ ein Endomorphismus. Ein Vektor $v \in V$ heißt *Eigenvektor* von a zum *Eigenwert* λ, wenn

$$v \neq \underline{0} \quad \text{und} \quad a(v) = \lambda v \tag{16.2}$$

gelten ($v = \underline{0}$ erfüllt immer $a(v) = \lambda v$). Der Unterraum

$$E_\lambda = \{\, v \in V \mid a(v) = \lambda v \,\} \tag{16.3}$$

heißt zu λ gehöriger *Eigenraum*.

Bemerkung Es gilt $E_\lambda = \mathrm{Ker}(a - \lambda I)$.

Satz 16.1 *Seien* $\lambda_1, \ldots, \lambda_m$ *m paarweise verschiedene Eigenwerte von a und* v_i *jeweils ein Eigenvektor zu* λ_i. *Dann sind die Vektoren* $v_1, \ldots, v_n$ *linear unabhängig.*

Beweis Wir nehmen an, $v_1, \ldots, v_m$ seien abhängig. Dann gäbe es eine kürzeste Darstellung der Null als Linearkombination von $v_1, \ldots, v_m$, d. h. es würde

$$\sum_{i=1}^{p} \alpha_i v_i = \underline{0} \text{ mit } \alpha_i \neq 0 \quad \forall\, i \tag{16.4}$$

gelten und $\{v_1, \ldots, \hat{v}_j, \ldots, v_p\} = \{v_1, \ldots, v_{j-1}, v_{j+1}, \ldots, v_p\}$ wären linear unabhängig für alle $j = 1, \ldots, p$. Dann folgte

$$\underline{0} = a\left(\sum_{i=1}^{p} \alpha_i v_i\right) = \sum_{i=1}^{p} \alpha_i \lambda_i v_i$$

und auch

$$\lambda_1 \sum_{i=1}^{p} \alpha_i v_i = \underline{0}$$

$$\Rightarrow \quad \sum_{i=2}^{p} (\lambda_i - \lambda_1)\alpha_i v_i = \underline{0}.$$

Das ist ein Widerspruch: (16.4) wäre nicht die kürzeste Darstellung der Null.

Satz 16.2 *Es sei* $a : V \to V$ *ein Endomorphismus, und* A *sei eine darstellende Matrix von* f. *Genau dann ist* λ *ein Eigenwert von* a, *wenn*

$$\det(A - \lambda I) = 0$$

gilt.

Beweis. λ ist ein Eigenwert genau dann, wenn $a - \lambda I$ singulär ist. Es sei A die Matrix von a bezüglich einer Basis. Die Matrix von $a - \lambda I$ ist

$$A - \lambda I$$

und ist singulär genau dann, wenn

$$\det(A - \lambda I) = 0.$$ □

Satz 16.3 *Es sei V ein n-dimensionaler Vektorraum und $a : V \to V$ ein Endomorphismus. Dann besitzt a höchstens n verschiedene Eigenwerte. Besitzt a genau n verschiedene Eigenwerte $\lambda_1, \ldots, \lambda_n$, so bilden die zugehörigen Eigenvektoren $v_1, \ldots, v_n$ eine Basis von V. Die Matrix von a bezüglich dieser Basis ist*

$$D = \begin{pmatrix} \lambda_1 & \ldots & 0 \\ \vdots & \ddots & \vdots \\ 0 & \ldots & \lambda_n \end{pmatrix}.$$

Beweis Folgt aus Satz 16.1 und 16.2. □

Beispiel Es sei a der Endomorphismus von $\mathbb{R}^3$ mit darstellender Matrix

$$A = \begin{pmatrix} -1 & 2 & 1 \\ 0 & 1 & 1 \\ 3 & 0 & -1 \end{pmatrix}$$

bezüglich der kanonischen Basis. λ ist ein Eigenwert von a genau dann, wenn

$$\det(A - \lambda I) = \begin{vmatrix} -1 - \lambda & 2 & 1 \\ 0 & 1 - \lambda & 1 \\ 3 & 0 & -1 - \lambda \end{vmatrix} = 0.$$

Es gilt

$$\det(A - \lambda I) = -(1 + \lambda) \begin{vmatrix} 1 - \lambda & 1 \\ 0 & -1 - \lambda \end{vmatrix} + 3 \begin{vmatrix} 2 & 1 \\ 1 - \lambda & 1 \end{vmatrix}$$

$$= (1 + \lambda)^2 (1 - \lambda) + 3(1 + \lambda)$$

$$= (1 + \lambda)\{1 - \lambda^2 + 3\} = (1 + \lambda)(4 - \lambda^2) = (1 + \lambda)(2 - \lambda)(2 + \lambda),$$

also besitzt A die drei verschiedenen Eigenwerte $2, -1, -2$.

- *Eigenvektor zum Eigenwert* 2
  Gesucht ist $x = \begin{pmatrix} x_1 \\ x_2 \\ x_3 \end{pmatrix}$ mit $(A - 2I)x = 0$, also

$$\begin{cases} -3x_1 + 2x_2 + x_3 = 0 \\ 3x_1 - 3x_3 = 0 \end{cases}$$

oder anders formuliert $x_1 = x_3 = x_2$. Wir können daher z. B.

$$v_1 = \begin{pmatrix} 1 \\ 1 \\ 1 \end{pmatrix}$$

wählen.

- *Eigenvektor zum Eigenwert* -1
  Gesucht ist $x = \begin{pmatrix} x_1 \\ x_2 \\ x_3 \end{pmatrix}$ mit $(A + I)x = 0$, d. h.

$$\begin{cases} 2x_2 + x_3 = 0 \\ 3x_1 = 0 \end{cases}$$

oder äquivalent $x_1 = 0$, $x_3 = -2x_2$. Wir setzen

$$v_2 = \begin{pmatrix} 0 \\ 1 \\ -2 \end{pmatrix}.$$

- *Eigenvektor zum Eigenwert* -2
  Gesucht ist $x = \begin{pmatrix} x_1 \\ x_2 \\ x_3 \end{pmatrix}$ mit $(A + 2I)x = 0$, d. h.

$$\begin{cases} x_1 + 2x_2 + x_3 = 0 \\ 3x_2 + x_3 = 0 \end{cases}$$

oder anders ausgedrückt $x_3 = -3x_2$, $x_1 = x_2$. Wir setzen

$$v_3 = \begin{pmatrix} 1 \\ 1 \\ -3 \end{pmatrix}.$$

In der Basis $\{v_1, v_2, v_3\}$ ist die darstellende Matrix von a also

$$\begin{pmatrix} 2 & 0 & 0 \\ 0 & -1 & 0 \\ 0 & 0 & -2 \end{pmatrix}.$$

Überprüfung:

$$a(v_1) = \begin{pmatrix} -1 & 2 & 1 \\ 0 & 1 & 1 \\ 3 & 0 & -1 \end{pmatrix} \begin{pmatrix} 1 \\ 1 \\ 1 \end{pmatrix} = \begin{pmatrix} 2 \\ 2 \\ 2 \end{pmatrix} = 2v_1,$$

$$a(v_2) = \begin{pmatrix} -1 & 2 & 1 \\ 0 & 1 & 1 \\ 3 & 0 & -1 \end{pmatrix} \begin{pmatrix} 0 \\ 1 \\ -2 \end{pmatrix} = \begin{pmatrix} 0 \\ -1 \\ 2 \end{pmatrix} = -v_2,$$

$$a(v_3) = \begin{pmatrix} -1 & 2 & 1 \\ 0 & 1 & 1 \\ 3 & 0 & -1 \end{pmatrix} \begin{pmatrix} 1 \\ 1 \\ -3 \end{pmatrix} = \begin{pmatrix} -2 \\ -2 \\ 6 \end{pmatrix} = -2v_3.$$

In der Basis $\{v_1, v_2, v_3\}$ ist A *diagonalisierbar*.

16.2   Charakteristisches Polynom

Satz 16.4 *Es sei A eine $n \times n$-Matrix, $A = (a_{ij})$. Dann gilt*

$$\det(A - \lambda I) = c_0 + c_1 \lambda + \cdots + c_{n-1} \lambda^{n-1} + c_n \lambda^n, \tag{16.5}$$

wobei

$$c_0 = \det A, \quad c_{n-1} = (-1)^{n-1}(a_{11} + a_{22} + \cdots + a_{nn}), \quad c_n = (-1)^n$$

sind.

Beweis Es gilt

$$\det(A - \lambda I) = \begin{vmatrix} a_{11} - \lambda & a_{12} & \ldots & a_{1n} \\ a_{21} & a_{22} - \lambda & \ldots & a_{2n} \\ \vdots & \vdots & & \vdots \\ \vdots & \vdots & & \vdots \\ a_{n1} & a_{n2} & \ldots & a_{nn} - \lambda \end{vmatrix}$$

$$= (a_{11} - \lambda)(a_{22} - \lambda) \ldots (a_{nn} - \lambda) + P_{n-2}(\lambda),$$

wobei P_{n-2} ein Polynom vom Grad $\leq n - 2$ ist (klar nach Entwicklung, da die Unterdeterminanten Polynome vom Grad $\leq n - 2$ sind). Dann folgt

$$\det(A - \lambda I) = (-1)^n \lambda^n + (-1)^{n-1}\{a_{11} + \cdots + a_{nn}\}\lambda^{n-1} + \cdots + c_1\lambda + c_0.$$

Wenn wir $\lambda = 0$ wählen, folgt $c_0 = \det A$. $\qquad\qquad\qquad\qquad\qquad\square$

Definition 16.2 (16.5) heißt *charakteristisches Polynom* von A.

$$a_{11} + a_{22} + \cdots + a_{nn} = \operatorname{tr} A \quad \text{heißt } Spur \text{ von } A \text{ (engl. trace)}.$$

16.3 Symmetrischer Fall

Ein wesentliches Ergebnis ist der folgende Satz:

Satz 16.5 *Eine symmetrische Matrix (d. h. eine Matrix A mit $A = A^t$) ist diagonalisierbar in einer orthonormalen Basis von Eigenvektoren.*

Beweis Wir lassen den Beweis aus. $\qquad\qquad\qquad\qquad\qquad\qquad\qquad\square$

Beispiel Es sei A die Matrix

$$\begin{pmatrix} 3 & 0 & -1 \\ 0 & -2 & 0 \\ -1 & 0 & 3 \end{pmatrix}.$$

Wir diagonalisieren A in einer orthonormalen Basis von Eigenvektoren.

- *Eigenwerte*
  Das charakteristische Polynom von A ist

$$
\begin{aligned}
\det(A - \lambda I) = \begin{vmatrix} 3 - \lambda & 0 & -1 \\ 0 & -2 - \lambda & 0 \\ -1 & 0 & 3 - \lambda \end{vmatrix} &= (3 - \lambda)(\lambda - 3)(\lambda + 2) + (\lambda + 2) \\
&= (\lambda + 2)\{1 - (\lambda - 3)^2\} \\
&= (\lambda + 2)(1 - \lambda + 3)(1 + \lambda - 3) \\
&= (\lambda + 2)(4 - \lambda)(\lambda - 2).
\end{aligned}
$$

Die Eigenwerte sind $2, 4, -2$.

- *Eigenvektoren*

  - $\lambda = 2:$ $(A - 2I) = \begin{pmatrix} 1 & 0 & -1 \\ 0 & -4 & 0 \\ -1 & 0 & 1 \end{pmatrix}.$

  Die Eigenvektoren erfüllen

  $$x_1 - x_3 = 0, \qquad 4x_2 = 0.$$

  Wir setzen $v_1 = \begin{pmatrix} \frac{1}{\sqrt{2}} \\ 0 \\ \frac{1}{\sqrt{2}} \end{pmatrix}$ ($x_2 = 0$, $x_1 = x_3$ und $\|v_1\| = 1$).

  - $\lambda = 4:$ $(A - 4I) = \begin{pmatrix} -1 & 0 & -1 \\ 0 & -6 & 0 \\ -1 & 0 & -1 \end{pmatrix}.$

  Die Eigenvektoren erfüllen

  $$x_1 + x_3 = 0, \qquad x_2 = 0.$$

  Wir setzen $v_2 = \begin{pmatrix} \frac{1}{\sqrt{2}} \\ 0 \\ -\frac{1}{\sqrt{2}} \end{pmatrix}$ ($x_2 = 0$, $x_1 + x_3 = 0$ und $\|v_2\| = 1$).

  - $\lambda = -2:$ $(A - 2I) = \begin{pmatrix} 5 & 0 & -1 \\ 0 & 0 & 0 \\ -1 & 0 & -5 \end{pmatrix}.$

  Die Eigenvektoren erfüllen

  $$5x_1 - x_3 = 0, \qquad -x_1 + 5x_3 = 0.$$

Daraus folgt $x_1 = x_3 = 0$, und wir setzen

$$v_3 = \begin{pmatrix} 0 \\ 1 \\ 0 \end{pmatrix}.$$

In der Basis $\{v_1, v_2, v_3\}$ (siehe Abb. 16.2) – die orthonormal ist – ist die darstellende Matrix von A

$$\begin{pmatrix} 2 & 0 & 0 \\ 0 & 4 & 0 \\ 0 & 0 & -2 \end{pmatrix}.$$

Abb. 16.2 Eigenvektoren

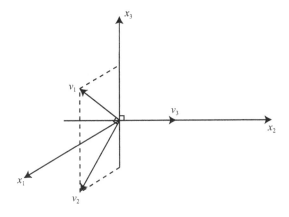

16.4   Lineare Differenzialgleichungssysteme

Es sei $A = (a_{ij})$ eine $n \times n$-Matrix. Gesucht ist ein Vektor $Y = Y(t) = \begin{pmatrix} y_1 \\ \vdots \\ y_n \end{pmatrix}$ mit

$$
\begin{aligned}
y_1' &= a_{11}y_1 + a_{12}y_2 + \cdots + a_{1n}y_n \\
y_2' &= a_{21}y_1 + a_{22}y_2 + \cdots + a_{2n}y_n \\
&\vdots \\
y_n' &= y_{n1}y_1 + a_{n2}y_2 + \cdots + a_{nn}y_n
\end{aligned}
$$

und einer Anfangsbedingung wie z. B.

$$
y_1(0) = \alpha_1, y_2(0) = \alpha_2, \dots, y_n(0) = \alpha_n.
$$

Kurz, wenn wir

$$
Y'(t) = \begin{pmatrix} y_1' \\ y_2' \\ \vdots \\ y_n' \end{pmatrix}, \qquad \alpha = \begin{pmatrix} \alpha_1 \\ \alpha_2 \\ \vdots \\ \alpha_n \end{pmatrix}
$$

definieren, dann ist das System

$$
\begin{cases} Y'(t) = AY(t), \\ Y(0) = \alpha. \end{cases} \tag{16.6}
$$

Satz 16.6 *Wenn A diagonalisierbar ist, besitzt das System* (16.6) *eine einzige Lösung.*

Beweis Es sei A eine Diagonalmatrix, z. B.

$$
D = \begin{pmatrix} \lambda_1 & 0 & \dots & 0 \\ \vdots & & & \vdots \\ \vdots & & & \vdots \\ 0 & \dots & \dots & \lambda_n \end{pmatrix}. \tag{16.7}
$$

Das System (16.6) ist dann

$$
y_i' = \lambda_i y_i, \qquad y_i(0) = \alpha_i \quad \forall\, i = 1, \dots, n,
$$

und es folgt aus Kap. 8

$$
y_i(t) = \alpha_i e^{\lambda_i t} \quad \forall\, i = 1, \dots, n.
$$

A sei diagonalisierbar. Es sei P die Matrix des Basiswechsels zwischen der kanonischen Basis von $\mathbb{R}^n$ und der Basis von Eigenvektoren von A. Es gilt

$$
\begin{aligned}
& D = P^{-1}AP \\
\Leftrightarrow \quad & A = P(P^{-1}AP)P^{-1} = PDP^{-1}.
\end{aligned}
$$

Aus (16.6) folgt

$$
\begin{aligned}
& Y' = PDP^{-1}Y \\
\Leftrightarrow \quad & (P^{-1}Y)' = D(P^{-1}Y) \\
\Leftrightarrow \quad & P^{-1}Y = \begin{pmatrix} \gamma_1 e^{\lambda_1 t} \\ \vdots \\ \gamma_n e^{\lambda_n t} \end{pmatrix}.
\end{aligned}
$$

Falls D mit (16.7) gegeben ist und γ_i verschiedene Konstanten sind, dann ist

$$
Y(t) = P \begin{pmatrix} \gamma_1 e^{\lambda_1 t} \\ \vdots \\ \gamma_n e^{\lambda_n t} \end{pmatrix}. \tag{16.8}
$$

Es gilt

$$
Y(0) = \alpha \quad \Leftrightarrow \quad P\gamma = \alpha \quad \Leftrightarrow \quad \gamma = P^{-1}\alpha,
$$

wobei $\gamma = \begin{pmatrix} \gamma_1 \\ \vdots \\ \gamma_n \end{pmatrix}$. $\qquad\qquad\qquad\qquad\qquad\qquad\qquad\qquad\qquad\qquad\square$

Beispiel Finde alle Lösungen des Systems

$$\begin{cases} y_1' = y_1 + 2y_2, \\ y_2' = 2y_1 + y_1. \end{cases} \tag{16.9}$$

Es sei A die Matrix

$$A = \begin{pmatrix} 1 & 2 \\ 2 & 1 \end{pmatrix}.$$

- Eigenwerte

$$\det(A - \lambda I) = \begin{vmatrix} 1 - \lambda & 2 \\ 2 & 1 - \lambda \end{vmatrix} = (1 - \lambda)^2 - 4 = (1 - \lambda - 2)(1 - \lambda + 2)$$

$$= (\lambda + 1)(\lambda - 3)$$

$$\lambda = -1, 3.$$

- Eigenvektoren
  - Für $\lambda = -1$: $2x_1 + 2x_2 = 0,$

$$v_1 = \begin{pmatrix} 1 \\ -1 \end{pmatrix}$$

  - Für $\lambda = 3$: $-2x_1 + 2x_2 = 0,$

$$v_2 = \begin{pmatrix} 1 \\ 1 \end{pmatrix}.$$

Es gilt

$$P = \begin{pmatrix} 1 & 1 \\ -1 & 1 \end{pmatrix}, \qquad P^{-1} = \frac{1}{2} \begin{pmatrix} 1 & -1 \\ 1 & 1 \end{pmatrix}.$$

Es folgt

$$Y(t) = \begin{pmatrix} y_1(t) \\ y_2(t) \end{pmatrix} = P \begin{pmatrix} \gamma_1 e^{-t} \\ \gamma_2 e^{3t} \end{pmatrix} = \begin{pmatrix} 1 & 1 \\ -1 & 1 \end{pmatrix} \begin{pmatrix} \gamma_1 e^{-t} \\ \gamma_2 e^{3t} \end{pmatrix},$$

also

$$y_1(t) = \gamma_1 e^{-t} + \gamma_2 e^{3t},$$
$$y_2(t) = -\gamma_1 e^{-t} + \gamma_2 e^{3t}, \tag{16.10}$$

wobei γ_1, γ_2 beliebige Konstanten sind.

Überprüfung: Für y gegeben mit (16.10) gilt

$$y_1' = -\gamma_1 e^{-t} + 3\gamma_2 e^{3t},$$
$$y_1 + 2y_2 = \gamma_1 e^{-t} + \gamma_2 e^{3t} + 2(-\gamma_1 e^{-t} + \gamma_2 e^{3t}) = -\gamma_1 e^{-t} + 3\gamma_2 e^{3t},$$

und die erste Gleichung von (16.10) gilt.

Bemerkung Aus (16.10) folgt

$$Y(t) = \gamma_1 \begin{pmatrix} e^{-t} \\ -e^{-t} \end{pmatrix} + \gamma_2 \begin{pmatrix} e^{3t} \\ e^{3t} \end{pmatrix},$$

der Raum der Lösungen ist also ein zweidimensionaler Raum. Im Allgemeinen kann man zeigen, dass die Menge der Lösungen von (16.6) ein n-dimensionaler Vektorraum ist (siehe z. B. (16.8)).

16.5 Übungen

Aufgabe 1 Diagonalisiere:

(a) $A = \begin{pmatrix} 1 & -1 \\ -1 & 1 \end{pmatrix}$,

(b) $B = \begin{pmatrix} -1 & -2 & 2 \\ -2 & -1 & 2 \\ -2 & -2 & 3 \end{pmatrix}$.

Aufgabe 2 Löse die Systeme:

(a) $\begin{cases} y_1' = y_1 - y_2, \\ y_2' = -y_1 + y_2. \end{cases}$

(b) $\begin{cases} y_1' = -y_1 - 2y_2 + 2y_3, \\ y_2' = -2y_1 - y_2 + 2y_3, \\ y_3' = -2y_1 - 2y_2 + 3y_3. \end{cases}$ (siehe Aufgabe 1).

Anhang A.1   Trigonometrische Funktionen

Es sei ein Kreis mit Radius R und Umfang P_R. Die griechischen Mathematiker haben bemerkt, dass

$$\frac{P_R}{2R} = \text{Konstante} \overset{\text{Def}}{=} \pi$$

gilt. Sei C_1 der Kreis mit Radius 1 (siehe Abb. A.1).

Der Umfang von C_1 ist 2π. Sei AB ein Kreisbogen der Länge x. In $\mathbb{R}^2$ gilt

$$B = (\cos x, \sin x).$$

Diese Formel definiert die Funktionen $\sin x$ und $\cos x$. Aus der Definition folgt

$$\sin^2 x + \cos^2 x = 1$$
$$\sin(x + 2\pi) = \sin x, \qquad \cos(x + 2\pi) = \cos x,$$

d.h., die Funktionen sind periodisch mit Periode 2π. Weiter ist

$$\sin 0 = 0, \qquad \sin \frac{\pi}{2} = 1, \qquad \sin \pi = 0,$$
$$\cos 0 = 1, \qquad \cos \frac{\pi}{2} = 0, \qquad \cos \pi = -1.$$

Man kann $x < 0$ betrachten (d. h., man geht von $(1, 0)$ rechts herum); in diesem Fall gilt

$$\sin(-x) = -\sin x, \qquad \cos(-x) = \cos x$$

($\sin$ ist ungerade, $\cos$ ist gerade).

Satz A.1 Es gilt

$$\sin(x + y) = \sin x \cos y + \sin y \cos x$$
$$\cos(x + y) = \cos x \cos y - \sin x \sin y.$$

© Springer-Verlag Berlin Heidelberg 2016
M. Chipot, *Mathematische Grundlagen der Naturwissenschaften*, Springer-Lehrbuch,
DOI 10.1007/978-3-662-47088-6

Abb. A.1 Trigonometrischer
Kreis

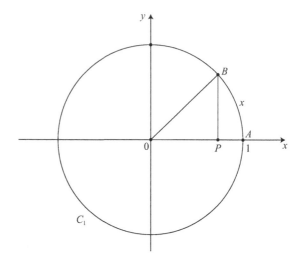

Beweis Sei D_x die Drehung, die A nach B bringt (siehe Abb. A.2). Wir behaupten, dass

$$B = \cos x \cdot (a_1, a_2) + \sin x \cdot (-a_2, a_1) = (a_1 \cos x - a_2 \sin x, a_1 \sin x + a_2 \cos x)$$

gilt, da in der Achse $0A$, $0A'$ die Koordinaten von B ($\cos x$, $\sin x$) sind.

Abb. A.2 Drehung des Kreises

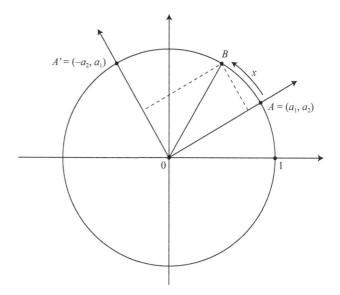

Abb. A.3 Berechnung der
Fläche des Kreises

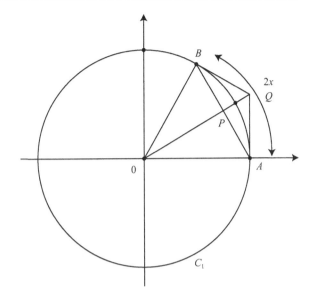

Es gilt

$$D_{x+y}(1,0) = D_x(D_y(1,0))$$

$$\Leftrightarrow \quad (\cos(x+y), \sin(x+y)) = D_x(\cos y, \sin y)$$

$$= (\cos x \cos y - \sin x \sin y, \sin x \cos y + \sin y \cos x).$$

$\square$

Satz A.2 Es gilt

$$\lim_{x \to 0} \frac{\sin x}{x} = 1.$$

Beweis Wir setzen $\tan x = \frac{\sin x}{\cos x}$. Es gilt (siehe Abb. A.3):

$$AB \leq 2x \leq 2BQ$$

$$\Leftrightarrow \quad 2 \sin x \leq 2x \leq 2 \tan x.$$

Es folgt

$$x \cos x \leq \sin x \leq x,$$

also

$$\cos x \leq \frac{\sin x}{x} \leq 1.$$

Das Ergebnis folgt für $x \to 0$.

$\square$

Übung

Man wählt $x = \frac{\pi}{n}$.

1. Zeige (siehe Abb. A.3), dass aus

$$2F \,(\text{Dreieck } 0BP) \leq F \,(\text{Sektor } 0AB) \leq 2F \,(\text{Dreieck } 0BQ)$$

   die Abschätzung

$$\sin \frac{\pi}{n} \cos \frac{\pi}{n} \leq F \,(\text{Sektor } 0AB) \leq \tan \frac{\pi}{n}$$

   ($F = $ Fläche) folgt.

2. Zeige, dass

$$n \sin \frac{\pi}{n} \cos \frac{\pi}{n} \leq F(C_1) \leq n \tan \frac{\pi}{n}$$

   gilt.

3. Zeige, dass

$$F(C_1) = \pi$$

   gilt.

Anhang A.2   Lösungen der Übungen

Lösungen der Übungen Kapitel 1

Aufgabe 1

(a) (i) Die Negation der Aussage lautet: $\exists M \subset \mathbb{R} : \forall \delta > 0 \; \exists x \in M : (x + \delta) \notin M$.

Ausführlich lautet die Negation: Es gibt eine Teilmenge M der reellen Zahlen, sodass zu jedem $\delta > 0$ ein Element x der Menge M existiert, sodass $(x + \delta)$ kein Element der Menge M ist.

Diese Negation ist eine wahre Aussage. Es gilt z. B. für $M = [0, 1]$, dass zu jedem $\delta > 0$ das Element $x = 1 \in M$ die Bedingung $x + \delta = 1 + \delta \notin M$ erfüllt.

(ii) Die Negation der Aussage lautet: $\exists M \subset \mathbb{R} \; \exists x \in M : x + y \notin M \; \forall y \in M$.

Ausführlich lautet die Negation: Es gibt eine Teilmenge M der reellen Zahlen und ein Element x der Menge M, sodass für jedes Element y der Menge M das Element $x + y$ kein Element der Menge M ist.

Diese Negation ist eine wahre Aussage. Es gilt z. B. für $M = \{1\}$ und $x = 1$, dass für jedes $y \in M$ (also für $y = 1$) das Element $x + y \notin M$ gilt (da $x + y = 1 + 1 = 2 \notin M$ gilt).

(b) (i) $\Rightarrow$: Es gelte $A \subset B$. Sei $x \in (\mathbb{R} \setminus B)$. Dann gilt $x \notin B$. Wegen $A \subset B$ muss also $x \notin A$ gelten (da im Fall $x \in A$ auch $x \in B$ gelten würde, was wegen $x \notin B$ nicht gelten kann). Wegen $x \notin A$ gilt $x \in (\mathbb{R} \setminus A)$. Da $x \in (\mathbb{R} \setminus B)$ beliebig war, gilt $(\mathbb{R} \setminus B) \subset (\mathbb{R} \setminus A)$.

$\Leftarrow$: Es gelte $(\mathbb{R} \setminus B) \subset (\mathbb{R} \setminus A)$. Sei $x \in A$. Dann gilt $x \notin (\mathbb{R} \setminus A)$. Wegen $(\mathbb{R} \setminus B) \subset (\mathbb{R} \setminus A)$ muss also $x \in B$ gelten (da im Fall $x \in (\mathbb{R} \setminus B)$ auch $x \in (\mathbb{R} \setminus A)$ gelten würde, was wegen $x \notin (\mathbb{R} \setminus A)$ nicht sein kann). Da $x \in A$ beliebig war, folgt $A \subset B$.

(ii) Es gelte $(A \cap B) \subset (A \setminus B)$.

Angenommen, es wäre $A \cap B \neq \emptyset$. Dann gäbe es $x \in A \cap B$. Wegen $(A \cap B) \subset B$ wäre also $x \in B$. Wegen $(A \cap B) \subset (A \setminus B)$ wäre außerdem $x \in (A \setminus B) = (A \cap (\mathbb{R} \setminus B)) \subset (\mathbb{R} \setminus B)$. Da aber nicht gleichzeitig $x \in B$ und $x \in (\mathbb{R} \setminus B)$ gelten kann, ist dies ein Widerspruch. Daher ist die Annahme falsch, und es folgt $A \cap B = \emptyset$.

233

Aufgabe 2 Angenommen, $\sqrt{5}$ wäre eine rationale Zahl. Dann gibt es $p, q \in \mathbb{Z}$ mit $q \neq 0$, sodass $\sqrt{5} = \frac{p}{q}$ gilt und $\frac{p}{q}$ irreduzierbar ist. Dann gilt $5 = \frac{p^2}{q^2}$, also $p^2 = 5q^2$. Somit ist die natürliche Zahl p^2 durch 5 teilbar. Da 5 eine Primzahl ist, muss auch p durch 5 teilbar sein (denn wenn ein Produkt $a \cdot b$ mit $a, b \in \mathbb{Z}$ durch 5 teilbar ist, so muss a oder b durch 5 teilbar sein; also muss wegen $p^2 = p \cdot p$ auch p durch 5 teilbar sein). Da p durch 5 teilbar ist, gibt es $r \in \mathbb{Z}$ mit $p = 5r$. Wegen $p^2 = 5q^2$ folgt daher $25r^2 = 5q^2$, also $q^2 = 5r^2$. Daher ist q^2 durch 5 teilbar, und analog zu oben ist somit auch q durch 5 teilbar. Somit sind p und q beide durch 5 teilbar. Dies ist ein Widerspruch dazu, dass $\frac{p}{q}$ irreduzierbar ist. Somit ist die Annahme falsch, und $\sqrt{5}$ ist keine rationale Zahl.

Aufgabe 3

(a) (i) $|x - 3| = 7$ ist genau dann erfüllt, wenn entweder $x - 3 = 7$ oder $-(x - 3) = 7$ gilt. Wegen

$$x - 3 = 7 \quad \Leftrightarrow \quad x = 10$$

und

$$-(x - 3) = 7 \quad \Leftrightarrow \quad x - 3 = -7 \quad \Leftrightarrow \quad x = -4$$

ist die Lösungsmenge der Gleichung $|x - 3| = 7$ die Menge $\mathbb{L}_1 = \{10, -4\}$.

(ii) Wegen $|(x + 1)(x - 3)| \geq 0$ hat die Gleichung $|(x + 1)(x - 3)| = -5$ keine Lösung, so dass die Lösungsmenge $\mathbb{L}_2 = \emptyset$ ist.

(iii) $|\pi - x| > 2$ ist genau dann erfüllt, wenn entweder $\pi - x > 2$ oder $-(\pi - x) > 2$ gilt. Wegen

$$\pi - x > 2 \quad \Leftrightarrow \quad x < \pi - 2$$

und

$$-(\pi - x) > 2 \quad \Leftrightarrow \quad \pi - x < -2 \quad \Leftrightarrow \quad x > \pi + 2$$

ist die Lösungsmenge der Ungleichung $|\pi - x| > 2$ die Menge $\mathbb{L}_3 = (-\infty, \pi - 2) \cup (\pi + 2, \infty)$.

(iv) Um die Ungleichung $|2x - 1| \leq |6x + 7|$ zu lösen, gibt es folgende Fälle:
Für $x \geq \frac{1}{2}$ gilt

$$|2x - 1| \leq |6x + 7| \quad \Leftrightarrow \quad 2x - 1 \leq 6x + 7 \quad \Leftrightarrow -8 \leq 4x \quad \Leftrightarrow \quad x \geq -2.$$

Somit ist die Ungleichung für alle $x \in [\frac{1}{2}, \infty)$ erfüllt.
Für $x \in [-\frac{7}{6}, \frac{1}{2})$ gilt

$$|2x - 1| \leq |6x + 7| \quad \Leftrightarrow \quad -(2x - 1) \leq 6x + 7 \quad \Leftrightarrow -6 \leq 8x$$

$$\Leftrightarrow \quad x \geq -\frac{3}{4}.$$

Somit ist die Ungleichung für alle $x \in [-\frac{3}{4}, \frac{1}{2})$ erfüllt.

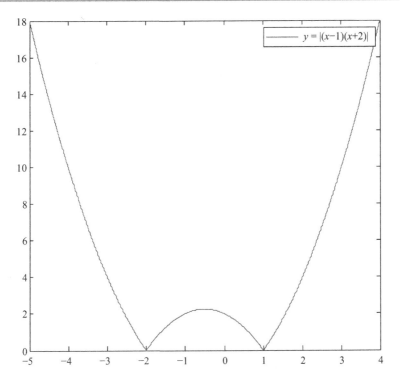

Abb. A.4 Menge von b

Für $x < -\frac{7}{6}$ gilt

$$|2x - 1| \leq |6x + 7| \quad \Leftrightarrow \quad -(2x - 1) \leq -(6x + 7) \quad \Leftrightarrow 4x \leq -8$$
$$\Leftrightarrow \quad x \leq -2.$$

Somit ist die Ungleichung für alle $x \in (-\infty, -2]$ erfüllt.

Insgesamt ist die Lösungsmenge der Ungleichung $|2x - 1| \leq |6x + 7|$ die Menge $\mathbb{L}_4 = (-\infty, -2] \cup [-\frac{3}{4}, \frac{1}{2}) \cup [\frac{1}{2}, \infty) = (-\infty, -2] \cup [-\frac{3}{4}, \infty)$.

(b) Die Menge $\{(x, y) \in \mathbb{R} \times \mathbb{R} : y = |(x - 1)(x + 2)|\}$ sieht folgendermaßen aus (siehe Abb. A.4).

(Die Menge $\{(x, y) \in \mathbb{R} \times \mathbb{R} : y = (x - 1)(x + 2)\}$ ist die Parabel mit $(-\frac{1}{2}, -\frac{9}{4})$ als Minimum.)

Die Anzahl der Lösungen der Gleichung $|(x - 1)(x + 2)| = a$ ist genau die Anzahl der Schnittpunkte des obigen Graphen mit der waagerechten Geraden $y = a$. Somit hat die Gleichung $|(x - 1)(x + 2)| = a$ für $a < 0$ keine Lösung, für $a = 0$ zwei Lösungen (nämlich $x \in \{1, -2\}$), für $a \in (0, \frac{9}{4})$ vier Lösungen, für $a = \frac{9}{4}$ drei Lösungen und für $a > \frac{9}{4}$ zwei Lösungen.

Dies folgt daraus, dass die Funktion $y = |(x-1)(x+2)|$ zwei Minima bei $(x, y) = (-2, 0)$ und $(x, y) = (1, 0)$ sowie ein lokales Maximum bei $(x, y) = (-\frac{1}{2}, \frac{9}{4})$ hat. Zwischen diesen lokalen Extrempunkten ist die Funktion streng monoton, und außerdem ist die Funktion nach oben unbeschränkt.

Aufgabe 4

(a) Wegen $100x = 1,2\overline{12}$ gilt

$$99x = 100x - x = 1,2\overline{12} - 0,0\overline{12} = 1,2 = \frac{12}{10}.$$

Somit folgt

$$x = \frac{12}{99 \cdot 10} = \frac{12}{990} = \frac{2}{165},$$

also $a = 2$ und $b = 165$.

(b) Es gilt

$$9 \cdot 0,\overline{9} = 10 \cdot 0,\overline{9} - 0,\overline{9} = 9,\overline{9} - 0,\overline{9} = 9,$$

also $0,\overline{9} = 1$.

(c) Es sei $y = \frac{a}{b}$ mit $a, b \in \mathbb{Z}$ und $b \neq 0$ ein irreduzierbarer Bruch.

Behauptung: y ist eine Dezimalzahl $\quad \Leftrightarrow \quad \exists\, m, n \in \mathbb{N}$ mit $b = 2^m \cdot 5^n$.

$\Rightarrow$: Es sei y eine Dezimalzahl. Also gibt es $r \in \mathbb{N}$, sodass y genau r Nachkommastellen hat. Somit gibt es $c \in \mathbb{Z}$ mit $y = \frac{c}{10^r}$. Da $y = \frac{a}{b}$ und $\frac{a}{b}$ irreduzierbar ist, muss b ein Teiler von 10^r sein. Da $10^r = 2^r \cdot 5^r$ gilt und 2 und 5 Primzahlen sind, gibt es also $m, n \in \mathbb{N}$ mit $0 \leq m \leq r$, $0 \leq n \leq r$ und $b = 2^m \cdot 5^n$.

$\Leftarrow$: Es sei $b = 2^m \cdot 5^n$ mit $m, n \in \mathbb{N}$. Mit $r = \max\{m, n\}$ gilt daher

$$y = \frac{a}{b} = \frac{a}{2^m \cdot 5^n} = \frac{a \cdot 2^{r-m} \cdot 5^{r-n}}{2^r \cdot 5^r} = \frac{a \cdot 2^{r-m} \cdot 5^{r-n}}{10^r}.$$

Wegen $a \cdot 2^{r-m} \cdot 5^{r-n} \in \mathbb{Z}$ ist daher y eine Dezimalzahl mit höchstens r Nachkommastellen. Also ist y eine Dezimalzahl.

Aufgabe 5

(a) Der Graph der Funktion $f(x) = \cos(x)$ sieht folgendermaßen aus (siehe Abb. A.5). Insbesondere ist der Wertebereich $\mathrm{Im}(f) = [-1, 1]$, denn zu jedem $y \in [-1, 1]$ gilt $x := \arccos(y) \in [0, \pi]$ mit $f(\arccos(y)) = y$. Wegen $\mathrm{Im}(f) = [-1, 1]$ ist f surjektiv. f ist nicht injektiv, da z. B. für $x_1 = 0$ und $x_2 = 2\pi$ gilt $f(x_1) = f(x_2) = 1$, aber $x_1 \neq x_2$. Da f nicht injektiv ist, ist es auch nicht bijektiv.

(b) Der Graph der Funktion $f(x) = \frac{2}{3x^2+4}$ sieht folgendermaßen aus (siehe Abb. A.6) Insbesondere gilt $0 < f(x) = \frac{2}{3x^2+4} \leq \frac{2}{4} = \frac{1}{2}$ für alle $x \geq 0$, sodass $\mathrm{Im}(f) \subset (0, \frac{1}{2}]$ gilt. Weiter gilt für jedes $y \in (0, \frac{1}{2}]$, dass $\frac{2}{y} - 4 \geq 0$ erfüllt ist. Daher gilt $x :=$

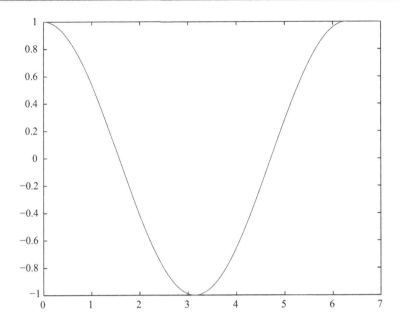

Abb. A.5 Graph der Funktion f aus Aufgabe 5(a)

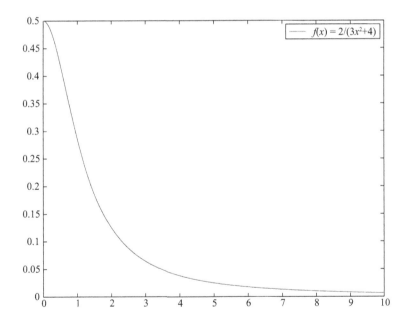

Abb. A.6 Graph der Funktion f aus Aufgabe 5(b)

$\sqrt{\frac{1}{3}(\frac{2}{y} - 4)} \in [0, \infty)$ mit

$$f(x) = \frac{2}{3x^2 + 4} = \frac{2}{(\frac{2}{y} - 4) + 4} = y.$$

Somit gilt $y \in \text{Im}(f)$. Da $y \in (0, \frac{1}{2}]$ beliebig war, folgt $\text{Im}(f) = (0, \frac{1}{2}]$. Daher ist f nicht surjektiv und nicht bijektiv.

f ist injektiv, denn für $x_1, x_2 \in [0, \infty)$ mit $x_1 \neq x_2$ gilt $x_1^2 \neq x_2^2$, also auch $3x_1^2 \neq 3x_2^2$ und $3x_1^2 + 4 \neq 3x_2^2 + 4$. Somit gilt dann $\frac{2}{3x_1^2 + 4} \neq \frac{2}{3x_2^2 + 4}$ und daher $f(x_1) \neq f(x_2)$. Da $x_1, x_2 \in [0, \infty)$ mit $x_1 \neq x_2$ beliebig waren, ist f injektiv.

Aufgabe 6

(a) Da sowohl f als auch g auf ganz $\mathbb{R}$ definiert sind, gilt $D(g \circ f) = D(f \circ g) = \mathbb{R}$. Somit gilt $g \circ f : \mathbb{R} \to \mathbb{R}, x \to (g \circ f)(x)$ mit

$$(g \circ f)(x) = g(f(x)) = g(x^3) = \frac{1}{(x^3)^2 + 1} = \frac{1}{x^6 + 1}, \qquad x \in \mathbb{R}.$$

Wegen $0 < (g \circ f)(x) = \frac{1}{x^6 + 1} \leq 1$ für $x \in \mathbb{R}$ gilt $\text{Im}(g \circ f) \subset (0, 1]$. Weiter gilt für jedes $y \in (0, 1]$, dass $\frac{1}{y} - 1 \geq 0$ erfüllt ist. Somit folgt $x := \sqrt[6]{\frac{1}{y} - 1} \in \mathbb{R}$ mit

$$(g \circ f)(x) = \frac{1}{x^6 + 1} = \frac{1}{(\frac{1}{y} - 1) + 1} = y.$$

Somit gilt $y \in \text{Im}(g \circ f)$ und daher $\text{Im}(g \circ f) = (0, 1]$, da $y \in (0, 1]$ beliebig war. Außerdem ist die Funktion $f \circ g : \mathbb{R} \to \mathbb{R}, x \to (f \circ g)(x)$ definiert durch

$$(f \circ g)(x) = f(g(x)) = f\left(\frac{1}{x^2 + 1}\right) = \left(\frac{1}{x^2 + 1}\right)^3 = \frac{1}{(x^2 + 1)^3}, \qquad x \in \mathbb{R}.$$

Wegen $0 < (f \circ g)(x) = \frac{1}{(x^2 + 1)^3} \leq \frac{1}{1^3} = 1$ für $x \in \mathbb{R}$ gilt $\text{Im}(f \circ g) \subset (0, 1]$. Weiter gilt für jedes $y \in (0, 1]$, dass $\frac{1}{\sqrt[3]{y}} - 1 \geq 0$ erfüllt ist. Somit folgt $x := \sqrt{\frac{1}{\sqrt[3]{y}} - 1} \in \mathbb{R}$ mit

$$(f \circ g)(x) = \frac{1}{(x^2 + 1)^3} = \frac{1}{((\frac{1}{\sqrt[3]{y}} - 1) + 1)^3} = \frac{1}{\frac{1}{y}} = y.$$

Somit gilt $y \in \text{Im}(f \circ g)$ und daher $\text{Im}(f \circ g) = (0, 1]$, da $y \in (0, 1]$ beliebig war.

(b) Wegen $D(f) = \mathbb{R} \setminus \{0\}$ und $D(g) = [1, \infty)$ sowie $D(g \circ f) = \{x \in D(f) \mid f(x) \in D(g)\}$ gilt

$$D(g \circ f) = \left\{ x \in \mathbb{R} \setminus \{0\} \;\middle|\; \frac{1}{x} \in [1, \infty) \right\} = (0, 1].$$

Daher ist $g \circ f : (0, 1] \to \mathbb{R}, x \to (g \circ f)(x)$ definiert durch

$$(g \circ f)(x) = g(f(x)) = g\left(\frac{1}{x}\right) = \sqrt{\frac{1}{x} - 1}, \qquad x \in (0, 1].$$

Wegen $(g \circ f)(x) = \sqrt{\frac{1}{x} - 1} \geq 0$ für $x \in (0, 1]$ gilt $\text{Im}(g \circ f) \subset [0, \infty)$. Sei nun $y \in [0, \infty)$ beliebig. Dann gilt $x := \frac{1}{y^2 + 1} \in (0, 1]$ mit

$$(g \circ f)(x) = \sqrt{\frac{1}{x} - 1} = \sqrt{(y^2 + 1) - 1} = \sqrt{y^2} = |y| = y,$$

wobei in der letzten Gleichheit $y \geq 0$ verwendet wurde. Somit gilt $y \in \text{Im}(g \circ f)$ und daher $\text{Im}(g \circ f) = [0, \infty)$, da $y \in [0, \infty)$ beliebig war.
Wegen $D(f \circ g) = \{x \in D(g) \mid g(x) \in D(f)\}$ gilt weiter

$$D(f \circ g) = \left\{ x \in [1, \infty) \quad | \quad \sqrt{x - 1} \neq 0 \right\} = (1, \infty).$$

Daher ist $f \circ g : (1, \infty) \to \mathbb{R}, x \to (f \circ g)(x)$ definiert durch

$$(f \circ g)(x) = f(g(x)) = f\left(\sqrt{x - 1}\right) = \frac{1}{\sqrt{x - 1}}, \qquad x \in (1, \infty).$$

Wegen $(f \circ g)(x) = \frac{1}{\sqrt{x-1}} > 0$ für $x \in (1, \infty)$ folgt $\text{Im}(f \circ g) \subset (0, \infty)$. Sei nun $y \in (0, \infty)$ beliebig. Dann gilt $x := \frac{1}{y^2} + 1 \in (1, \infty)$ mit

$$(f \circ g)(x) = \frac{1}{\sqrt{x - 1}} = \frac{1}{\sqrt{\frac{1}{y^2}}} = \frac{1}{\frac{1}{|y|}} = y,$$

wobei in der letzten Gleichheit $y > 0$ verwendet wurde. Somit gilt $y \in \text{Im}(f \circ g)$ und daher $\text{Im}(f \circ g) = (0, \infty)$, da $y \in (0, \infty)$ beliebig war.

Aufgabe 7

(a) Da f injektiv ist, gilt $f(a_1) \neq f(a_2)$ für alle $a_1, a_2 \in A$ mit $a_1 \neq a_2$. Da g injektiv ist, gilt $g(b_1) \neq g(b_2)$ für alle $b_1, b_2 \in B$ mit $b_1 \neq b_2$.
Seien nun $a_1, a_2 \in A$ mit $a_1 \neq a_2$. Da f injektiv ist, folgt $f(a_1) \neq f(a_2)$. Mit $b_1 := f(a_1)$ und $b_2 := f(a_2)$ gilt also $b_1, b_2 \in B$ mit $b_1 \neq b_2$. Somit folgt aufgrund der Injektivität von g, dass $g(b_1) \neq g(b_2)$ gilt. Wegen $g(b_1) = g(f(a_1)) = (g \circ f)(a_1)$ und $g(b_2) = g(f(a_2)) = (g \circ f)(a_2)$ gilt also $(g \circ f)(a_1) \neq (g \circ f)(a_2)$. Da $a_1, a_2 \in A$ mit $a_1 \neq a_2$ beliebig waren, ist $g \circ f$ injektiv.

(b) Seien $A := \{0, 1\}$, $B := \{0, 1, 2\}$ und $C := \{1, 2\}$. Weiter sei $f : A \to B$ definiert durch $f(0) := 1$ und $f(1) := 2$. Die Funktion $g : B \to C$ sei definiert durch $g(0) := 1, g(1) := 1$ und $g(2) := 2$.

Dann ist g nicht injektiv, da $g(0) = g(1)$ gilt. Die Funktion $g \circ f : A \to C$ ist gegeben durch

$$(g \circ f)(0) = g(f(0)) = g(1) = 1, \qquad (g \circ f)(1) = g(f(1)) = g(2) = 2.$$

Da $(g \circ f)(0) \neq (g \circ f)(1)$ gilt und $A = \{0, 1\}$ nur die beiden Elemente 0 und 1 hat, ist $g \circ f$ injektiv. Somit erfüllt dieses Beispiel alle geforderten Bedingungen.

Aufgabe 8   Für $x \in [0, 5]$ gilt

$$f(x) = \frac{2 - 10x}{1 + x} = \frac{12 - 10 - 10x}{1 + x} = \frac{12 - 10(1 + x)}{1 + x} = \frac{12}{1 + x} - 10.$$

Seien nun $x_1, x_2 \in [0, 5]$ mit $x_1 \neq x_2$. Dann gilt $1 + x_1 \neq 1 + x_2$ und daher auch $\frac{12}{1+x_1} \neq \frac{12}{1+x_2}$. Somit folgt $\frac{12}{1+x_1} - 10 \neq \frac{12}{1+x_2} - 10$, also $f(x_1) \neq f(x_2)$. Somit ist f injektiv.

Weiter gilt $f(x) \leq \frac{12}{1+0} - 10 = 2$ und $f(x) \geq \frac{12}{1+5} - 10 = -8$ für $x \in [0, 5]$. Also folgt $\mathrm{Im}(f) \subset [-8, 2]$. Sei nun $y \in [-8, 2]$ beliebig. Dann gilt

$$y = f(x) \iff y = \frac{12}{1 + x} - 10 \iff y + 10 = \frac{12}{1 + x} \iff 1 + x = \frac{12}{y + 10}$$

$$\iff x = \frac{12}{y + 10} - 1.$$

Mit $x := \frac{12}{y+10} - 1$ gilt wegen $y \in [-8, 2]$ also $x \geq \frac{12}{2+10} - 1 = 0$ und $x \leq \frac{12}{-8+10} - 1 = 5$, also $x \in [0, 5]$. Nach obiger Rechnung gilt $y = f(x)$ und daher $y \in \mathrm{Im}(f)$. Da $y \in [-8, 2]$ beliebig war, folgt $\mathrm{Im}(f) = [-8, 2]$.

Wir haben mit obiger Rechnung gezeigt, dass für jedes $y \in [-8, 2]$ genau ein $x \in [0, 5]$ existiert mit $f(x) = y$, nämlich $x = \frac{12}{y+10} - 1$. Also gilt nach Definition der Umkehrfunktion $x = f^{-1}(y)$. Also ist die Umkehrfunktion $f^{-1} : [-8, 2] \to [0, 5]$ definiert durch $f^{-1}(x) = \frac{12}{x+10} - 1$ für $x \in [-8, 2]$. Es gilt $f^{-1} \circ f = I_{D(f)} = I_{[0,5]}$. Daher folgt $D(f^{-1} \circ f) = [0, 5]$ und $\mathrm{Im}(f^{-1} \circ f) = [0, 5]$.

Aufgabe 9   Die Nullstellen des Nenners der Funktion f, also die Lösungen der Gleichung $x^2 - 3x + 2 = 0$ sind

$$x_{1,2} = \frac{3}{2} \pm \sqrt{\frac{9}{4} - 2} = \frac{3}{2} \pm \frac{1}{2},$$

also $x_1 = 2$ und $x_2 = 1$. Also ist der maximale Definitionsbereich von f gegeben durch $D(f) = \mathbb{R} \setminus \{1, 2\}$, und es gilt

$$f(x) = \frac{2}{(x - 1)(x - 2)} \qquad \forall\, x \in D(f).$$

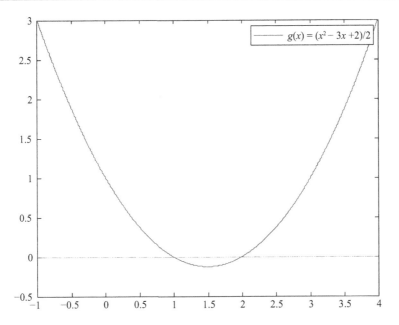

Abb. A.7 Graph der Funktion g aus Aufgabe 9

Um den Graphen von f und den Wertebereich $\mathrm{Im}(f)$ zu bestimmen, kann man z. B. folgendermaßen vorgehen: Es gilt $f(x) = \frac{1}{g(x)}$, $x \in D(f)$, wobei die Funktion g gegeben ist durch $g : \mathbb{R} \to \mathbb{R}$, $x \mapsto g(x) := \frac{x^2 - 3x + 2}{2}$. Nun gilt

$$g(x) = \frac{1}{2}\left(x^2 - 3x + \frac{9}{4} - \frac{1}{4}\right) = \frac{1}{2}\left(\left(x - \frac{3}{2}\right)^2 - \frac{1}{4}\right) = \frac{1}{2}\left(x - \frac{3}{2}\right)^2 - \frac{1}{8}, \quad x \in \mathbb{R}.$$

Somit ist g eine nach oben geöffnete Parabel mit dem Scheitelpunkt $S = (x_0, y_0) = (\frac{3}{2}, -\frac{1}{8})$. Der Graph von g ist daher gegeben durch Abb. A.7 und der Wertebereich von g ist gegeben durch $\mathrm{Im}(g) = [-\frac{1}{8}, \infty)$, da g alle Werte annimmt, die mindestens so groß sind wie der Funktionswert $-\frac{1}{8}$ im Scheitelpunkt. Verwendet man nun die Gleichung $f(x) = \frac{1}{g(x)}$, $x \in D(f)$, so erhält man aus dem Graphen von g den folgenden Graphen von f (siehe Abb. A.8), und den Wertebereich

$$\mathrm{Im}(f) = \{f(x) \mid x \in D(f)\} = \left\{\frac{1}{g(x)} \;\middle|\; x \in D(f)\right\} = \left\{\frac{1}{y} \;\middle|\; y \in (\mathrm{Im}(g) \setminus \{0\})\right\}$$

$$= \left\{\frac{1}{y} \;\middle|\; y \in \left(\left[-\frac{1}{8}, \infty\right) \setminus \{0\}\right)\right\}$$

$$= \left\{\frac{1}{y} \;\middle|\; y \in \left[-\frac{1}{8}, 0\right)\right\} \cup \left\{\frac{1}{y} \;\middle|\; y \in (0, \infty)\right\}$$

$$= (-\infty, -8] \cup (0, \infty).$$

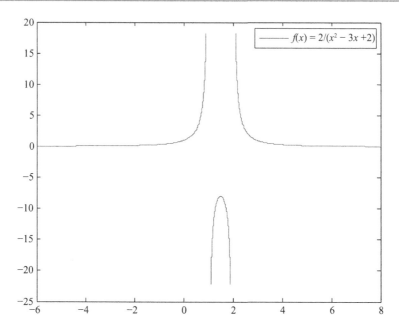

Abb. A.8 Graph der Funktion f aus Aufgabe 9

Wegen $\text{Im}(f) \neq \mathbb{R}$ ist f also nicht surjektiv und daher auch nicht bijektiv. f ist auch nicht injektiv, da z. B. $f(0) = f(3) = 1$ gilt (somit gibt es also $x_1, x_2 \in D(f)$ mit $x_1 \neq x_2$ und $f(x_1) = f(x_2)$).

Aufgabe 10   Um die Funktionen $g_1, \dots, g_4$ anzugeben, geht man folgendermaßen vor:

(a) Wenn man den Graphen von f um a Einheiten nach links verschiebt, so ist der nun erhaltene Graph der Graph der Funktion $h : \mathbb{R} \to \mathbb{R}, x \mapsto h(x) = f(x + a)$. Wenn man den Graphen von f um b Einheiten nach oben verschiebt, so ist der nun erhaltene Graph der Graph der Funktion $j : \mathbb{R} \to \mathbb{R}, x \mapsto j(x) = f(x) + b$. Wenn man den Graphen von f um a Einheiten nach links und um b Einheiten nach oben verschiebt, so ist der nun erhaltene Graph der Graph der Funktion $k = j \circ h : \mathbb{R} \to \mathbb{R}$, $x \mapsto k(x) = f(x + a) + b$. Somit ist die Funktion $g_1 : \mathbb{R} \to \mathbb{R}, x \mapsto g_1(x)$ gegeben durch

$$g_1(x) = f(x + 2) + 1 = ((x + 2)^3 - 1) + 1 = (x + 2)^3, \qquad x \in \mathbb{R}.$$

(b) Wenn man den Graphen von f an der x-Achse spiegelt, so ändert sich nur das Vorzeichen der Funktionswerte. Somit ist die Funktion $g_2 : \mathbb{R} \to \mathbb{R}, x \mapsto g_2(x)$ gegeben durch

$$g_2(x) = -f(x) = -(x^3 - 1) = 1 - x^3, \qquad x \in \mathbb{R}.$$

(c) Wenn man den Graphen von f an der y-Achse spiegelt, so ändert sich nur das Vorzeichen des Arguments von f. Somit ist die Funktion $g_3 : \mathbb{R} \to \mathbb{R}$, $x \mapsto g_3(x)$ gegeben durch

$$g_3(x) = f(-x) = (-x)^3 - 1 = -x^3 - 1, \qquad x \in \mathbb{R}.$$

(d) Wenn man den Graphen von f an der Geraden $y = x$ spiegelt, so erhält man den Graphen der Umkehrfunktion f^{-1}. Es gilt

$$y = f^{-1}(x) \quad \Longleftrightarrow \quad f(y) = x \quad \Longleftrightarrow \quad y^3 - 1 = x \quad \Longleftrightarrow \quad y^3 = x + 1$$
$$\Longleftrightarrow \qquad\qquad\qquad\qquad\qquad y = \sqrt[3]{x + 1}.$$

Daher ist die Funktion $g_4 : \mathbb{R} \to \mathbb{R}$, $x \mapsto g_4(x)$ gegeben durch

$$g_4(x) = f^{-1}(x) = \sqrt[3]{x + 1}, \qquad x \in \mathbb{R}.$$

Aufgabe 11 Der Graph der Funktion $g : \mathbb{R} \to \mathbb{R}$, $x \mapsto g(x) = 4(x + 1)^2 + 1$ ist eine nach oben geöffnete Parabel mit dem Scheitelpunkt $S = (x_0, y_0) = (-1, 1)$. Somit ist g streng monoton fallend im Intervall $(-\infty, -1]$ und streng monoton wachsend im Intervall $[-1, \infty)$. Damit f injektiv ist, muss somit entweder $I \subset (-\infty, -1]$ oder $I \subset [-1, \infty)$ gelten. Da $0 \in I$ gelten und I möglichst groß sein soll, muss man $I := [-1, \infty)$ setzen. Dann ist f injektiv, da es dann streng monoton wachsend ist.

Alternativ kann man auch wie folgt vorgehen: Sei $I := [-1, \infty)$. Um zu zeigen, dass f injektiv ist, seien $x_1, x_2 \in I$ mit $f(x_1) = f(x_2)$. Dann gilt $4(x_1+1)^2+1 = 4(x_2+1)^2+1$, also auch $4(x_1 + 1)^2 = 4(x_2 + 1)^2$ und daher $(x_1 + 1)^2 = (x_2 + 1)^2$. Durch Wurzelziehen folgt $|x_1 + 1| = |x_2 + 1|$, und wegen $x_1 \geq -1$ und $x_2 \geq -1$ gilt daher $x_1 + 1 = x_2 + 1$. Somit gilt $x_1 = x_2$. Insgesamt ist nun gezeigt, dass f mit dieser Wahl von I injektiv ist.

Man kann kein größeres Intervall I wählen. Denn wenn I ein Intervall ist mit $[-1, \infty) \subset I$ und $[-1, \infty) \neq I$, dann gibt es ein $x_1 \in I$ mit $x_1 < -1$. Wegen $[-1, \infty) \subset I$ gilt dann auch $x_2 := -1 + (-1 - x_1) = -2 - x_1 \in I$, da $x_2 \geq -1$ wegen $x_1 < -1$ gilt. Wegen $x_1 \neq x_2$ und

$$f(x_2) = 4(x_2+1)^2+1 = 4(-1-x_1)^2+1 = 4(-(1+x_1))^2+1 = 4(1+x_1)^2+1 = f(x_1)$$

ist f mit dieser Wahl von I aber nicht injektiv.

Insgesamt haben wir nun auf zwei verschiedene Arten gezeigt, dass $I := [-1, \infty)$ gelten muss. Wegen $f(x) = 4(x + 1)^2 + 1 \geq 1$ folgt $\mathrm{Im}(f) \subset [1, \infty)$. Es gilt tatsächlich $\mathrm{Im}(f) = [1, \infty)$. Dies kann man wieder auf zwei Wegen begründen. Einerseits ist der Graph von f genau die rechte Hälfte des Graphen von g, also genau die rechte Hälfte einer nach oben geöffneten Parabel. Daher nimmt f alle Werte an, die mindestens so groß sind wie der Funktionswert 1 im Scheitelpunkt, also $\mathrm{Im}(f) = [1, \infty)$. Andererseits gilt für jedes $y \geq 1$ und $x \geq -1$:

$$y = f(x) \quad \Longleftrightarrow \quad y = 4(x+1)^2 + 1 \quad \Longleftrightarrow \quad y - 1 = 4(x+1)^2$$

$$\Longleftrightarrow \qquad\qquad\qquad \frac{y-1}{4} = (x+1)^2.$$

Wegen $y \geq 1$ ist dies äquivalent zu $\sqrt{\frac{y-1}{4}} = |x+1|$. Wegen $x \geq -1$ ist dies äquivalent

zu $\sqrt{\frac{y-1}{4}} = x + 1$, also $x = \sqrt{\frac{y-1}{4}} - 1$. Daher gibt es zu jedem $y \in [1, \infty)$ genau ein

$x \in [-1, \infty)$, nämlich $x = \sqrt{\frac{y-1}{4}} - 1$, sodass $f(x) = y$ gilt. Es folgt $\text{Im}(f) = [1, \infty)$.

Außerdem können wir durch obige Rechnung direkt die Umkehrfunktion f^{-1} angeben. Sie ist gegeben durch $f^{-1} : [1, \infty) \to [-1, \infty), x \mapsto f^{-1}(x) = \sqrt{\frac{x-1}{4}} - 1$.

Lösungen der Übungen Kapitel 2

Aufgabe 1

(a) (i) Man muss zunächst in Zähler und Nenner jeweils die höchste Potenz von n ausklammern. Dann folgt für alle $n \geq 1$

$$a_n = \frac{n^2 - 2n}{2n^3 + 3n^2 - 4} = \frac{n^2 \left(1 - \frac{2}{n}\right)}{n^3 \left(2 + \frac{3}{n} - \frac{4}{n^3}\right)} = \frac{1}{n} \cdot \frac{1 - \frac{2}{n}}{2 + \frac{3}{n} - \frac{4}{n^3}}.$$

Durch Verwendung der Rechenregeln für Grenzwerte erhält man daraus

$$\lim_{n\to\infty} a_n = \left(\lim_{n\to\infty} \frac{1}{n}\right) \cdot \left(\lim_{n\to\infty} \frac{1 - \frac{2}{n}}{2 + \frac{3}{n} - \frac{4}{n^3}}\right) = 0 \cdot \frac{1 - 0}{2 + 0 - 0} = 0 \cdot \frac{1}{2} = 0.$$

Also ist die Folge $(a_n)_{n\in\mathbb{N}}$ konvergent mit Grenzwert 0.

(ii) Es gilt

$$b_n = \begin{cases} 1 + \frac{1}{n+1}, & \text{falls } n \text{ gerade,} \\ -1 + \frac{1}{n+1}, & \text{falls } n \text{ ungerade.} \end{cases}$$

Wenn man nur die geraden n betrachtet, also $n = 2k$, $k \in \mathbb{N}$, so gilt mit den Rechenregeln für Grenzwerte

$$\lim_{k\to\infty} b_{2k} = \lim_{k\to\infty} \left(1 + \frac{1}{2k+1}\right) = 1 + 0 = 1.$$

Wenn man nur die ungeraden n betrachtet, also $n = 2k + 1$, $k \in \mathbb{N}$, so gilt mit den Rechenregeln für Grenzwerte

$$\lim_{k\to\infty} b_{2k+1} = \lim_{k\to\infty} \left(-1 + \frac{1}{2k+2}\right) = -1 + 0 = -1.$$

Die Teilfolge der geraden Indizes, also $(b_{2k})_{k \in \mathbb{N}}$, hat demnach einen anderen Grenzwert als die Teilfolge der ungeraden Indizes, also $(b_{2k+1})_{k \in \mathbb{N}}$. **Somit ist die Folge $(b_n)_{n \in \mathbb{N}}$ nicht konvergent.**

Alternativ kann man auch zeigen, dass Definition 1.14 nicht erfüllt ist. Angenommen, es gäbe ein $b \in \mathbb{R}$ mit $\lim\limits_{n \to \infty} b_n = b$. Dann gibt es nach Definition 1.14 zu $\varepsilon = \frac{1}{4}$ ein $n_0 \in \mathbb{N}$ mit

$$|b_n - b| \le \frac{1}{4} \qquad \text{für alle } n \ge n_0. \tag{A.1}$$

Im Fall $b \le 0$ gilt aber für jedes $k \in \mathbb{N}$

$$|b_{2k} - b| = \left| 1 + \frac{1}{2k+1} + |b| \right| = 1 + \frac{1}{2k+1} + |b| \ge 1 + 0 + 0 = 1,$$

was ein Widerspruch zu (A.1) für $k \ge \frac{n_0}{2}$ ist. Im Fall $b > 0$ gilt für jedes $k \in \mathbb{N}$

$$|b_{2k+1} - b| = \left| -1 + \frac{1}{2k+2} - |b| \right| = 1 - \frac{1}{2k+2} + |b| \ge 1 - \frac{1}{2} + 0 = \frac{1}{2},$$

was ein Widerspruch zu (A.1) für $k \ge \frac{n_0}{2}$ ist. Daher kann weder $b \le 0$ noch $b > 0$ gelten, sodass die Annahme falsch war und die Folge $(b_n)_{n \in \mathbb{N}}$ nicht konvergent ist.

(b) Man muss zunächst in Zähler und Nenner jeweils die höchste Potenz von n ausklammern. Dann folgt für alle $n \ge 1$

$$a_n = \frac{n^2}{n^2 + 1} = \frac{n^2}{n^2 \left(1 + \frac{1}{n^2} \right)} = \frac{1}{1 + \frac{1}{n^2}}.$$

Durch Verwendung der Rechenregeln für Grenzwerte erhält man daraus

$$\lim_{n \to \infty} a_n = \lim_{n \to \infty} \frac{1}{1 + \frac{1}{n^2}} = \frac{1}{1 + 0} = 1.$$

Es gilt also $a = 1$. Sei nun $\varepsilon > 0$ beliebig. Dann gilt für alle $n \in \mathbb{N}$

$$|a_n - a| = \left| \frac{n^2}{n^2 + 1} - 1 \right| = \left| \frac{n^2 - (n^2 + 1)}{n^2 + 1} \right| = \left| \frac{-1}{n^2 + 1} \right| = \frac{1}{n^2 + 1}.$$

Also gilt

$$|a_n - a| \le \varepsilon \iff \frac{1}{n^2 + 1} \le \varepsilon \iff \frac{1}{\varepsilon} \le n^2 + 1 \iff \frac{1}{\varepsilon} - 1 \le n^2. \tag{A.2}$$

Wegen $\frac{1}{\varepsilon} - 1 < 0$ im Fall $\varepsilon > 1$ definiert man nun

$$
n_0 := \begin{cases} \left[\sqrt{\frac{1}{\varepsilon} - 1}\right] + 1, & \text{falls } \varepsilon \in (0, 1], \\ 0, & \text{falls } \varepsilon > 1. \end{cases}
$$

Dabei ist für $x \in \mathbb{R}$ mit $x \geq 0$ die Zahl $[x] := \max\{n \in \mathbb{Z} \mid n \leq x\}$ der ganzzahlige Anteil von x (z. B. $[2] = 2$; $[2.3] = 2$; $[2.9] = 2$).

Mit dieser Definition von n_0 gilt $|a_n - a| \leq \varepsilon$ für alle $n \geq n_0$ wegen (A.2), da $n^2 \geq \frac{1}{\varepsilon} - 1$ für alle $n \geq n_0$ gilt.

Aufgabe 2

(a) Es gilt $a_n = b^n$, $n \in \mathbb{N}$, mit $b = \frac{1}{3}$. Wegen $|b| < 1$ gilt, dass die Folge $(a_n)_{n \in \mathbb{N}}$ konvergent ist mit $\lim_{n \to \infty} a_n = 0$.

(b) Man muss zunächst in Zähler und Nenner jeweils die höchste Potenz von n ausklammern. Dann folgt für alle $n \geq 1$

$$
b_n = \frac{2n^2 + 3}{3 - 2n} = \frac{n^2\left(2 + \frac{3}{n^2}\right)}{n\left(\frac{3}{n} - 2\right)} = n \cdot \frac{2 + \frac{3}{n^2}}{\frac{3}{n} - 2}.
$$

Durch Verwendung der Grenzwertsätze gilt

$$
\lim_{n \to \infty} \frac{2 + \frac{3}{n^2}}{\frac{3}{n} - 2} = \frac{2 + 0}{0 - 2} = -1 < 0.
$$

Wegen $\lim_{n \to \infty} n = +\infty$ gilt daher

$$
\lim_{n \to \infty} b_n = \lim_{n \to \infty} \left(n \cdot \frac{2 + \frac{3}{n^2}}{\frac{3}{n} - 2}\right) = -\infty.
$$

Eine andere Möglichkeit zu beweisen, dass $\lim_{n \to \infty} = -\infty$ gilt, ist die Verwendung von Definition 2.4. Sei dazu $K \in \mathbb{R}$ beliebig. Das Ziel ist zu zeigen, dass es ein $n_0 \in \mathbb{N}$ gibt mit $b_n \leq K$ für alle $n \geq n_0$. Es gilt für alle $n \geq 2$, dass $\frac{3}{n} - 2 < 0$ erfüllt ist. Somit folgt für alle $n \geq 2$

$$
b_n = n \cdot \frac{2 + \frac{3}{n^2}}{\frac{3}{n} - 2} \leq n \cdot \frac{2 + 0}{0 - 2} = -n.
$$

Also gilt $b_n \leq K$, falls $-n \leq K$, also falls $n \geq -K$ gilt. Somit gilt $b_n \leq K$ für alle $n \geq n_0$ mit $n_0 := \max\{2, [-K] + 1\}$. Daher folgt $\lim_{n \to \infty} b_n = -\infty$.

Die Folge $(b_n)_{n \in \mathbb{N}}$ divergiert also gegen $-\infty$.

(c) Man muss zunächst im zweiten Summanden in Zähler und Nenner jeweils die höchste Potenz von n ausklammern. Dann folgt für alle $n \geq 1$

$$
c_n = (-1)^n + \frac{3n^2 - 2n + 1}{n + 10} = (-1)^n + \frac{n^2\left(3 - \frac{2}{n} + \frac{1}{n^2}\right)}{n\left(1 + \frac{10}{n}\right)} = (-1)^n + n \cdot \frac{3 - \frac{2}{n} + \frac{1}{n^2}}{1 + \frac{10}{n}}.
$$

Also gilt für alle $n \geq 1$

$$c_n \geq -1 + n \cdot \frac{3 - 2 + 0}{1 + 10} = -1 + \frac{n}{11}.$$

Wir können nun zeigen, dass nach Definition 2.4 $\lim_{n \to \infty} c_n = +\infty$ gilt. Sei dazu $K \in \mathbb{R}$ beliebig. Dann gilt $c_n \geq K$, falls $-1 + \frac{n}{11} \geq K$ erfüllt ist. Dies gilt, falls $\frac{n}{11} \geq K + 1$, also falls $n \geq 11(K + 1)$ gilt. Somit gilt $c_n \geq K$ für alle $n \geq n_0$ mit $n_0 := [11(K + 1)] + 1$. Daher gilt $\lim_{n \to \infty} c_n = +\infty$. Die Folge $(c_n)_{n \in \mathbb{N}}$ divergiert also gegen $+\infty$.

(d) Es gilt für alle $n \geq 1$

$$d_n = \left(-\frac{1}{2}\right)^n \cdot \frac{5n^3 - 10n^2 + 3n - 6}{3n^3 - 1} = \left(-\frac{1}{2}\right)^n \cdot \frac{n^3 \left(5 - \frac{10}{n} + \frac{3}{n^2} - \frac{6}{n^3}\right)}{n^3 \left(3 - \frac{1}{n^3}\right)}$$

$$= \left(-\frac{1}{2}\right)^n \cdot \frac{5 - \frac{10}{n} + \frac{3}{n^2} - \frac{6}{n^3}}{3 - \frac{1}{n^3}}.$$

Wegen $\left|-\frac{1}{2}\right| = \frac{1}{2} < 1$ gilt $\lim_{n \to \infty} \left(-\frac{1}{2}\right)^n = 0$. Daher folgt mit den Grenzwertsätzen

$$\lim_{n \to \infty} d_n = \left(\lim_{n \to \infty} \left(-\frac{1}{2}\right)^n\right) \cdot \left(\lim_{n \to \infty} \frac{5 - \frac{10}{n} + \frac{3}{n^2} - \frac{6}{n^3}}{3 - \frac{1}{n^3}}\right) = 0 \cdot \frac{5 - 0 + 0 - 0}{3 - 0}$$

$$= 0 \cdot \frac{5}{3} = 0.$$

Die Folge $(d_n)_{n \in \mathbb{N}}$ ist also konvergent mit $\lim_{n \to \infty} d_n = 0$.

Aufgabe 3

(a) Es gilt $a_n = 5 \cdot \left(\frac{1}{4}\right)^n$, $n \in \mathbb{N}$. Wegen $\left|\frac{1}{4}\right| < 1$ folgt

$$\lim_{n \to \infty} a_n = \lim_{n \to \infty} 5 \cdot \left(\frac{1}{4}\right)^n = 5 \cdot 0 = 0.$$

Also gilt $a = 0$. Sei nun $\varepsilon > 0$ beliebig. Dann gilt für alle $n \in \mathbb{N}$

$$|a_n - a| \leq \varepsilon \iff \left|\frac{5}{4^n} - 0\right| \leq \varepsilon \iff \frac{5}{4^n} \leq \varepsilon \iff \frac{5}{\varepsilon} \leq 4^n$$

$$\iff \log_4\left(\frac{5}{\varepsilon}\right) \leq n.$$

Daher folgt $|a_n - a| \leq \varepsilon$ für alle $n \geq n_0$ mit $n_0 := \left[\log_4\left(\frac{5}{\varepsilon}\right)\right] + 1$.

(b) Man muss zunächst in Zähler und Nenner jeweils die höchste Potenz von n ausklammern. Dann folgt für alle $n \geq 1$

$$a_n = \frac{3n^2 - n + 9}{2n^2 + 6} = \frac{n^2\left(3 - \frac{1}{n} + \frac{9}{n^2}\right)}{n^2\left(2 + \frac{6}{n^2}\right)} = \frac{3 - \frac{1}{n} + \frac{9}{n^2}}{2 + \frac{6}{n^2}}.$$

Durch Verwendung der Rechenregeln für Grenzwerte erhält man daraus

$$\lim_{n \to \infty} a_n = \lim_{n \to \infty} \frac{3 - \frac{1}{n} + \frac{9}{n^2}}{2 + \frac{6}{n^2}} = \frac{3 - 0 + 0}{2 + 0} = \frac{3}{2}.$$

Es gilt also $a = \frac{3}{2}$. Sei nun $\varepsilon > 0$ beliebig. Dann gilt für alle $n \geq 1$

$$|a_n - a| = \left| \frac{3n^2 - n + 9}{2n^2 + 6} - \frac{3}{2} \right| = \left| \frac{3n^2 - n + 9 - 3(n^2 + 3)}{2(n^2 + 3)} \right| = \left| \frac{-n}{2(n^2 + 3)} \right|$$

$$= \frac{n}{2n^2 + 6} \leq \frac{n}{2n^2 + 0} = \frac{1}{2n}.$$

Somit gilt $|a_n - a| \leq \varepsilon$, falls $\frac{1}{2n} \leq \varepsilon$, also $\frac{1}{2\varepsilon} \leq n$ erfüllt ist. Daher folgt $|a_n - a| \leq \varepsilon$ für alle $n \geq n_0$ mit $n_0 := \left[\frac{1}{2\varepsilon}\right] + 1$.

Aufgabe 4 Um zu beweisen, dass $\lim_{n \to \infty}(x_n + y_n) = a + b$ gilt, gehen wir in folgenden Schritten vor:

Es sei $\varepsilon > 0$ beliebig.

(i)   Da $(x_n)_{n \in \mathbb{N}}$ konvergent ist mit $\lim_{n \to \infty} x_n = a$ und $\frac{\varepsilon}{2} > 0$ gilt, gibt es nach Definition 2.2 ein $n_1 \in \mathbb{N}$ mit $|x_n - a| \leq \frac{\varepsilon}{2}$ für alle $n \geq n_1$.
Da außerdem $(y_n)_{n \in \mathbb{N}}$ konvergent ist mit $\lim_{n \to \infty} y_n = b$ und $\frac{\varepsilon}{2} > 0$ gilt, gibt es nach Definition 2.2 ein $n_2 \in \mathbb{N}$ mit $|y_n - b| \leq \frac{\varepsilon}{2}$ für alle $n \geq n_2$. (Es kann durchaus $n_1 \neq n_2$ gelten.)

(ii)   Wir definieren nun $n_0 := \max\{n_1, n_2\}$. Dann ist $n_0 \in \mathbb{N}$, und es gilt weiterhin:

$|x_n - a| \leq \frac{\varepsilon}{2}$ für alle $n \geq n_0$ ist nach (i) erfüllt, da wegen $n_0 \geq n_1$ die Bedingung $n \geq n_1$ für alle $n \geq n_0$ erfüllt ist.

$|y_n - b| \leq \frac{\varepsilon}{2}$ für alle $n \geq n_0$ ist nach (i) erfüllt, da wegen $n_0 \geq n_2$ die Bedingung $n \geq n_2$ für alle $n \geq n_0$ erfüllt ist.

Somit sind alle geforderten Bedingungen erfüllt.

(iii)   Es gilt für alle $n \in \mathbb{N}$

$$|(x_n + y_n) - (a + b)| = |x_n + y_n - a - b| = |(x_n - a) + (y_n - b)|.$$

Mit $r := x_n - a$ und $s := y_n - b$ gilt wegen der Dreiecksungleichung $|r+s| \leq |r|+|s|$ die Ungleichung

$$|(x_n + y_n) - (a+b)| = |(x_n - a) + (y_n - b)| \leq |x_n - a| + |y_n - b| \qquad \text{für alle } n \in \mathbb{N}.$$

Somit gilt wegen (ii) für alle $n \geq n_0$

$$|(x_n + y_n) - (a+b)| \leq |x_n - a| + |y_n - b| \leq \frac{\varepsilon}{2} + \frac{\varepsilon}{2} = \varepsilon.$$

Da $\varepsilon > 0$ beliebig war, ist somit nach Definition 2.2 die Folge $(x_n + y_n)_{n \in \mathbb{N}}$ konvergent mit $\lim_{n \to \infty}(x_n + y_n) = a + b$.

Aufgabe 5

(a) Durch Verwendung der Rechenregeln für Grenzwerte gilt

$$\lim_{x \nearrow 0} f(x) = \lim_{x \nearrow 0} \frac{x}{x^2 + 1} = \frac{\lim_{x \nearrow 0} x}{\lim_{x \nearrow 0}(x^2 + 1)} = \frac{0}{0 + 1} = \frac{0}{1} = 0.$$

Ebenso folgt

$$\lim_{x \searrow 0} f(x) = \lim_{x \searrow 0} \frac{x}{x^2 + 1} = \frac{\lim_{x \searrow 0} x}{\lim_{x \searrow 0}(x^2 + 1)} = \frac{0}{0 + 1} = \frac{0}{1} = 0.$$

(b) Durch Verwendung der Rechenregeln für Grenzwerte gilt

$$\lim_{x \nearrow 0} f(x) = \lim_{x \nearrow 0} \frac{x^2 + 1}{x - 5} = \frac{\lim_{x \nearrow 0}(x^2 + 1)}{\lim_{x \nearrow 0}(x - 5)} = \frac{0 + 1}{0 - 5} = -\frac{1}{5}.$$

Weiter gilt

$$f(x) = \frac{x + 1}{x} = 1 + \frac{1}{x} \qquad \text{für alle } x > 0.$$

Wegen $\lim_{x \searrow 0} \frac{1}{x} = +\infty$ und $f(x) = 1 + \frac{1}{x} \geq \frac{1}{x}$ für alle $x > 0$ gilt daher auch $\lim_{x \searrow 0} f(x) = +\infty$.

Aufgabe 6

(a) Wir überprüfen zuerst, ob $\lim_{x \to 0} f(x)$ existiert. Indem wir in Zähler und Nenner jeweils die kleinste Potenz von x ausklammern, ergibt sich für $x \neq 0$

$$f(x) = \frac{3x^2 + 5x}{2x} = \frac{x(3x + 5)}{2x} = \frac{3x + 5}{2}.$$

Also folgt mit den Rechenregeln für Grenzwerte

$$\lim_{x \to 0} f(x) = \lim_{x \to 0} \frac{3x + 5}{2} = \frac{0 + 5}{2} = \frac{5}{2}.$$

Wegen $f(0) = \frac{5}{2}$ gilt daher $\lim_{x \to 0} f(x) = f(0)$. Daher ist f nach Definition 2.7 stetig in $a = 0$.

(b) Es gilt $f(0) = \sin(0) = 0$. Außerdem gilt mit den Rechenregeln für Grenzwerte

$$\lim_{x \nearrow 0} f(x) = \lim_{x \nearrow 0} \frac{5x^3 + 2}{x - 1} = \frac{0 + 2}{0 - 1} = -2.$$

Also gilt $\lim_{x \nearrow 0} f(x) \neq f(0)$. Daher ist f nicht stetig in $a = 0$, da $\lim_{x \to 0} f(x) = f(0)$ nicht erfüllt ist.

(Man kann auch zeigen, dass f in $a = 0$ nicht stetig ist, indem man zeigt, dass $\lim_{x \to 0} f(x)$ nicht existiert. Die Funktion $g : \mathbb{R} \to \mathbb{R}$, $x \mapsto \sin(x)$ ist stetig in jedem $a \in \mathbb{R}$. Somit gilt

$$\lim_{x \searrow 0} f(x) = \lim_{x \searrow 0} \sin(x) = \sin(0) = 0,$$

sodass $\lim_{x \searrow 0} f(x) \neq \lim_{x \nearrow 0} f(x)$ gilt. Daher ist f in $a = 0$ nicht stetig, da $\lim_{x \to 0} f(x)$ nicht existiert.)

Aufgabe 7 Wir wollen zeigen, dass f in jedem $a \in [0, \infty)$ stetig ist. Dazu gehen wir in den folgenden Schritten vor:

(i) Es seien $x, y \in [0, \infty)$ mit $x \geq y$. Wir wollen zeigen, dass $\sqrt{x} - \sqrt{y} \leq \sqrt{x - y}$ gilt.

Wegen $x \geq y \geq 0$ gilt $\sqrt{x} - \sqrt{y} \geq 0$ und $\sqrt{x - y} \geq 0$. Somit ist das Quadrieren der Ungleichung eine Äquivalenzumformung, sodass folgt:

$$
\begin{aligned}
\sqrt{x} - \sqrt{y} \leq \sqrt{x - y} \quad &\Longleftrightarrow \quad (\sqrt{x} - \sqrt{y})^2 \leq (\sqrt{x - y})^2 \\
&\Longleftrightarrow \quad x - 2\sqrt{x}\sqrt{y} + y \leq x - y \\
&\Longleftrightarrow \quad 2y \leq 2\sqrt{x}\sqrt{y} \\
&\Longleftrightarrow \quad y \leq \sqrt{x}\sqrt{y}.
\end{aligned}
\tag{A.3}
$$

Im Fall $y = 0$ gilt $y = 0 = \sqrt{x}\sqrt{y}$, also ist dann $y \leq \sqrt{x}\sqrt{y}$ erfüllt. Im Fall $y > 0$ ist $y \leq \sqrt{x}\sqrt{y}$ äquivalent zu $\sqrt{y} \leq \sqrt{x}$ (indem man durch $\sqrt{y}$ teilt). Wegen $x \geq y$ gilt auch $\sqrt{y} \leq \sqrt{x}$ und daher auch $y \leq \sqrt{x}\sqrt{y}$ im Fall $y > 0$. Somit gilt für $x \geq y \geq 0$ die Ungleichung $y \leq \sqrt{x}\sqrt{y}$. Wegen (A.3) ist daher auch $\sqrt{x} - \sqrt{y} \leq \sqrt{x - y}$ für $x, y \in [0, \infty)$ mit $x \geq y$ erfüllt.

(ii) Seien $x, y \in [0, \infty)$. Wir wollen zeigen, dass $|\sqrt{x} - \sqrt{y}| \leq \sqrt{|x - y|}$ gilt. Wir unterscheiden dazu zwei Fälle. Es gilt entweder $x \geq y$ oder $x < y$. Im Fall $x \geq y$ gilt $\sqrt{x} - \sqrt{y} \leq \sqrt{x - y}$ nach (i). Wegen $x \geq y$ gilt $\sqrt{x} - \sqrt{y} \geq 0$ und $x - y \geq 0$. Somit folgt $\sqrt{x} - \sqrt{y} = |\sqrt{x} - \sqrt{y}|$ und $x - y = |x - y|$. Somit gilt im Fall $x \geq y$ die Ungleichung

$$|\sqrt{x} - \sqrt{y}| = \sqrt{x} - \sqrt{y} \leq \sqrt{x - y} = \sqrt{|x - y|}.$$

Im Fall $x < y$ kann man (i) wie folgt verwenden: Es gilt $y, x \in [0, \infty)$ mit $y \geq x$. Somit gilt nach (i) (indem man die Rollen von x und y vertauscht) $\sqrt{y} - \sqrt{x} \leq \sqrt{y - x}$. Wegen $x < y$ gilt $\sqrt{x} - \sqrt{y} \leq 0$ und $x - y \leq 0$. Somit folgt $-(\sqrt{x} - \sqrt{y}) = |\sqrt{x} - \sqrt{y}|$ und $-(x - y) = |x - y|$. Somit gilt im Fall $x < y$ die Ungleichung

$$|\sqrt{x} - \sqrt{y}| = -(\sqrt{x} - \sqrt{y}) = \sqrt{y} - \sqrt{x} \leq \sqrt{y - x} = \sqrt{-(x - y)} = \sqrt{|x - y|}.$$

In beiden Fällen gilt daher $|\sqrt{x} - \sqrt{y}| \leq \sqrt{|x - y|}$, sodass wir die gewünschte Ungleichung bewiesen haben.

(iii) Es sei nun $a \in [0, \infty)$ beliebig. Wir wollen zeigen, dass f in a stetig ist. Sei weiterhin $\varepsilon > 0$ beliebig. Wir müssen nun ein $\delta > 0$ finden, sodass für alle $x \in [0, \infty)$ mit $|x - a| < \delta$ gilt: $|f(x) - f(a)| < \varepsilon$. Dazu sei $\delta > 0$ und $x \in [0, \infty)$ mit $|x - a| < \delta$. Dann gilt nach (ii)

$$|f(x) - f(a)| = |\sqrt{x} - \sqrt{a}| \leq \sqrt{|x - a|} < \sqrt{\delta}. \qquad \text{(A.4)}$$

Es gilt also $|f(x) - f(a)| < \varepsilon$, falls $\sqrt{\delta} \leq \varepsilon$ erfüllt ist. Da $\sqrt{\delta} \leq \varepsilon$ äquivalent ist zu $\delta \leq \varepsilon^2$ (wegen $\delta > 0$ und $\varepsilon > 0$), kann man $\delta := \varepsilon^2$ wählen. Dann gilt nach (A.4) für alle $x \in [0, \infty)$ mit $|x - a| < \delta$

$$|f(x) - f(a)| < \sqrt{\delta} = \sqrt{\varepsilon^2} = \varepsilon,$$

sodass f nach Definition 2.7 stetig in a ist. Da $a \in [0, \infty)$ beliebig war, ist f somit stetig in jedem $a \in [0, \infty)$.

Aufgabe 8

(a) Da f und g stetig in a sind, gilt nach Definition 2.7 $\lim_{x \to a} f(x) = f(a)$ und $\lim_{x \to a} g(x) = g(a)$. Um zu zeigen, dass $f \cdot g$ stetig in a ist, müssen wir zeigen, dass $\lim_{x \to a} (f \cdot g)(x) = (f \cdot g)(a)$ gilt.

Es gilt $(f \cdot g)(x) = f(x) \cdot g(x)$. Somit gilt mit den Rechenregeln für Grenzwerte

$$\lim_{x \to a}(f \cdot g)(x) = \lim_{x \to a}(f(x) \cdot g(x)) = \left(\lim_{x \to a} f(x)\right) \cdot \left(\lim_{x \to a} g(x)\right) = f(a) \cdot g(a)$$
$$= (f \cdot g)(a),$$

wobei wir die oben begründeten Gleichungen $\lim_{x \to a} f(x) = f(a)$ und $\lim_{x \to a} g(x) = g(a)$ verwendet haben. Wegen $\lim_{x \to a}(f \cdot g)(x) = (f \cdot g)(a)$ ist $f \cdot g$ nach Definition 2.7 stetig in a.

(b) Da f stetig in a und g stetig in $b = f(a)$ ist, gilt nach Definition 2.7 $\lim_{x \to a} f(x) = f(a)$ und $\lim_{y \to b} g(y) = g(b)$. Um zu zeigen, dass $g \circ f$ stetig in a ist, müssen wir zeigen, dass $\lim_{x \to a}(g \circ f)(x) = (g \circ f)(a)$ gilt.

Nach Definition 2.5 müssen wir zeigen, dass für jede Folge $(x_n)_{n \in \mathbb{N}}$ mit $x_n \in D$ für alle $n \in \mathbb{N}$ und $\lim_{n \to \infty} x_n = a$ gilt: $\lim_{n \to \infty}(g \circ f)(x_n) = (g \circ f)(a)$.

Dabei gilt $(g \circ f)(x) = g(f(x))$ für $x \in D$.

Sei nun $(x_n)_{n \in \mathbb{N}}$ eine Folge mit $x_n \in D$ für alle $n \in \mathbb{N}$ und $\lim_{n \to \infty} x_n = a$. Dann gilt $\lim_{n \to \infty} f(x_n) = f(a)$ nach Definition 2.5, da $\lim_{x \to a} f(x) = f(a)$ wegen der Stetigkeit von f in a gilt. Also ist mit $y_n := f(x_n)$, $n \in \mathbb{N}$, die Folge $(y_n)_{n \in \mathbb{N}}$ eine Folge mit $y_n \in E$ für alle $n \in \mathbb{N}$ und $\lim_{n \to \infty} y_n = f(a) = b$. Somit gilt $\lim_{n \to \infty} g(y_n) = g(b)$ nach Definition 2.5, da $\lim_{y \to b} g(y) = g(b)$ wegen der Stetigkeit von g in b gilt. Also gilt

$$\lim_{n \to \infty}(g \circ f)(x_n) = \lim_{n \to \infty} g(f(x_n)) = \lim_{n \to \infty} g(y_n) = g(b) = g(f(a)) = (g \circ f)(a).$$

Wir haben also gezeigt, dass für jede Folge $(x_n)_{n \in \mathbb{N}}$ mit $x_n \in D$ für alle $n \in \mathbb{N}$ und $\lim_{n \to \infty} x_n = a$ gilt: $\lim_{n \to \infty}(g \circ f)(x_n) = (g \circ f)(a)$. Nach Definition 2.5 gilt also $\lim_{x \to a}(g \circ f)(x) = (g \circ f)(a)$. Somit ist $g \circ f$ nach Definition 2.7 stetig in a.

(Der gerade gezeigte Beweis ist eine ausführliche Begründung dafür, dass man auch folgenden kürzeren Beweis der Stetigkeit von $g \circ f$ in a geben kann:

Da f stetig in a und g stetig in $b = f(a)$ ist, gilt nach Definition 2.7 $\lim_{x \to a} f(x) = f(a) = b$ und $\lim_{y \to b} g(y) = g(b)$. Wegen $\lim_{x \to a} f(x) = b$ gilt daher

$$\lim_{x \to a}(g \circ f)(x) = \lim_{x \to a} g(f(x)) = \lim_{y \to b} g(y) = g(b) = g(f(a)) = (g \circ f)(a).$$

Somit ist $g \circ f$ nach Definition 2.7 stetig in a.)

Aufgabe 9 Da f ein Polynom ist, ist f stetig in jedem $a \in \mathbb{R}$, also ist f insbesondere stetig auf $[0, 3]$. Nun gilt

$$f(0) = 0 - 0 + 96 = 96 > 0 \qquad \text{und} \qquad f(3) = 81 - 192 + 96 = -15 < 0.$$

Nach dem Zwischenwertsatz nimmt f in $[0, 3]$ daher jeden Wert zwischen $f(3) = -15$ und $f(0) = 96$ an. Somit gibt es wegen $0 \in [-15, 96]$ ein $p \in [0, 3]$ mit $f(p) = 0$, also eine Nullstelle von f. Daher hat f mindestens eine Nullstelle in $[0, 3]$.

Nun gilt

$$f\left(\frac{3}{2}\right) = \frac{81}{16} - 64 \cdot \frac{3}{2} + 96 = \frac{81}{16} = 5{,}0625 > 0.$$

Da f stetig auf $[\frac{3}{2}, 3]$ ist und $f(\frac{3}{2}) > 0$ und $f(3) < 0$ gilt, hat f nach dem Zwischenwertsatz mindestens eine Nullstelle in $[\frac{3}{2}, 3]$, da f jeden Wert zwischen $f(3)$ und $f(\frac{3}{2})$ annimmt. Es gibt also $p \in [\frac{3}{2}, 3]$ mit $f(p) = 0$. Da wie in der Aufgabenstellung angegeben, f nicht mehr als eine Nullstelle im Intervall $[0, 3]$ hat, hat f eine Nullstelle im Intervall $[\frac{3}{2}, 3]$, aber keine Nullstelle im Intervall $[0, \frac{3}{2}]$.

Lösungen der Übungen Kapitel 3

Aufgabe 1
(a) Es gilt $\lim_{x \to a} \frac{f(x)-f(a)}{x-a} = f'(a)$ d. h. $\lim_{x \to a} \varepsilon(x) = 0$.
(b) Es gilt $\frac{f(x)-f(a)}{x-a} = f'(a) + \varepsilon(x) \Leftrightarrow f(x) = f(a) + (x-a)(f'(a) + \varepsilon(x)) \to f(a)$, wenn $x \to a$.

Aufgabe 2
(a) Es gilt $f(x) = \frac{g(x)}{h(x)}$ mit $g(x) := x^3 + 2$ und $h(x) := 2x^2 + 1$ für $x \in \mathbb{R}$. Weiter gilt $g(x) = g_1(x) + g_2(x)$ mit $g_1(x) = x^3$ und $g_2(x) = 2$ sowie $h(x) = h_1(x) + h_2(x)$ mit $h_1(x) = 2x^2$ und $h_2(x) = 1$ für $x \in \mathbb{R}$. Die Ableitung der Funktion x^n ist die Funktion nx^{n-1} für $n \in \mathbb{N}$. Also gilt nach den Rechenregeln für Ableitungen für $x \in \mathbb{R}$

$$\begin{aligned} g'(x) &= g_1'(x) + g_2'(x) = 3x^2 + 0 = 3x^2 \quad \text{und} \\ h'(x) &= h_1'(x) + h_2'(x) = 2 \cdot 2x + 0 = 4x. \end{aligned} \tag{A.5}$$

Wegen $h(x) \neq 0$ für $x \in \mathbb{R}$ folgt nun mit der Quotientenregel für $x \in \mathbb{R}$:

$$\begin{aligned} f'(x) &= \left(\frac{g}{h}\right)'(x) = \frac{g'(x)h(x) - g(x)h'(x)}{(h(x))^2} = \frac{3x^2 \cdot (2x^2 + 1) - (x^3 + 2) \cdot 4x}{(2x^2 + 1)^2} \\ &= \frac{6x^4 + 3x^2 - 4x^4 - 8x}{(2x^2 + 1)^2} = \frac{2x^4 + 3x^2 - 8x}{(2x^2 + 1)^2}. \end{aligned}$$

(b) Es gilt $f(x) = g(x) \cdot h(x)$ mit $g(x) = x^3$ und $h(x) = \sin(x)$ für $x \in \mathbb{R}$. Es gilt $g'(x) = 3x^2$ und $h'(x) = \cos(x)$ für $x \in \mathbb{R}$. Daher folgt mit der Produktregel für $x \in \mathbb{R}$

$$f'(x) = (g \cdot h)'(x) = g'(x) \cdot h(x) + g(x) \cdot h'(x) = 3x^2 \sin(x) + x^3 \cos(x).$$

(c) Es gilt $f(x) = g(h(x))$ mit $g(x) = \cos(x)$ und $h(x) = x^2 + 1$ für $x \in \mathbb{R}$. Es gilt $g'(x) = -\sin(x)$ und $h'(x) = 2x + 0 = 2x$ für $x \in \mathbb{R}$, wobei h' wie in (A.5) berechnet wird. Somit folgt mit der Kettenregel für $x \in \mathbb{R}$

$$f'(x) = (g \circ h)'(x) = g'(h(x)) \cdot h'(x) = -\sin(x^2 + 1) \cdot 2x = -2x \cdot \sin(x^2 + 1).$$

(d) Es gilt $f(x) = f_1(x) + f_2(x) + f_3(x) + f_4(x)$ mit $f_1(x) = 5x^3$, $f_2(x) = 4x^2$, $f_3(x) = 3x$ und $f_4(x) = 2$ für $x \in \mathbb{R}$. Mit den Rechenregeln für Ableitungen gilt für $x \in \mathbb{R}$

$$f'(x) = f_1'(x) + f_2'(x) + f_3'(x) + f_4'(x) = 5 \cdot 3x^2 + 4 \cdot 2x + 3 \cdot 1 + 0 = 15x^2 + 8x + 3.$$

Aufgabe 3

(a) Es gilt $f(x) = g(x) \cdot h(x)$ mit $g(x) = \sin(x)$ und $h(x) = e^{3x^2+4}$ für $x \in \mathbb{R}$. Es gilt $g'(x) = \cos(x)$ für $x \in \mathbb{R}$. Weiter gilt $h(x) = j(k(x))$ mit $j(x) = e^x$ und $k(x) = 3x^2 + 4$ für $x \in \mathbb{R}$. Es gilt $k'(x) = 3 \cdot 2x + 0 = 6x$ sowie $j'(x) = e^x$ für $x \in \mathbb{R}$. Daher folgt mit der Kettenregel für $x \in \mathbb{R}$

$$h'(x) = (j \circ k)'(x) = j'(k(x)) \cdot k'(x) = e^{3x^2+4} \cdot 6x.$$

Somit folgt mit der Produktregel für $x \in \mathbb{R}$

$$\begin{aligned}
f'(x) &= (g \cdot h)'(x) = g'(x) \cdot h(x) + g(x) \cdot h'(x) \\
&= \cos(x) \cdot e^{3x^2+4} + \sin(x) \cdot e^{3x^2+4} \cdot 6x = (\cos(x) + 6x \cdot \sin(x)) \, e^{3x^2+4}.
\end{aligned}$$

(b) Es gilt $f(x) = g(x) \cdot h(x)$ mit $g(x) = 4x^6$ und $h(x) = \log(x^3)$ für $x \in (0, \infty)$. Es gilt $g'(x) = 4 \cdot 6x^5 = 24x^5$ für $x \in (0, \infty)$. Weiter gilt $h(x) = j(k(x))$ mit $j(x) = \log(x)$ und $k(x) = x^3$ für $x \in (0, \infty)$. Es gilt $k'(x) = 3x^2$ sowie $j'(x) = \frac{1}{x}$ für $x \in (0, \infty)$. Daher folgt mit der Kettenregel für $x \in (0, \infty)$

$$h'(x) = (j \circ k)'(x) = j'(k(x)) \cdot k'(x) = \frac{1}{x^3} \cdot 3x^2 = \frac{3}{x}.$$

Somit folgt mit der Produktregel für $x \in (0, \infty)$

$$\begin{aligned}
f'(x) &= (g \cdot h)'(x) = g'(x) \cdot h(x) + g(x) \cdot h'(x) = 24x^5 \cdot \log(x^3) + 4x^6 \cdot \frac{3}{x} \\
&= 24x^5 \cdot \log(x^3) + 12x^5.
\end{aligned}$$

Aufgabe 4

(a) Die kritischen Punkte der Funktion f sind die $x \in \mathbb{R}$, die $f'(x) = 0$ erfüllen. Es gilt nun (wie in Aufgabe 2(d)) für $x \in \mathbb{R}$

$$f'(x) = 3x^2 + 6 \cdot 2x + 9 \cdot 1 + 0 = 3x^2 + 12x + 9 = 3(x^2 + 4x + 3).$$

Die kritischen Punkte sind also die Lösungen der Gleichung $x^2 + 4x + 3 = 0$. Die Lösungen dieser Gleichung sind

$$x_{1,2} = -\frac{4}{2} \pm \sqrt{\left(\frac{4}{2}\right)^2 - 3} = -2 \pm \sqrt{4 - 3} = -2 \pm 1.$$

Die kritischen Punkte der Funktion f sind also

$$x_1 = -1 \qquad \text{und} \qquad x_2 = -3.$$

Um zu untersuchen, ob f in den kritischen Punkten ein lokales Maximum oder lokales Minimum annimmt, müssen wir f'' berechnen. Es gilt für $x \in \mathbb{R}$

$$f''(x) = 3 \cdot 2x + 12 \cdot 1 + 0 = 6x + 12.$$

Somit folgt

$$f''(x_1) = 6 \cdot (-1) + 12 = 6 > 0 \qquad \text{und} \qquad f''(x_2) = 6 \cdot (-3) + 12 = -6 < 0.$$

Nach Satz 3.8 nimmt daher f in $x_1 = -1$ ein lokales Minimum und in $x_2 = -3$ ein lokales Maximum an.

(b) Die kritischen Punkte der Funktion f sind die $x \in \mathbb{R}$, die $f'(x) = 0$ erfüllen. Es gilt $f(x) = \frac{g(x)}{h(x)}$ mit $g(x) = x$ und $h(x) = x^2 + 1$ für $x \in \mathbb{R}$. Es gilt $g'(x) = 1$ und $h'(x) = 2x + 0 = 2x$ für $x \in \mathbb{R}$. Wegen $h(x) \neq 0$ für $x \in \mathbb{R}$ folgt mit der Quotientenregel für $x \in \mathbb{R}$

$$\begin{aligned}
f'(x) = \left(\frac{g}{h}\right)'(x) &= \frac{g'(x)h(x) - g(x)h'(x)}{(h(x))^2} \\
&= \frac{1 \cdot (x^2 + 1) - x \cdot 2x}{(x^2 + 1)^2} = \frac{x^2 + 1 - 2x^2}{(x^2 + 1)^2} = \frac{1 - x^2}{(x^2 + 1)^2}.
\end{aligned}$$

Die kritischen Punkte sind also die Lösungen der Gleichung $1 - x^2 = 0$. Daher sind die kritischen Punkte der Funktion f

$$x_1 = 1 \qquad \text{und} \qquad x_2 = -1.$$

Um zu untersuchen, ob f in den kritischen Punkten ein lokales Maximum oder lokales Minimum annimmt, müssen wir f'' berechnen. Es gilt $f'(x) = \frac{j(x)}{k(x)}$ mit $j(x) = 1 - x^2$ und $k(x) = (x^2 + 1)^2 = x^4 + 2x^2 + 1$ für $x \in \mathbb{R}$. Es gilt $j'(x) = 0 - 2x = -2x$ und $h'(x) = 4x^3 + 2 \cdot 2x + 0 = 4x^3 + 4x$ für $x \in \mathbb{R}$. Wegen $k(x) \neq 0$ für $x \in \mathbb{R}$ folgt mit der Quotientenregel für $x \in \mathbb{R}$

$$\begin{aligned}
f''(x) = \left(\frac{j}{k}\right)'(x) &= \frac{j'(x)k(x) - j(x)k'(x)}{(k(x))^2} \\
&= \frac{2x \cdot (x^2 + 1)^2 - (1 - x^2) \cdot (4x^3 + 4x)}{(x^2 + 1)^4}.
\end{aligned}$$

Somit folgt

$$f''(x_1) = f''(1) = \frac{-2 \cdot 2^2 - 0}{2^4} = \frac{-8}{16} = -\frac{1}{2} < 0,$$

$$f''(x_2) = f''(-1) = \frac{2 \cdot 2^2 - 0}{2^4} = \frac{8}{16} = \frac{1}{2} > 0.$$

Nach Satz 3.8 nimmt daher f in $x_1 = 1$ ein lokales Maximum und in $x_2 = -1$ ein lokales Minimum an.

Aufgabe 5 Wegen $e^{-x^2} > 0$ für alle $x \in [0, \infty)$ gilt offenbar $f(0) = 0$ und $f(x) > 0$ für alle $x \in (0, \infty)$. Somit folgt

$$m := \min\{f(x) \mid x \in [0, \infty)\} = 0,$$

und $y = 0$ ist das einzige $y \in [0, \infty)$, das $f(y) = m$ erfüllt.

Um das absolute Maximum von f zu bestimmen, berechnen wir zunächst die Ableitung f'. Es gilt $f(x) = g(x) \cdot h(x)$ mit $g(x) = x$ und $h(x) = e^{-x^2}$ für $x \in [0, \infty)$. Es gilt $g'(x) = 1$ für $x \in [0, \infty)$. Weiter gilt $h(x) = j(k(x))$ mit $j(x) = e^x$ und $k(x) = -x^2$ für $x \in [0, \infty)$. Es gilt $k'(x) = -2x$ sowie $j'(x) = e^x$ für $x \in [0, \infty)$. Daher folgt mit der Kettenregel für $x \in [0, \infty)$

$$h'(x) = (j \circ k)'(x) = j'(k(x)) \cdot k'(x) = e^{-x^2} \cdot (-2x).$$

Somit folgt mit der Produktregel für $x \in [0, \infty)$

$$f'(x) = (g \cdot h)'(x) = g'(x) \cdot h(x) + g(x) \cdot h'(x) = 1 \cdot e^{-x^2} + x \cdot e^{-x^2} \cdot (-2x)$$
$$= \left(1 - 2x^2\right) e^{-x^2}.$$

Wegen $e^{-x^2} > 0$ für alle $x \in [0, \infty)$ gilt daher

$$f'(x) = 0 \quad \Longleftrightarrow \quad 1 - 2x^2 = 0 \quad \Longleftrightarrow \quad \frac{1}{2} = x^2.$$

Somit ist also $x_1 = \frac{1}{\sqrt{2}}$ das einzige $x \in [0, \infty)$ mit $f'(x) = 0$, sodass

$$x_1 = \frac{1}{\sqrt{2}}$$

der einzige kritische Punkt von f ist. Wir zeigen nun, dass f in x_1 sein absolutes Maximum annimmt. Mit der dritten binomischen Formel gilt für $x \in [0, \infty)$

$$f'(x) = \left(1 - 2x^2\right) e^{-x^2} = 2\left(\frac{1}{2} - x^2\right) e^{-x^2} = 2\left(\left(\frac{1}{\sqrt{2}}\right)^2 - x^2\right) e^{-x^2}$$

$$= 2\left(\frac{1}{\sqrt{2}} - x\right)\left(\frac{1}{\sqrt{2}} + x\right) e^{-x^2}.$$

Wegen $\left(\frac{1}{\sqrt{2}} + x\right) e^{-x^2} > 0$ für alle $x \in [0, \infty)$ folgt daher

$$f'(x) > 0 \quad \text{für } x \in \left[0, \frac{1}{\sqrt{2}}\right) \qquad \text{und} \qquad f'(x) < 0 \quad \text{für } x \in \left(\frac{1}{\sqrt{2}}, \infty\right).$$

Somit ist f nach Satz 3.7 streng monoton steigend auf $[0, \frac{1}{\sqrt{2}}]$ und streng monoton fallend auf $[\frac{1}{\sqrt{2}}, \infty)$. Daher gilt

$$f(x) < f\left(\frac{1}{\sqrt{2}}\right) \quad \text{für } x \in \left[0, \frac{1}{\sqrt{2}}\right) \qquad \text{und}$$

$$f\left(\frac{1}{\sqrt{2}}\right) > f(x) \quad \text{für } x \in \left(\frac{1}{\sqrt{2}}, \infty\right).$$

Also folgt $f(\frac{1}{\sqrt{2}}) > f(x)$ für alle $x \in [0, \infty)$ mit $x \neq \frac{1}{\sqrt{2}}$. Es folgt

$$M := \max\{f(x) \mid x \in [0, \infty)\} = f\left(\frac{1}{\sqrt{2}}\right) = \frac{1}{\sqrt{2}} \cdot e^{-\frac{1}{2}} = \frac{1}{\sqrt{2}} \cdot \frac{1}{\sqrt{e}} = \frac{1}{\sqrt{2e}},$$

und $x = \frac{1}{\sqrt{2}}$ ist das einzige $x \in [0, \infty)$, das $f(x) = M$ erfüllt.

Insgesamt haben wir also gezeigt, dass 0 das absolute Minimum von f und $\frac{1}{\sqrt{2e}}$ das absolute Maximum von f ist und dass das absolute Minimum nur in $x = 0$ und das absolute Maximum nur in $x = \frac{1}{\sqrt{2}}$ angenommen wird.

Aufgabe 6 Da f ein Polynom ist, ist es für alle $x \in \mathbb{R}$ definiert. Somit ist $D_f = \mathbb{R}$ der Definitionsbereich der Funktion $f : D_f \to \mathbb{R}, x \mapsto f(x)$.

Wir untersuchen nun, ob f gerade ist und ob f ungerade ist. Es gilt

$$f(-x) = 4(-x)^2 - (-x)^4 = 4x^2 - x^4 = f(x) \qquad \text{für alle } x \in \mathbb{R},$$

sodass f gerade, aber nicht ungerade ist.

Um die Nullstellen von f zu bestimmen, schreiben wir

$$f(x) = 4x^2 - x^4 = x^2(4 - x^2) = x^2(2 - x)(2 + x), \qquad x \in \mathbb{R}.$$

Daher sind die Nullstellen von f, also die Lösungen der Gleichung $f(x) = 0$, die Punkte

$$x_1 = -2, \quad x_2 = 0, \quad x_3 = 2.$$

Wegen

$$f(x) = 4x^2 - x^4 = x^4 \left(\frac{4}{x^2} - 1 \right), \qquad x \in \mathbb{R},$$

$\lim_{x \to \pm\infty} x^4 = +\infty$ und $\lim_{x \to \pm\infty} (\frac{4}{x^2} - 1) = 0 - 1 = -1 < 0$ folgt

$$\lim_{x \to +\infty} f(x) = -\infty \qquad \text{und} \qquad \lim_{x \to -\infty} f(x) = -\infty.$$

Weiter gilt

$$f'(x) = 4 \cdot 2x - 4x^3 = 8x - 4x^3, \qquad x \in \mathbb{R}.$$

Wegen

$$f'(x) = 4x(2 - x^2) = 4x(\sqrt{2} - x)(\sqrt{2} + x), \qquad x \in \mathbb{R},$$

sind die kritischen Punkte von f, also die Lösungen von $f'(x) = 0$, die Punkte

$$x_2 = 0, \quad x_4 = -\sqrt{2}, \quad x_5 = \sqrt{2}.$$

Um zu untersuchen, ob in diesen Punkten lokale Minima oder lokale Maxima vorliegen, berechnen wir

$$f''(x) = 8 \cdot 1 - 4 \cdot 3x^2 = 8 - 12x^2, \qquad x \in \mathbb{R}.$$

Es folgt

$$f''(0) = 8 - 0 = 8 > 0, \quad f''(-\sqrt{2}) = 8 - 12 \cdot 2 = -16 < 0,$$
$$f''(\sqrt{2}) = 8 - 12 \cdot 2 = -16 < 0,$$

sodass f in $x_2 = 0$ ein lokales Minimum sowie in $x_4 = -\sqrt{2}$ und in $x_5 = \sqrt{2}$ jeweils ein lokales Maximum hat.

Wir bestimmen nun die Wendepunkte von f. Wegen

$$f''(x) = 8 - 12x^2 = 12 \left(\frac{2}{3} - x^2 \right) = 12 \left(\sqrt{\frac{2}{3}} - x \right) \left(\sqrt{\frac{2}{3}} + x \right), \qquad x \in \mathbb{R},$$

sind die Lösungen von $f''(x) = 0$ die Punkte

$$x_6 = -\sqrt{\frac{2}{3}} \quad \text{und} \quad x_7 = \sqrt{\frac{2}{3}}.$$

Nun gilt weiter

$$f'''(x) = 0 - 12 \cdot 2x = -24x,$$

Abb. A.9 Graph von f

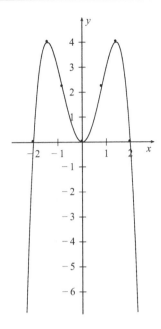

sodass

$$f'''(x_6) = -24x_6 \neq 0, \qquad f'''(x_7) = -24x_7 \neq 0$$

gilt. Somit hat f in $x_6 = -\sqrt{\frac{2}{3}}$ und in $x_7 = \sqrt{\frac{2}{3}}$ jeweils einen Wendepunkt.

Wir berechnen nun noch die Funktionswerte von f an den lokalen Maxima, lokalen Minima und Wendepunkten. Es gilt

$$f(-\sqrt{2}) = f(\sqrt{2}) = 4 \cdot 2 - 4 = 4, \qquad f\left(-\sqrt{\frac{2}{3}}\right) = f\left(\sqrt{\frac{2}{3}}\right) = 4 \cdot \frac{2}{3} - \frac{4}{9} = \frac{20}{9}$$

sowie $f(0) = 0$.

Somit ergibt sich folgende Tabelle:

x	$-\infty$		-2		$-\sqrt{2}$		$-\sqrt{\frac{2}{3}}$		0		$\sqrt{\frac{2}{3}}$		$\sqrt{2}$		2		$+\infty$
$f(x)$	$-\infty$	$\nearrow$	0	$\nearrow$	4	$\searrow$			0	$\nearrow$			4	$\searrow$	0	$\searrow$	$-\infty$
$f'(x)$		$+$			0		$-$		0		$+$		0			$-$	
$f''(x)$		$-$					0		$+$		0			$-$			

Damit kann man nun den Graphen von f zeichnen (siehe Abb. A.9).

Aufgabe 7 Da f eine rationale Funktion ist, ist es für alle x definiert, für die der Nenner ungleich null ist. Wegen $x^2 - 4 = 0$ für $x = 2$ und $x = -2$ ist $D_f = \mathbb{R} \setminus \{-2, 2\}$ der Definitionsbereich der Funktion $f : D_f \to \mathbb{R}, x \mapsto f(x)$.

Wir untersuchen nun, ob f gerade ist und ob f ungerade ist. Es gilt

$$f(-x) = \frac{-x}{(-x)^2 - 4} = -\frac{x}{x^2 - 4} = -f(x) \qquad \text{für alle } x \in D_f,$$

sodass f ungerade, aber nicht gerade ist.

Um die Nullstellen von f zu bestimmen, schreiben wir für $x \in D_f$

$$f(x) = 0 \quad \Longleftrightarrow \quad \frac{x}{x^2 - 4} = 0 \quad \Longleftrightarrow \quad x = 0.$$

Daher ist die einzige Nullstelle von f, also die Lösung der Gleichung $f(x) = 0$, der Punkt

$$x_1 = 0.$$

Wegen

$$f(x) = \frac{x}{x^2 - 4} = \frac{x}{x^2(1 - \frac{4}{x^2})} = \frac{1}{x} \cdot \frac{1}{1 - \frac{4}{x^2}}, \qquad x \in D_f,$$

folgt mit den Grenzwertsätzen

$$\lim_{x \to +\infty} f(x) = 0 \cdot \frac{1}{1 - 0} = 0 \cdot 1 = 0 \quad \text{und} \quad \lim_{x \to -\infty} f(x) = 0 \cdot \frac{1}{1 - 0} = 0 \cdot 1 = 0.$$

An den Definitionslücken gilt

$$\lim_{x \nearrow -2} f(x) = \left(\lim_{x \nearrow -2} x \right) \cdot \left(\lim_{x \nearrow -2} \frac{1}{x^2 - 4} \right) = -2 \cdot (+\infty) = -\infty,$$

$$\lim_{x \searrow -2} f(x) = \left(\lim_{x \searrow -2} x \right) \cdot \left(\lim_{x \searrow -2} \frac{1}{x^2 - 4} \right) = -2 \cdot (-\infty) = +\infty,$$

$$\lim_{x \nearrow 2} f(x) = \left(\lim_{x \nearrow 2} x \right) \cdot \left(\lim_{x \nearrow 2} \frac{1}{x^2 - 4} \right) = 2 \cdot (-\infty) = -\infty,$$

$$\lim_{x \searrow 2} f(x) = \left(\lim_{x \searrow 2} x \right) \cdot \left(\lim_{x \searrow 2} \frac{1}{x^2 - 4} \right) = 2 \cdot (+\infty) = +\infty.$$

Weiter gilt mit der Quotientenregel mit $g(x) = x$ und $h(x) = x^2 - 4$

$$f'(x) = \left(\frac{g}{h} \right)'(x) = \frac{g'(x) \cdot h(x) - g(x) \cdot h'(x)}{(h(x))^2}$$

$$= \frac{1 \cdot (x^2 - 4) - x \cdot 2x}{(x^2 - 4)^2} = \frac{x^2 - 4 - 2x^2}{(x^2 - 4)^2} = \frac{-x^2 - 4}{(x^2 - 4)^2}, \qquad x \in D_f.$$

Somit folgt $f'(x) < 0$ für alle $x \in D_f$, sodass f keine kritischen Punkte hat (da die Gleichung $f'(x) = 0$ keine Lösung hat) und folglich auch keine lokalen Maxima oder lokalen Minima.

Wir bestimmen nun die Wendepunkte von f. Mit der Quotientenregel gilt mit $j(x) = -x^2 - 4$ und $k(x) = (x^2 - 4)^2$ sowie $j'(x) = -2x$ und $k'(x) = 2(x^2 - 4) \cdot 2x = 4x(x^2 - 4)$ (mit der Kettenregel, da $k(x) = l(m(x))$ mit $l(x) = x^2$ und $m(x) = x^2 - 4$)

$$
\begin{aligned}
f''(x) = \left(\frac{j}{k}\right)'(x) &= \frac{j'(x) \cdot k(x) - j(x) \cdot k'(x)}{(k(x))^2} \\
&= \frac{-2x \cdot (x^2 - 4)^2 - (-x^2 - 4) \cdot 4x(x^2 - 4)}{(x^2 - 4)^4} \\
&= \frac{(x^2 - 4)(-2x \cdot (x^2 - 4) - (-x^2 - 4) \cdot 4x)}{(x^2 - 4)^4} \\
&= \frac{-2x \cdot (x^2 - 4) - (-x^2 - 4) \cdot 4x}{(x^2 - 4)^3} \\
&= \frac{-2x^3 + 8x + 4x^3 + 16x}{(x^2 - 4)^3} = \frac{2x^3 + 24x}{(x^2 - 4)^3} = \frac{2x(x^2 + 12)}{(x^2 - 4)^3}, \qquad x \in D_f.
\end{aligned}
$$

Wegen $x^2 + 12 > 0$ für alle $x \in D_f$ ist

$$x_1 = 0$$

die einzige Lösung der Gleichung $f''(x) = 0$. Weiter gilt

$$f''(x) > 0 \quad \text{für alle } x \in (-2, 0) \qquad \text{und} \qquad f''(x) < 0 \quad \text{für alle } x \in (0, 2).$$

Daher ist f nach Satz 3.9 konvex in $(-2, 0)$ und konkav in $(0, 2)$. Somit hat f in $x_1 = 0$ nach Definition 3.9 einen Wendepunkt.

Somit ergibt sich folgende Tabelle:

x	$-\infty$		-2		0		2		$+\infty$
$f(x)$	0	$\searrow$ $-\infty$	$+\infty$	$\searrow$	0	$\searrow$ $-\infty$	$+\infty$	$\searrow$	0
$f'(x)$		$-$			$-$			$-$	
$f''(x)$		$-$			$+$	0 $-$			$+$

Damit kann man nun den Graphen von f zeichnen (siehe Abb. A.10).

Aufgabe 8 Der Durchmesser der Dose sei d und die Höhe der Dose sei h, wobei wir wegen $1\ell = 1\,\mathrm{dm}^3$ d und h in der Einheit dm betrachten. Es sei nun $r = \frac{d}{2}$ der Radius von Boden bzw. Deckel der Dose. Dann gilt für das Volumen V der Dose und die Oberfläche O der Dose gemäß den Formeln für Kreiszylinder

$$V = \pi r^2 h, \qquad O = 2\pi r^2 + 2\pi r h.$$

Abb. A.10 Graph von f

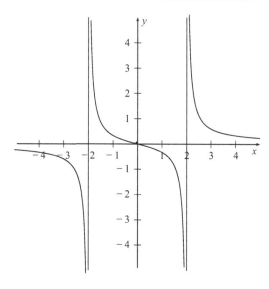

Nun gilt für die Dose $V = 1\,dm^3$, also

$$1 = \pi r^2 h \qquad \Longleftrightarrow \qquad h = \frac{1}{\pi r^2}. \qquad (A.6)$$

Die Oberfläche der Dose soll möglichst klein sein (damit möglichst wenig Material benötigt wird). Um die Oberfläche als Funktion einer Variablen zu erhalten, verwenden wir (A.6) und erhalten

$$O(r) = 2\pi r^2 + 2\pi r \frac{1}{\pi r^2} = 2\pi r^2 + \frac{2}{r}, \qquad r > 0.$$

Da der Radius r positiv sein muss, betrachten wir O mit dem Definitionsbereich $(0, \infty)$ und suchen nun das $r > 0$, für das $O(r)$ minimal wird (also das absolute oder globale Minimum von O auf $(0, \infty)$). Wir berechnen zunächst die kritischen Punkte von O. Es gilt

$$O'(r) = 2\pi \cdot 2r + 2 \cdot \left(-\frac{1}{r^2}\right) = 4\pi r - \frac{2}{r^2}, \qquad r > 0.$$

Es gilt weiterhin

$$O'(r) = \frac{4\pi r^3 - 2}{r^2} = \frac{4\pi \left(r^3 - \frac{1}{2\pi}\right)}{r^2}, \qquad r > 0.$$

Somit folgt

$$O'(r_0) = 0 \qquad \text{für} \qquad r_0 := \frac{1}{\sqrt[3]{2\pi}}$$

sowie

$$O'(r) < 0 \quad \text{für } r \in (0, r_0), \qquad O'(r) > 0 \quad \text{für } r \in (r_0, \infty).$$

Daher ist O nach Satz 3.7 streng monoton fallend in $(0, r_0]$ und streng monoton wachsend in $[r_0, \infty)$. Somit gilt

$$O(r) > O(r_0) \qquad \text{für alle } r \in ((0, \infty) \setminus \{r_0\}),$$

sodass O sein absolutes Minimum in r_0 annimmt, also

$$O(r_0) = \min\{O(r) \mid r \in (0, \infty)\}$$

gilt. Somit ist die Dose mit dem geringsten Materialverbrauch im Fall $r = r_0$ gegeben. Es gilt also für diese Dose

$$d = 2r_0 = \frac{2}{\sqrt[3]{2\pi}}\,\text{dm} = \sqrt[3]{\frac{8}{2\pi}}\,\text{dm} = \sqrt[3]{\frac{4}{\pi}}\,\text{dm} \approx 1{,}08\,\text{dm} = 10{,}8\,\text{cm}$$

sowie wegen (A.6)

$$h = \frac{1}{\pi r_0^2} = \frac{1}{\pi \frac{1}{(\sqrt[3]{2\pi})^2}}\,\text{dm} = \frac{\sqrt[3]{4\pi^2}}{\pi}\,\text{dm} = \sqrt[3]{\frac{4\pi^2}{\pi^3}}\,\text{dm} = \sqrt[3]{\frac{4}{\pi}}\,\text{dm} \approx 1{,}08\,\text{dm}$$

$$= 10{,}8\,\text{cm}.$$

Durchmesser und Höhe der Dose sind also gleich groß.

Aufgabe 9 Das Dreieck und das Rechteck, daraus ausgeschnitten werden sollen, sind durch die folgende Zeichnung gegeben (siehe Abb. A.11):

Wir können das Stoffstück so legen, dass $a = 60\,\text{cm}$ und $b = 100\,\text{cm}$ gilt. Seien nun x und y wie in der Zeichnung gegeben, sodass das Rechteck die Seitenlängen x und y hat. Dann gilt nach dem Strahlensatz

$$\frac{y}{a - x} = \frac{b}{a} = \frac{100}{60} = \frac{5}{3}. \tag{A.7}$$

Sei nun A der Flächeninhalt des Rechtecks. Dann gilt $A = xy$, also mit (A.7)

$$A(x) = x \cdot \frac{5}{3}(a - x) = \frac{5a}{3}x - \frac{5}{3}x^2, \qquad x \in [0, a].$$

Damit das Rechteck im Dreieck liegt, muss $x \in [0, a]$ gelten. Somit suchen wir das absolute oder globale Maximum von $A(x)$ für $x \in [0, a]$. Es gilt nun

$$A'(x) = \frac{5a}{3} - \frac{5}{3} \cdot 2x = \frac{5a}{3} - \frac{10}{3}x = \frac{10}{3}\left(\frac{a}{2} - x\right), \qquad x \in [0, a].$$

Abb. A.11 Dreieck und Rechteck

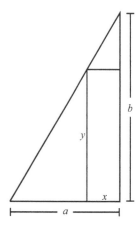

Es folgt $A'(x_0) = 0$ für $x_0 = \frac{a}{2}$ sowie

$$A'(x) > 0 \quad \text{für } x \in [0, x_0), \qquad A'(x) < 0 \quad \text{für } r \in (x_0, a].$$

Daher ist A nach Satz 3.7 streng monoton wachsend in $[0, x_0]$ und streng monoton fallend in $[x_0, a]$. Somit gilt

$$A(x) < A(x_0) \qquad \text{für alle } x \in ([0, a] \setminus \{x_0\}),$$

sodass A sein absolutes Maximum in x_0 annimmt, also

$$A(x_0) = \max\{A(x) \mid x \in [0, a]\}$$

gilt. Somit ist das Rechteck mit dem größten Flächeninhalt gegeben durch die Seitenlängen

$$x_0 = \frac{a}{2} = 30 \, \text{cm}$$

und wegen (A.7)

$$y_0 = \frac{5}{3}(a - x_0) = \frac{5}{3}\left(a - \frac{a}{2}\right) = \frac{5a}{6} = 50 \, \text{cm}.$$

Aufgabe 10
(a) Es gilt für $x \in \mathbb{R}$

$$f'(x) = 4x^3 - 64 \cdot 1 + 0 = 4x^3 - 64, \qquad f''(x) = 4 \cdot 3x^2 - 0 = 12x^2.$$

Daher gilt $f''(x) \geq 0$ für $x \in \mathbb{R}$, so dass f nach Satz 3.9 konvex auf $\mathbb{R}$ ist und daher eine konvexe Funktion ist. Weiter gilt $f'(x) = 4(x^3 - 16) > 0$ für alle $x \in (\sqrt[3]{16}, \infty)$, da $x^3 > 16$ für alle $x > \sqrt[3]{16}$ gilt. Somit ist f nach Satz 3.7 streng monoton wachsend auf $(\sqrt[3]{16}, \infty)$.

(b) Da f ein Polynom ist, ist f stetig auf $\mathbb{R}$. Weiter gilt

$$f(3) = 81 - 192 + 96 = -15 < 0 \qquad \text{und} \qquad f(4) = 256 - 256 + 96 = 96 > 0.$$

Wegen $0 \in [-15, 96] = [f(3), f(4)]$ gibt es daher nach dem Zwischenwertsatz mindestens ein $z \in [3, 4]$ mit $f(z) = 0$. Also hat f im Interval $[3, 4]$ mindestens eine Nullstelle. Da f nach (a) streng monoton wachsend auf $[3, 4]$ ist (wegen $[3, 4] \subset (\sqrt[3]{16}, \infty)$), kann f aber nicht mehr als eine Nullstelle im Intervall $[3, 4]$ haben. Somit hat f im Intervall $[3, 4]$ genau eine Nullstelle.

(c) Nach (a) ist f eine konvexe Funktion und f ist streng monoton wachsend im Intervall $[3, 4]$. Daher gilt wegen $x_0 = 4 > z$ nach dem Beispiel zum Newton-Verfahren $\lim_{n \to \infty} x_n = z$.

(Genauer gilt nach dem Beispiel $x_n \geq z$ für alle $n \in \mathbb{N}$ (wegen $x_0 = 4 \geq z$ und der Konvexität wie in der Zeichnung im Beispiel, da x_{n+1} die Nullstelle der Tangente an f im Punkt x_n ist) sowie $x_{n+1} - x_n \leq 0$ für alle $n \in \mathbb{N}$ (wegen $f(x_n) \geq 0$ und $f'(x_n) > 0$, da $x_n \geq z$ und f streng monoton wachsend auf $[3, 4]$ ist). Somit ist die Folge $(x_n)_{n \in \mathbb{N}}$ streng monoton fallend mit $x_n \geq z$ für alle $n \in \mathbb{N}$, so dass die Folge $(x_n)_{n \in \mathbb{N}}$ nach Satz 2.1 konvergent ist mit $x_\infty := \lim_{n \to \infty} x_n$. Also gilt $z \leq x_\infty \leq x_0 = 4$ und daher $x_\infty \in [3, 4]$, so dass $f'(x_\infty) > 0$ nach (a) gilt. Daher muss $f(x_\infty) = 0$ gelten und somit folgt $x_\infty = z$, da f in $[3, 4]$ nach (b) genau eine Nullstelle hat.)

Wir berechnen nun $x_1, x_2, \ldots, x_{n_0}$, wobei $n_0 \in \mathbb{N}$ möglichst klein sein soll, sodass $|f(x_{n_0})| \leq 0{,}001$ gilt. Es gilt

$$x_1 = x_0 - \frac{f(x_0)}{f'(x_0)} = 4 - \frac{96}{192} = 3{,}5,$$

$$f(x_1) = \frac{353}{16} = 22{,}0625,$$

$$x_2 = x_1 - \frac{f(x_1)}{f'(x_1)} = \frac{7}{2} - \frac{\frac{353}{16}}{\frac{215}{2}} = \frac{7}{2} - \frac{353}{1720} = \frac{5667}{1720} \approx 3{,}294767442,$$

$$f(x_2) \approx 2{,}97660105,$$

$$x_3 = x_2 - \frac{f(x_2)}{f'(x_2)} \approx 3{,}2946767442 - \frac{2{,}97660105}{79{,}06529296} \approx 3{,}257120063,$$

$$f(x_3) \approx 0{,}091613368,$$

$$x_4 = x_3 - \frac{f(x_3)}{f'(x_3)} \approx 3{,}257120063 - \frac{0{,}091613368}{74{,}21694653} \approx 3{,}255885663,$$

$$f(x_4) \approx 0{,}000096966.$$

Es gilt also $|f(x_4)| \leq 0{,}001$, sodass $n_0 = 4$ gilt und x_4 eine Näherung von z ist.

Aufgabe 11

(a) Die Funktion f ist auf $(-1, \infty)$ beliebig oft differenzierbar. Sei $k \geq 1$ und $x \in (-1, \infty)$. Dann gibt es nach der Taylor'schen Formel (mit $a = 0$) ein c zwischen 0 und x mit

$$
f(x) = f(0) + \frac{f'(0)}{1!}(x - 0) + \frac{f''(0)}{2!}(x - 0)^2 + \cdots + \frac{f^{(k)}(0)}{k!}(x - 0)^k
$$
$$
+ \frac{f^{(k+1)}(c)}{(k + 1)!}(x - 0)^{k+1} \tag{A.8}
$$
$$
= f(0) + \frac{f'(0)}{1!}x + \frac{f''(0)}{2!}x^2 + \cdots + \frac{f^{(k)}(0)}{k!}x^k + \frac{f^{(k+1)}(c)}{(k + 1)!}x^{k+1}.
$$

Nun gilt $f(0) = \log(1) = 0$. Für die Ableitungen von f ergibt sich für $x > -1$

$$
f'(x) = \frac{1}{1 + x} \cdot 1 = (1 + x)^{-1} = (-1)^0 \cdot 0! \cdot (1 + x)^{-1},
$$
$$
f''(x) = (-1)(1 + x)^{-2} \cdot 1 = -(1 + x)^{-2} = (-1)^1 \cdot 1! \cdot (1 + x)^{-2},
$$
$$
f^{(3)}(x) = (-1) \cdot (-2)(1 + x)^{-3} \cdot 1 = 2 \cdot (1 + x)^{-3} = (-1)^2 \cdot 2! \cdot (1 + x)^{-3},
$$
$$
f^{(4)}(x) = 2 \cdot (-3)(1 + x)^{-4} \cdot 1 = -2 \cdot 3 \cdot (1 + x)^{-4} = (-1)^3 \cdot 3! \cdot (1 + x)^{-4},
$$
$$
f^{(5)}(x) = -2 \cdot 3 \cdot (-4)(1 + x)^{-5} \cdot 1 = 2 \cdot 3 \cdot 4 \cdot (1 + x)^{-5} = (-1)^4 \cdot 4! \cdot (1 + x)^{-5},
$$

sodass allgemein für $n \in (\mathbb{N} \setminus \{0\})$ gilt

$$
f^{(n)}(x) = (-1)^{n-1} \cdot (n - 1)! \cdot (1 + x)^{-n}, \qquad x > -1. \tag{A.9}
$$

(Man kann (A.9) z. B. per vollständiger Induktion beweisen.)
Setzt man nun (A.9) und $f(0) = 0$ in (A.8) ein, so ergibt sich

$$
\log(1 + x) = 0 + \frac{(-1)^0 \cdot 0! \cdot 1^{-1}}{1!}x + \frac{(-1)^1 \cdot 1! \cdot 1^{-2}}{2!}x^2
$$
$$
+ \cdots + \frac{(-1)^{k-1} \cdot (k - 1)! \cdot 1^{-k}}{k!}x^k + \frac{(-1)^k \cdot k! \cdot (1 + c)^{-(k+1)}}{(k + 1)!}x^{k+1}
$$
$$
= \frac{(-1)^0}{1}x + \frac{(-1)^1}{2}x^2 + \cdots + \frac{(-1)^{k-1}}{k}x^k + \frac{(-1)^k}{(k + 1)(1 + c)^{(k+1)}}x^{k+1}
$$
$$
= x - \frac{x^2}{2} + \cdots + \frac{(-1)^{k-1}}{k}x^k + \frac{(-1)^k}{(k + 1)(1 + c)^{(k+1)}}x^{k+1}.
$$

(b) Es seien $x \in (0, 1]$ und $c \in (0, x)$. Dann gilt für alle $k \in \mathbb{N}$ mit $a_k := \frac{(-1)^k}{(k+1)(1+c)^{k+1}}x^{k+1}$

$$
0 \leq |a_k| = \frac{1}{(k + 1)(1 + c)^{k+1}}x^{k+1} \leq \frac{1}{(k + 1) \cdot 1} \cdot 1 = \frac{1}{k + 1}
$$

wegen $(1 + c)^{k+1} \geq 1$ (da $c \geq 0$) und $x^{k+1} \leq 1$ (da $x \in (0, 1]$). Wegen $\lim_{k \to \infty} \frac{1}{k+1} = 0$ folgt daher $\lim_{k \to \infty} a_k = 0$, also

$$\lim_{k \to \infty} \left(\frac{(-1)^k}{(k+1)(1+c)^{k+1}} x^{k+1} \right) = 0.$$

Aufgabe 12

(a) Für alle $x \in [-1, 1]$ und alle c zwischen 0 und x gilt $|\sin(x)| \leq 1$ und $|x^{2k+2}| \leq 1$ für $k \in \mathbb{N}$. Daher gilt für alle $x \in [-1, 1]$ und alle c zwischen 0 und x sowie $k \in \mathbb{N}$

$$\left| (-1)^{k+1} \frac{\sin(c)}{(2k+2)!} x^{2k+2} \right| \leq 1 \cdot \frac{1}{(2k+2)!} \cdot 1 = \frac{1}{(2k+2)!}.$$

Somit gilt $\left| (-1)^{k+1} \frac{\sin(c)}{(2k+2)!} x^{2k+2} \right| \leq 0{,}001$ für alle $x \in [-1, 1]$ und alle c zwischen 0 und x, falls $\frac{1}{(2k+2)!} \leq 0{,}001$, also falls $1000 \leq (2k+2)!$ gilt. Letzteres gilt für $2k + 2 \geq 7$, also $k \geq 2{,}5$. Da $k \in \mathbb{N}$ gelten soll, ist für $k = 3$ die Bedingung $\left| (-1)^{k+1} \frac{\sin(c)}{(2k+2)!} x^{2k+2} \right| \leq 0{,}001$ für alle $x \in [-1, 1]$ und alle c zwischen 0 und x erfüllt. Setzt man $k = 3$ ein, so gilt also

$$\left| \frac{\sin(c)}{8!} x^8 \right| = \left| (-1)^{3+1} \frac{\sin(c)}{(2 \cdot 3 + 2)!} x^{2 \cdot 3 + 2} \right| \leq 0{,}001 \qquad \text{(A.10)}$$

für alle $x \in [-1, 1]$ und alle c zwischen 0 und x.

Wir verwenden nun die Taylor-Entwicklung von $f(x) = \sin(x)$. Daher gibt es zu jedem $x \in \mathbb{R}$ und jedem $k \in \mathbb{N}$ ein c zwischen 0 und x, sodass gilt

$$\sin(x) = x - \frac{x^3}{3!} + \frac{x^5}{5!} + \cdots + \frac{(-1)^k}{(2k+1)!} x^{2k+1} + \frac{(-1)^{k+1} \sin(c)}{(2k+2)!} x^{2k+2}.$$

Setzt man nun $k = 3$, so gibt es zu jedem $x \in [-1, 1]$ ein c zwischen 0 und x, sodass gilt

$$\sin(x) = x - \frac{x^3}{3!} + \frac{x^5}{5!} - \frac{x^7}{7!} + \frac{\sin(c)}{8!} x^8. \qquad \text{(A.11)}$$

Sei daher $P : [-1, 1] \to \mathbb{R}$ definiert durch

$$P(x) := x - \frac{x^3}{3!} + \frac{x^5}{5!} - \frac{x^7}{7!} = x - \frac{x^3}{6} + \frac{x^5}{120} - \frac{x^7}{5040}, \qquad x \in [-1, 1].$$

Dann ist x ein Polynom, und es gilt wegen (A.10) und (A.11) für $x \in [-1, 1]$

$$|\sin(x) - P(x)| = \left| \frac{\sin(c)}{8!} x^8 \right| \leq 0{,}001$$

(b) Setzt man $A := P(1)$, so gilt nach (a)

$$|\sin(1) - A| = |\sin(1) - P(1)| \le 0{,}001,$$

sodass A eine geeignete Näherung von $\sin(1)$ ist. Es gilt

$$A = P(1) = 1 - \frac{1}{6} + \frac{1}{120} - \frac{1}{5040} = \frac{4241}{5040} \approx 0{,}841468254.$$

Der Taschenrechner gibt für $\sin(1)$ den Wert $S = 0{,}841470985$ an. Es gilt

$$|S - A| \approx 0{,}000002731,$$

sodass also $|S - A| \le 0{,}001$ erfüllt ist.

Lösungen der Übungen Kapitel 4

Aufgabe 1
(a) Es gilt für $n \in \mathbb{N}$

$$\sum_{k=0}^{n+1} k^3 = \sum_{k=1}^{n+1} k^3 = \sum_{k=0}^{n} (k+1)^3 = \sum_{k=0}^{n} (k^3 + 3k^2 + 3k + 1)$$

$$= \sum_{k=0}^{n} k^3 + 3\sum_{k=0}^{n} k^2 + 3\sum_{k=0}^{n} k + \sum_{k=0}^{n} 1.$$

Also folgt

$$3\sum_{k=0}^{n} k^2 = \sum_{k=0}^{n+1} k^3 - \sum_{k=0}^{n} k^3 - 3\sum_{k=0}^{n} k - \sum_{k=0}^{n} 1$$

$$= \sum_{k=0}^{n} k^3 + (n+1)^3 - \sum_{k=0}^{n} k^3 - 3\sum_{k=0}^{n} k - \sum_{k=0}^{n} 1 \qquad \text{(A.12)}$$

$$= (n+1)^3 - 3\sum_{k=0}^{n} k - \sum_{k=0}^{n} 1.$$

Nun gilt

$$\sum_{k=0}^{n} 1 = (n+1) \cdot 1 = n+1, \qquad \text{(A.13)}$$

da man $n + 1$ Summanden hat, die alle gleich 1 sind. Weiter gilt

$$\sum_{k=0}^{n} k = \frac{n(n+1)}{2}. \qquad \text{(A.14)}$$

(Dies kann man z. B. folgendermaßen zeigen (wenn es noch nicht bekannt ist):

$$2 \sum_{k=0}^{n} k = 1 + 2 + \ldots \qquad + n$$

$$+ n + n - 1 + \cdots + 1 = n(n+1).$$

Damit ist also (A.14) gezeigt.)
Setzt man nun (A.13) und (A.14) in (A.12) ein, so folgt

$$\sum_{k=0}^{n} k^2 = \frac{1}{3} \left((n+1)^3 - 3\frac{n(n+1)}{2} - (n+1) \right)$$

$$= \frac{n+1}{6} \left(2(n+1)^2 - 3n - 2 \right) = \frac{n+1}{6} (2n^2 + 4n + 2 - 3n - 2)$$

$$= \frac{n+1}{6} (2n^2 + n) = \frac{n+1}{6} n(2n+1) = \frac{n(n+1)(2n+1)}{6}.$$

(b) Setzt man $a = 0$ und $b = 1$ in R_N ein, so folgt für $N \in (\mathbb{N} \setminus \{0\})$

$$R_N = \sum_{k=0}^{N-1} \frac{b-a}{N} \cdot f\left(a + \frac{k(b-a)}{N} \right) = \sum_{k=0}^{N-1} \frac{1}{N} \cdot f\left(\frac{k}{N} \right) = \sum_{k=0}^{N-1} \frac{1}{N} \cdot \left(\frac{k}{N} \right)^2$$

$$= \sum_{k=0}^{N-1} \frac{k^2}{N^3} = \frac{1}{N^3} \cdot \sum_{k=0}^{N-1} k^2.$$

Mit (a) und $n = N - 1$ folgt also

$$R_N = \frac{1}{N^3} \cdot \frac{(N-1)((N-1)+1)(2(N-1)+1)}{6} = \frac{(N-1)N(2N-2+1)}{6N^3}$$

$$= \frac{(N-1)(2N-1)}{6N^2}.$$

Weiter gilt für $N \geq 1$

$$R_N = \frac{2N^2 - 2N - N + 1}{6N^2} = \frac{2N^2 - 3N + 1}{6N^2} = \frac{N^2 \left(2 - \frac{3}{N} + \frac{1}{N^2} \right)}{6N^2}$$

$$= \frac{2 - \frac{3}{N} + \frac{1}{N^2}}{6}.$$

Somit folgt mit den Grenzwertsätzen

$$\lim_{N \to \infty} R_N = \lim_{N \to \infty} \frac{2 - \frac{3}{N} + \frac{1}{N^2}}{6} = \frac{2 - 0 + 0}{6} = \frac{1}{3}.$$

Also ist die Folge $(R_N)_{N \geq 1}$ konvergent mit $\lim_{N \to \infty} R_N = \frac{1}{3}$. Daher folgt

$$\int\limits_0^1 x^2 \, dx = \int\limits_0^1 f(x) \, dx = \lim_{N \to \infty} R_N = \frac{1}{3}.$$

Aufgabe 2

(a) Mit $u = \cos(x) + 4$ gilt $\frac{du}{dx} = -\sin(x)$, also $du = -\sin(x)dx$. Somit folgt

$$\int \sin(x) \cdot e^{\cos(x)+4} \, dx = -\int (-\sin(x)) \cdot e^{\cos(x)+4} \, dx = -\int e^u \, du$$

$$= -e^u + c = -e^{\cos(x)+4} + c$$

mit $c \in \mathbb{R}$.

(b) Mit $u = \sin(x)$ gilt $\frac{du}{dx} = \cos(x)$, also $du = \cos(x)dx$. Somit folgt

$$\int \sin(x) \cdot \cos(x) \, dx = \int u \, du = \frac{1}{2}u^2 + c = \frac{1}{2}\sin^2(x) + c$$

mit $c \in \mathbb{R}$.

Es gibt auch die folgende Möglichkeit: Mit $u = \cos(x)$ gilt $\frac{du}{dx} = -\sin(x)$, also $du = -\sin(x)dx$. Somit folgt

$$\int \sin(x) \cdot \cos(x) \, dx = -\int (-\sin(x)) \cdot \cos(x) \, dx = -\int u \, du$$

$$= -\frac{1}{2}u^2 + c = -\frac{1}{2}\cos^2(x) + c$$

mit $c \in \mathbb{R}$.

(c) Mit $u = x^{\frac{3}{2}} + 5$ gilt $\frac{du}{dx} = \frac{3}{2}x^{\frac{1}{2}}$, also $du = \frac{3}{2}x^{\frac{1}{2}}dx$. Weiter gilt $0^{\frac{3}{2}} + 5 = 5$ und $9^{\frac{3}{2}} + 5 = (\sqrt{9})^3 = 3^3 + 5 = 27 + 5 = 32$. Somit folgt

$$\int\limits_0^9 \sqrt{x} \cdot \sqrt[3]{x^{\frac{3}{2}} + 5} \, dx = \frac{2}{3}\int\limits_0^9 \frac{3}{2}x^{\frac{1}{2}} \cdot \left(x^{\frac{3}{2}} + 5\right)^{\frac{1}{3}} \, dx = \frac{2}{3}\int\limits_5^{32} u^{\frac{1}{3}} \, du$$

$$= \frac{2}{3} \cdot \frac{3}{4}u^{\frac{4}{3}} \Big|_5^{32} = \frac{1}{2}\left(32^{\frac{4}{3}} - 5^{\frac{4}{3}}\right).$$

(d) Mit $u = \log(x)$ gilt $\frac{du}{dx} = \frac{1}{x}$, also $du = \frac{1}{x}dx$. Somit folgt

$$\int\limits_2^5 \frac{\log(x)}{x} \, dx = \int\limits_{\log(2)}^{\log(5)} u \, du = \frac{1}{2}u^2 \Big|_{\log(2)}^{\log(5)} = \frac{1}{2}\left(\log^2(5) - \log^2(2)\right).$$

Aufgabe 3

(a) Mit $u(x) := x^2$ und $v'(x) := e^{-x}$ gilt $u'(x) = 2x$ und $v(x) = -e^{-x}$. Daher gilt mit der Regel der partiellen Integration

$$\int x^2 \cdot e^{-x} \, dx = \int u(x) \cdot v'(x) \, dx = u(x) \cdot v(x) - \int u'(x) \cdot v(x) \, dx$$

$$= x^2 \cdot (-e^{-x}) - \int 2x \cdot (-e^{-x}) \, dx = -x^2 \cdot e^{-x} + 2 \int x \cdot e^{-x} \, dx.$$

Um das letzte Integral zu berechnen, kann man wieder die partielle Integration verwenden, dieses Mal mit $w(x) = x$ und $v'(x) = e^{-x}$. Dann gilt mit $w'(x) = 1$ und $v(x) = -e^{-x}$

$$\int x \cdot e^{-x} \, dx = \int w(x) \cdot v'(x) \, dx = w(x) \cdot v(x) - \int w'(x) \cdot v(x) \, dx$$

$$= x \cdot (-e^{-x}) - \int 1 \cdot (-e^{-x}) \, dx = -x \cdot e^{-x} + \int e^{-x} \, dx$$

$$= -x \cdot e^{-x} - e^{-x} + c$$

mit $c \in \mathbb{R}$. Insgesamt gilt also

$$\int x^2 \cdot e^{-x} \, dx = -x^2 \cdot e^{-x} - 2xe^{-x} - 2e^{-x} + c = -(x^2 + 2x + 2)e^{-x} + c$$

mit $c \in \mathbb{R}$.

(b) Mit $u(x) := x$ und $v'(x) := \cos(3x)$ gilt $u'(x) = 1$ und $v(x) = \frac{1}{3}\sin(3x)$. Letzteres kann man z. B. mit der Substitutionsmethode berechnen. Mit $w = 3x$ gilt $\frac{dw}{dx} = 3$, also $dw = 3dx$, und daher

$$\int \cos(3x) \, dx = \frac{1}{3} \int \cos(w) dw = \frac{1}{3}\sin(w) + c = \frac{1}{3}\sin(3x) + c$$

mit $c \in \mathbb{R}$. Daher gilt mit der Regel der partiellen Integration

$$\int_0^4 x \cdot \cos(3x) \, dx = \int_0^4 u(x) \cdot v'(x) \, dx = u(x) \cdot v(x) \Big|_0^4 - \int_0^4 u'(x) \cdot v(x) \, dx$$

$$= x \cdot \frac{1}{3}\sin(3x) \Big|_0^4 - \int_0^4 1 \cdot \frac{1}{3}\sin(3x) \, dx$$

$$= \frac{4}{3}\sin(12) - 0 - \frac{1}{3} \int_0^4 \sin(3x) \, dx.$$

Wendet man nun erneut die Substitutionsmethode mit $w = 3x$ an, so folgt wegen $3 \cdot 0 = 0$ und $3 \cdot 4 = 12$

$$\int_0^4 \sin(3x)\, dx = \frac{1}{3} \int_0^4 3\sin(3x)\, dx = \frac{1}{3} \int_0^{12} \sin(w)\, dw = -\frac{1}{3} \cos(w) \Big|_0^{12}$$

$$= -\frac{1}{3} \left(\cos(12) - \cos(0) \right) = \frac{1}{3} - \frac{\cos(12)}{3}.$$

Insgesamt gilt also

$$\int_0^4 x \cdot \cos(3x)\, dx = \frac{4}{3} \sin(12) - \frac{1}{9} + \frac{1}{9} \cos(12).$$

(c) Mit $u(x) := \sin(x)$ und $v'(x) := \sin(x)$ gilt $u'(x) = \cos(x)$ und $v(x) = -\cos(x)$. Daher gilt mit der Regel der partiellen Integration

$$\int (\sin(x))^2\, dx = \int \sin(x) \cdot \sin(x)\, dx = \int u(x) \cdot v'(x)\, dx$$

$$= u(x) \cdot v(x) - \int u'(x) \cdot v(x)\, dx$$

$$= \sin(x) \cdot (-\cos(x)) - \int \cos(x) \cdot (-\cos(x))\, dx$$

$$= -\sin(x) \cdot \cos(x) + \int \cos^2(x)\, dx.$$

Verwendet man nun die Gleichung $\cos^2(x) = 1 - \sin^2(x)$, so folgt

$$\int \sin^2(x)\, dx = -\sin(x) \cdot \cos(x) + \int (1 - \sin^2(x))\, dx$$

$$= -\sin(x) \cdot \cos(x) + \int 1\, dx - \int \sin^2(x)\, dx$$

$$= -\sin(x) \cdot \cos(x) + x + c - \int \sin^2(x)\, dx$$

mit $c \in \mathbb{R}$. Also gilt

$$2 \int \sin^2(x)\, dx = -\sin(x) \cdot \cos(x) + x + c$$

und daher

$$\int \sin^2(x)\, dx = \frac{1}{2}(-\sin(x) \cdot \cos(x) + x) + c$$

mit $c \in \mathbb{R}$.

Abb. A.12 Menge G

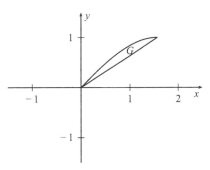

Aufgabe 4 Die Menge G sieht folgendermaßen aus (siehe Abb. A.12).

Es bezeichne $|G|$ die Fläche von G. Es seien weiter $A := \{(x, y) \mid 0 \leq x \leq \frac{\pi}{2}, \ 0 \leq y \leq \sin(x)\}$ und $B := \{(x, y) \mid 0 \leq x \leq \frac{\pi}{2}, \ 0 \leq y \leq \frac{2}{\pi}x\}$. Dann gilt $|G| = |A| - |B|$ und

$$|A| = \int_0^{\frac{\pi}{2}} \sin(x)\, dx, \qquad |B| = \int_0^{\frac{\pi}{2}} \frac{2}{\pi} x\, dx.$$

Daher gilt

$$|G| = |A| - |B| = \int_0^{\frac{\pi}{2}} \sin(x)\, dx - \int_0^{\frac{\pi}{2}} \frac{2}{\pi} x\, dx = -\cos(x) \Big|_0^{\frac{\pi}{2}} - \frac{2}{\pi} \cdot \frac{1}{2} x^2 \Big|_0^{\frac{\pi}{2}}$$

$$= -\cos\left(\frac{\pi}{2}\right) + \cos(0) - \frac{1}{\pi} \cdot \frac{\pi^2}{4} + 0 = 0 + 1 - \frac{\pi}{4} = 1 - \frac{\pi}{4}.$$

Aufgabe 5

(a) (i) Es ist zu untersuchen, ob $\lim\limits_{R \to \infty} \int_0^R \cos(x)\, dx$ existiert. Es gilt für $R > 1$

$$\int_0^R \cos(x)\, dx = \sin(x) \Big|_0^R = \sin(R) - \sin(0) = \sin(R) - 0 = \sin(R).$$

Es gilt z. B. $\sin(k\pi) = 0$ für alle $k \in \mathbb{N}$ und $\sin\left(\frac{\pi}{2} + 2k\pi\right) = 1$ für alle $k \in \mathbb{N}$.

Somit existiert $\lim\limits_{R \to \infty} \sin(R)$ nicht. Daher existiert $\lim\limits_{R \to \infty} \int_0^R \cos(x)\, dx$ auch nicht.

Somit existiert $\int_0^{\infty} \cos(x)\, dx$ nicht.

(ii) Es ist zu untersuchen, ob $\lim\limits_{\varepsilon\searrow 0}\int\limits_{1+\varepsilon}^{5}\frac{1}{\sqrt[5]{x-1}}\,dx$ existiert. Es gilt für $\varepsilon\in(0,4)$

$$\int\limits_{1+\varepsilon}^{5}\frac{1}{\sqrt[5]{x-1}}\,dx = \int\limits_{1+\varepsilon}^{5}(x-1)^{-\frac{1}{5}}\,dx = \frac{5}{4}(x-1)^{\frac{4}{5}}\bigg|_{1+\varepsilon}^{5} = \frac{5}{4}\left(4^{\frac{4}{5}}-\varepsilon^{\frac{4}{5}}\right).$$

Somit folgt

$$\lim\limits_{\varepsilon\searrow 0}\int\limits_{1+\varepsilon}^{5}\frac{1}{\sqrt[5]{x-1}}\,dx = \frac{5}{4}4^{\frac{4}{5}} = \frac{5}{\sqrt[5]{4}}.$$

Also existiert $\int\limits_{1}^{5}\frac{1}{\sqrt[5]{x-1}}\,dx$, und es gilt

$$\int\limits_{1}^{5}\frac{1}{\sqrt[5]{x-1}}\,dx = \lim\limits_{\varepsilon\searrow 0}\int\limits_{1+\varepsilon}^{5}\frac{1}{\sqrt[5]{x-1}}\,dx = \frac{5}{\sqrt[5]{4}}.$$

(b) Es ist zu untersuchen, für welche $\alpha>0$ der Grenzwert $\lim\limits_{R\to\infty}\int\limits_{1}^{R}\frac{1}{x^{\alpha}}\,dx$ existiert. Für $\alpha=1$ und $R>1$ gilt

$$\int\limits_{1}^{R}\frac{1}{x^{\alpha}}\,dx = \int\limits_{1}^{R}\frac{1}{x}\,dx = \log(x)\bigg|_{1}^{R} = \log(R)-\log(1) = \log(R).$$

Wegen $\log(R)\to+\infty$ für $R\to\infty$ existiert somit $\int\limits_{1}^{\infty}\frac{1}{x^{\alpha}}\,dx$ im Fall $\alpha=1$ nicht. Für $\alpha\in(0,\infty)\setminus\{1\}$ und $R>1$ gilt

$$\int\limits_{1}^{R}\frac{1}{x^{\alpha}}\,dx = \int\limits_{1}^{R}x^{-\alpha}\,dx = \frac{1}{1-\alpha}x^{1-\alpha}\bigg|_{1}^{R} = \frac{1}{1-\alpha}\left(R^{1-\alpha}-1\right).$$

Für $\alpha\in(0,1)$ gilt $R^{1-\alpha}\to+\infty$ für $R\to\infty$, sodass in diesem Fall $\int\limits_{1}^{R}\frac{1}{x^{\alpha}}\,dx\to+\infty$ für $R\to\infty$ gilt. Somit existiert $\int\limits_{1}^{\infty}\frac{1}{x^{\alpha}}\,dx$ im Fall $\alpha\in(0,1)$ nicht.

Im Fall $\alpha>1$ gilt

$$\lim\limits_{R\to\infty}\int\limits_{1}^{R}\frac{1}{x^{\alpha}}\,dx = \lim\limits_{R\to\infty}\frac{1}{1-\alpha}\left(R^{1-\alpha}-1\right) = \frac{1}{1-\alpha}(0-1) = \frac{1}{\alpha-1}.$$

Daher existiert $\int\limits_{1}^{\infty} \frac{1}{x^{\alpha}}\, dx$ im Fall $\alpha \in (1, \infty)$.

Insgesamt existiert also I_{α} für alle $\alpha \in (1, \infty)$, während I_{α} für alle $\alpha \in (0, 1]$ nicht existiert.

Aufgabe 6

(a) Man kann für das Integral $\int\limits_{a}^{b} f(x)\, dx$ mit der Trapezregel die Näherung

$$
T_n := \frac{b-a}{2n} \sum_{k=0}^{n-1} (f(x_k) + f(x_{k+1}))
$$
$$
= \frac{b-a}{2n} \left(f(x_0) + 2f(x_1) + \cdots + 2f(x_{n-1}) + f(x_n) \right)
$$

berechnen. Dabei gilt $n \in \mathbb{N} \setminus \{0\}$ und $x_k := a + k\frac{b-a}{n}$ für $k \in \{0, \dots, n\}$.

Wir wollen eine Näherung für $\int\limits_{0}^{1} e^{-x^2}\, dx$ berechnen. Also gilt hier $a = 0$, $b = 1$,

$f(x) = e^{-x^2}$ und $x_k = 0 + k\frac{1}{n} = \frac{k}{n}$. Somit folgt im Fall $n = 4$

$$
T_4 = \frac{1-0}{8} \left(f(x_0) + 2f(x_1) + 2f(x_2) + 2f(x_3) + f(x_4) \right)
$$
$$
= \frac{1}{8} \left(f\left(\frac{0}{4}\right) + 2f\left(\frac{1}{4}\right) + 2f\left(\frac{2}{4}\right) + 2f\left(\frac{3}{4}\right) + f\left(\frac{4}{4}\right) \right)
$$
$$
= \frac{1}{8} \left(e^{-0^2} + 2e^{-\left(\frac{1}{4}\right)^2} + 2e^{-\left(\frac{1}{2}\right)^2} + 2e^{-\left(\frac{3}{4}\right)^2} + e^{-1^2} \right)
$$
$$
= \frac{1}{8} \left(1 + 2e^{-\frac{1}{16}} + 2e^{-\frac{1}{4}} + 2e^{-\frac{9}{16}} + e^{-1} \right)
$$
$$
\approx 0{,}742984098.
$$

Im Fall $n = 10$ folgt

$$
T_{10} = \frac{1-0}{20} \left(f(x_0) + 2f(x_1) + \cdots + 2f(x_9) + f(x_{10}) \right)
$$
$$
= \frac{1}{20} \left(f\left(\frac{0}{10}\right) + 2f\left(\frac{1}{10}\right) + \cdots + 2f\left(\frac{9}{10}\right) + f\left(\frac{10}{10}\right) \right)
$$
$$
= \frac{1}{20} \left(e^{-0^2} + 2e^{-\left(\frac{1}{10}\right)^2} + \cdots + 2e^{-\left(\frac{9}{10}\right)^2} + e^{-1^2} \right)
$$
$$
= \frac{1}{20} \Big(1 + 2e^{-\frac{1}{100}} + 2e^{-\frac{4}{100}} + 2e^{-\frac{9}{100}} + 2e^{-\frac{16}{100}} + 2e^{-\frac{25}{100}} + 2e^{-\frac{36}{100}}
$$
$$
+ 2e^{-\frac{49}{100}} + 2e^{-\frac{64}{100}} + 2e^{-\frac{81}{100}} + e^{-1} \Big)
$$
$$
\approx 0{,}746210796.
$$

(b) Man kann für das Integral $\int\limits_a^b f(x)\,dx$ mit der Simpson-Regel die Näherung

$$S_n := \frac{h}{3} \sum_{k=0}^{n-1} (f(x_{2k}) + 4f(x_{2k} + h) + f(x_{2k} + 2h))$$

berechnen. Dabei gilt $n \in \mathbb{N} \setminus \{0\}$, $h := \frac{b-a}{2n}$ und $x_j := a + j\frac{b-a}{2n}$ für $j \in \{0, \ldots, 2n\}$. Wir wollen eine Näherung für $\int\limits_0^1 e^{-x^2}\,dx$ berechnen. Also gilt hier $a = 0$, $b = 1$, $f(x) = e^{-x^2}$, $h = \frac{1}{2n}$ und $x_j = 0 + j\frac{1}{2n} = \frac{j}{2n}$. Somit folgt im Fall $n = 3$

$$S_3 = \frac{1}{6n} \sum_{k=0}^{3-1} \left(f\left(\frac{2k}{2n}\right) + 4f\left(\frac{2k}{2n} + \frac{1}{2n}\right) + f\left(\frac{2k}{2n} + \frac{2}{2n}\right) \right)$$

$$= \frac{1}{6n} \sum_{k=0}^{2} \left(f\left(\frac{k}{n}\right) + 4f\left(\frac{2k+1}{2n}\right) + f\left(\frac{k+1}{n}\right) \right)$$

$$= \frac{1}{18} \sum_{k=0}^{2} \left(f\left(\frac{k}{3}\right) + 4f\left(\frac{2k+1}{6}\right) + f\left(\frac{k+1}{3}\right) \right)$$

$$= \frac{1}{18} \sum_{k=0}^{2} \left(e^{-\frac{k^2}{9}} + 4e^{-\frac{(2k+1)^2}{36}} + e^{-\frac{(k+1)^2}{9}} \right)$$

$$= \frac{1}{18} \left[\left(e^{-0} + 4e^{-\frac{1}{36}} + e^{-\frac{1}{9}} \right) + \left(e^{-\frac{1}{9}} + 4e^{-\frac{9}{36}} + e^{-\frac{4}{9}} \right) + \left(e^{-\frac{4}{9}} + 4e^{-\frac{25}{36}} + e^{-\frac{9}{9}} \right) \right]$$

$$= \frac{1}{18} \left[1 + 4e^{-\frac{1}{36}} + 2e^{-\frac{1}{9}} + 4e^{-\frac{9}{36}} + 2e^{-\frac{4}{9}} + 4e^{-\frac{25}{36}} + e^{-1} \right]$$

$$\approx 0{,}746830391.$$

Im Fall $n = 6$ folgt

$$S_3 = \frac{1}{6n} \sum_{k=0}^{6-1} \left(f\left(\frac{2k}{2n}\right) + 4f\left(\frac{2k}{2n} + \frac{1}{2n}\right) + f\left(\frac{2k}{2n} + \frac{2}{2n}\right) \right)$$

$$= \frac{1}{6n} \sum_{k=0}^{5} \left(f\left(\frac{k}{n}\right) + 4f\left(\frac{2k+1}{2n}\right) + f\left(\frac{k+1}{n}\right) \right)$$

$$= \frac{1}{36} \sum_{k=0}^{5} \left(f\left(\frac{k}{6}\right) + 4f\left(\frac{2k+1}{12}\right) + f\left(\frac{k+1}{6}\right) \right)$$

$$= \frac{1}{36} \sum_{k=0}^{5} \left(e^{-\frac{k^2}{36}} + 4e^{-\frac{(2k+1)^2}{144}} + e^{-\frac{(k+1)^2}{36}} \right)$$

$$= \frac{1}{36}\Big[\Big(e^{-0} + 4e^{-\frac{1}{144}} + e^{-\frac{1}{36}} \Big) + \Big(e^{-\frac{1}{36}} + 4e^{-\frac{9}{144}} + e^{-\frac{4}{36}} \Big)$$

$$+ \Big(e^{-\frac{4}{36}} + 4e^{-\frac{25}{144}} + e^{-\frac{9}{36}} \Big) + \Big(e^{-\frac{9}{36}} + 4e^{-\frac{49}{144}} + e^{-\frac{16}{36}} \Big)$$

$$+ \Big(e^{-\frac{16}{36}} + 4e^{-\frac{81}{144}} + e^{-\frac{25}{36}} \Big) + \Big(e^{-\frac{25}{36}} + 4e^{-\frac{121}{144}} + e^{-\frac{36}{36}} \Big) \Big]$$

$$= \frac{1}{36}\Big[1 + 4e^{-\frac{1}{144}} + 2e^{-\frac{1}{36}} + 4e^{-\frac{9}{144}} + 2e^{-\frac{4}{36}} + 4e^{-\frac{25}{144}} + 2e^{-\frac{9}{36}} + 4e^{-\frac{49}{144}}$$

$$+ 2e^{-\frac{16}{36}} + 4e^{-\frac{81}{144}} + 2e^{-\frac{25}{36}} + 4e^{-\frac{121}{144}} + e^{-1} \Big]$$

$$\approx 0{,}746824526.$$

Man kann z. B. mit MATLAB numerisch berechnen, dass

$$\int\limits_{0}^{1} e^{-x^2}\, dx \approx 0{,}746824132812427$$

gilt. Damit kann man dann sehen, wie gut die in (a) und (b) berechneten Näherungen sind.

Aufgabe 7

(a) Wir wollen zeigen, dass es $\alpha, \beta, \gamma \in \mathbb{R}$ gibt, sodass die Funktion w gegeben durch $w(x) = \alpha x^2 + \beta x + \gamma$ für $x \in \mathbb{R}$ die Bedingungen $w(x_i) = y_i$ für alle $i \in \{0, 1, 2\}$ erfüllt.

Dazu verwenden wir den Ansatz $w(x) = a + b(x - x_0) + c(x - x_0)(x - x_1),\ x \in \mathbb{R}$. Dann muss gelten

$$y_0 = w(x_0) = a + b \cdot 0 + c \cdot 0 \cdot (x_0 - x_1) = a,$$

sodass $a = y_0$ folgt. Weiter muss gelten

$$y_1 = w(x_1) = a + b(x_1 - x_0) + c(x_1 - x_0) \cdot 0 = y_0 + b(x_1 - x_0),$$

sodass $b = \frac{y_1 - y_0}{x_1 - x_0}$ folgt (wegen $x_0 \neq x_1$ ist b wohldefiniert). Schließlich muss gelten

$$y_2 = w(x_2) = a + b(x_2 - x_0) + c(x_2 - x_0)(x_2 - x_1),$$

sodass folgt

$$c = \frac{y_2 - a - b(x_2 - x_0)}{(x_2 - x_0)(x_2 - x_1)} - \frac{y_2 - a}{(x_2 - x_0)(x_2 - x_1)} - \frac{b}{x_2 - x_1}$$

$$= \frac{y_2 - y_0}{(x_2 - x_0)(x_2 - x_1)} - \frac{y_1 - y_0}{(x_1 - x_0)(x_2 - x_1)},$$

wobei c wegen $x_0 < x_1 < x_2$ wohldefiniert ist. Mit diesen Werten von a, b und c erfüllt also w die Bedingungen $w(x_i) = y_i$ für alle $i \in \{0, 1, 2\}$. Wir können w umschreiben als

$$
\begin{aligned}
w(x) &= a + b(x - x_0) + c(x - x_0)(x - x_1) \\
&= a + bx - bx_0 + cx^2 - cxx_0 - cxx_1 + cx_0x_1 \\
&= cx^2 + (b - cx_0 - cx_1)x + a - bx_0 + cx_0x_1 \\
&= cx^2 + (b - c(x_0 + x_1))x + (a - bx_0 + cx_0x_1) \qquad x \in \mathbb{R}.
\end{aligned}
$$

Somit gilt $w(x) = \alpha x^2 + \beta x + \gamma$ für $x \in \mathbb{R}$ mit

$$
\begin{aligned}
\alpha &:= c = \frac{y_2 - y_0}{(x_2 - x_0)(x_2 - x_1)} - \frac{y_1 - y_0}{(x_1 - x_0)(x_2 - x_1)}, \\
\beta &:= b - c(x_0 + x_1) \\
&= \frac{y_1 - y_0}{x_1 - x_0} - (x_0 + x_1)\left(\frac{y_2 - y_0}{(x_2 - x_0)(x_2 - x_1)} - \frac{y_1 - y_0}{(x_1 - x_0)(x_2 - x_1)}\right), \\
\gamma &:= a - bx_0 + cx_0x_1 \\
&= y_0 - x_0 \cdot \frac{y_1 - y_0}{x_1 - x_0} + x_0x_1\left(\frac{y_2 - y_0}{(x_2 - x_0)(x_2 - x_1)} - \frac{y_1 - y_0}{(x_1 - x_0)(x_2 - x_1)}\right).
\end{aligned}
$$

Somit haben wir die geforderte Funktion w konstruiert.

(b) Es gilt für $i \in \{0, 1, 2\}$

$$
v(x_i) = w_1(x_i) - w_2(x_i) = y_i - y_i = 0,
$$

sodass v wegen $x_0 < x_1 < x_2$ mindestens drei verschiedene Nullstellen hat (in x_0, x_1 und x_2). Weiter gilt

$$
\begin{aligned}
v(x) = w_1(x) - w_2(x) &= \alpha_1 x^2 + \beta_1 x + \gamma_1 - (\alpha_2 x^2 + \beta_2 x + \gamma_2) \\
&= (\alpha_1 - \alpha_2)x^2 + (\beta_1 - \beta_2)x + (\gamma_1 - \gamma_2), \qquad x \in \mathbb{R}.
\end{aligned}
$$

Wäre $\alpha_1 > \alpha_2$, so wäre der Graph von v eine nach oben offene Parabel, und v hätte höchstens zwei Nullstellen, was nicht sein kann, da v mindestens drei Nullstellen hat. Wäre $\alpha_1 < \alpha_2$, so wäre der Graph von v eine nach unten offene Parabel, und v hätte höchstens zwei Nullstellen, was nicht sein kann, da v mindestens drei Nullstellen hat. Somit gilt $\alpha_1 = \alpha_2$ und

$$
v(x) = (\beta_1 - \beta_2)x + (\gamma_1 - \gamma_2), \qquad x \in \mathbb{R}.
$$

Wäre $\beta_1 \neq \beta_2$, so wäre der Graph von v eine Gerade, deren Steigung ungleich null ist, und v hätte genau eine Nullstelle, was nicht sein kann, da v mindestens drei Nullstellen hat. Somit gilt $\beta_1 = \beta_2$ und

$$
v(x) = (\gamma_1 - \gamma_2), \qquad x \in \mathbb{R}.
$$

Da v Nullstellen hat, muss daher $\gamma_1 = \gamma_2$ und $v(x) = 0$ für alle $x \in \mathbb{R}$ gelten. Somit ist v die Nullfunktion, und es gilt $\alpha_1 = \alpha_2$, $\beta_1 = \beta_2$ und $\gamma_1 = \gamma_2$.

Mit Teil (a) und (b) gibt es also eindeutig bestimmte $\alpha, \beta, \gamma \in \mathbb{R}$ mit $w(x) = \alpha x^2 + \beta x + \gamma$ für $x \in \mathbb{R}$, sodass $w(x_i) = y_i$ für alle $i \in \{0, 1, 2\}$ erfüllt ist.

Aufgabe 8

(a) Es gilt

$$c'(t) = \begin{pmatrix} \frac{1}{\pi}e^{\frac{t}{\pi}} \cdot \cos(t) - e^{\frac{t}{\pi}} \cdot \sin(t) \\ \frac{1}{\pi}e^{\frac{t}{\pi}} \cdot \sin(t) + e^{\frac{t}{\pi}} \cdot \cos(t) \end{pmatrix}, \qquad t \in [0, \pi].$$

Somit folgt:

$$|c'(t)| = \left((c_1'(t))^2 + (c_2'(t))^2 \right)^{\frac{1}{2}}$$

$$= \left(\left(\frac{1}{\pi}e^{\frac{t}{\pi}} \cdot \cos(t) - e^{\frac{t}{\pi}} \cdot \sin(t) \right)^2 + \left(\frac{1}{\pi}e^{\frac{t}{\pi}} \cdot \sin(t) + e^{\frac{t}{\pi}} \cdot \cos(t) \right)^2 \right)^{\frac{1}{2}}$$

$$= \left(\frac{1}{\pi^2}e^{\frac{2t}{\pi}} \cdot \cos^2(t) - 2\frac{1}{\pi}e^{\frac{2t}{\pi}} \cdot \cos(t) \cdot \sin(t) + e^{\frac{2t}{\pi}} \cdot \sin^2(t) \right.$$

$$\left. + \frac{1}{\pi^2}e^{\frac{2t}{\pi}} \cdot \sin^2(t) + 2\frac{1}{\pi}e^{\frac{2t}{\pi}} \cdot \sin(t) \cdot \cos(t) + e^{\frac{2t}{\pi}} \cdot \cos^2(t) \right)^{\frac{1}{2}}$$

$$= \left(\frac{1}{\pi^2}e^{\frac{2t}{\pi}} \left(\cos^2(t) + \sin^2(t) \right) + e^{\frac{2t}{\pi}} \left(\sin^2(t) + \cos^2(t) \right) \right)^{\frac{1}{2}}$$

$$= \left(\frac{1}{\pi^2}e^{\frac{2t}{\pi}} + e^{\frac{2t}{\pi}} \right)^{\frac{1}{2}} = \sqrt{e^{\frac{2t}{\pi}} \left(\frac{1}{\pi^2} + 1 \right)} = \sqrt{e^{\frac{2t}{\pi}} \cdot \frac{1 + \pi^2}{\pi^2}}$$

$$= e^{\frac{t}{\pi}} \cdot \frac{\sqrt{1 + \pi^2}}{\pi}, \qquad t \in [0, \pi].$$

Mit $s = \frac{t}{\pi}$ gilt $\frac{ds}{dt} = \frac{1}{\pi}$, also $ds = \frac{1}{\pi}dt$. Daher gilt für die Länge L der Kurve c

$$L = \int_0^\pi |c'(t)|\, dt = \int_0^\pi e^{\frac{t}{\pi}} \cdot \frac{\sqrt{1 + \pi^2}}{\pi}\, dt = \sqrt{1 + \pi^2} \int_0^\pi e^{\frac{t}{\pi}} \cdot \frac{1}{\pi}\, dt$$

$$= \sqrt{1 + \pi^2} \int_0^1 e^s\, ds = \sqrt{1 + \pi^2} \cdot e^s \Big|_0^1 = \sqrt{1 + \pi^2} \cdot \left(e^1 - e^0 \right)$$

$$= \sqrt{1 + \pi^2} \cdot (e - 1).$$

Abb. A.13 Fläche F

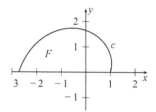

Die gesuchte Fläche F sieht folgendermaßen aus (siehe Abb. A.13):
Es gilt für den Flächeninhalt $|F|$ von F

$$|F| = \frac{1}{2} \int\limits_0^\pi |c_1'(t) \cdot c_2(t) - c_2'(t) \cdot c_1(t)| \, dt.$$

Wir berechnen zunächst

$$c_1'(t) \cdot c_2(t) - c_2'(t) \cdot c_1(t)$$

$$= \left(\frac{1}{\pi} e^{\frac{t}{\pi}} \cdot \cos(t) - e^{\frac{t}{\pi}} \cdot \sin(t) \right) \cdot e^{\frac{t}{\pi}} \cdot \sin(t)$$

$$\quad - \left(\frac{1}{\pi} e^{\frac{t}{\pi}} \cdot \sin(t) + e^{\frac{t}{\pi}} \cdot \cos(t) \right) \cdot e^{\frac{t}{\pi}} \cdot \cos(t)$$

$$= \frac{1}{\pi} e^{\frac{2t}{\pi}} \cdot \cos(t) \cdot \sin(t) - e^{\frac{2t}{\pi}} \cdot \sin^2(t) - \frac{1}{\pi} e^{\frac{2t}{\pi}} \cdot \sin(t) \cdot \cos(t) - e^{\frac{2t}{\pi}} \cdot \cos^2(t)$$

$$= -e^{\frac{2t}{\pi}} \cdot \left(\sin^2(t) + \cos^2(t) \right) = -e^{\frac{2t}{\pi}}, \qquad t \in [0, \pi].$$

Mit $s = \frac{2t}{\pi}$ gilt $\frac{ds}{dt} = \frac{2}{\pi}$, also $ds = \frac{2}{\pi} dt$. Daher gilt für den Flächeninhalt $|F|$

$$|F| = \frac{1}{2} \int\limits_0^\pi |c_1'(t) \cdot c_2(t) - c_2'(t) \cdot c_1(t)| \, dt = \frac{1}{2} \int\limits_0^\pi e^{\frac{2t}{\pi}} \, dt = \frac{1}{2} \cdot \frac{\pi}{2} \int\limits_0^\pi \frac{2}{\pi} e^{\frac{2t}{\pi}} \, dt$$

$$= \frac{\pi}{4} \int\limits_0^2 e^s \, ds = \frac{\pi}{4} e^s \Big|_0^2 = \frac{\pi}{4} \cdot \left(e^2 - e^0 \right) = \frac{\pi}{4} \cdot \left(e^2 - 1 \right).$$

(b) Es gilt

$$c'(t) = \begin{pmatrix} 1 \\ \frac{3}{2} t^{\frac{1}{2}} \end{pmatrix}, \qquad t \in [0, 1].$$

Somit folgt

$$|c'(t)| = \left((c_1'(t))^2 + (c_2'(t))^2 \right)^{\frac{1}{2}} = \sqrt{1 + \frac{9}{4} t}, \qquad t \in [0, 1].$$

Abb. A.14 Fläche F

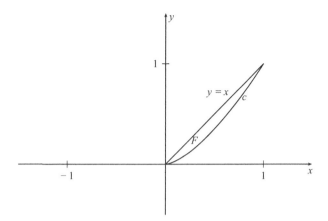

Mit $s = 1 + \frac{9}{4}t$ gilt $\frac{ds}{dt} = \frac{9}{4}$, also $ds = \frac{9}{4}dt$. Daher gilt für die Länge L der Kurve c

$$
L = \int\limits_0^1 |c'(t)|\, dt = \int\limits_0^1 \sqrt{1 + \frac{9}{4}t}\, dt = \frac{4}{9}\int\limits_0^1 \frac{9}{4}\sqrt{1 + \frac{9}{4}t}\, dt = \frac{4}{9}\int\limits_1^{\frac{13}{4}} \sqrt{s}\, ds
$$

$$
= \frac{4}{9}\cdot\frac{2}{3}s^{\frac{3}{2}}\Big|_1^{\frac{13}{4}} = \frac{8}{27}\cdot\left(\left(\frac{13}{4}\right)^{\frac{3}{2}} - 1\right) = \frac{8}{27}\cdot\left(\frac{13^{\frac{3}{2}}}{8} - 1\right).
$$

Die gesuchte Fläche F sieht folgendermaßen aus (siehe Abb. A.14).
Es gilt für den Flächeninhalt $|F|$ von F

$$
|F| = \frac{1}{2}\int\limits_0^1 |c_1'(t)\cdot c_2(t) - c_2'(t)\cdot c_1(t)|\, dt = \frac{1}{2}\int\limits_0^1 \left|1\cdot t^{\frac{3}{2}} - \frac{3}{2}t^{\frac{1}{2}}\cdot t\right|\, dt
$$

$$
= \frac{1}{2}\int\limits_0^1 \left|t^{\frac{3}{2}} - \frac{3}{2}t^{\frac{3}{2}}\right|\, dt = \frac{1}{2}\int\limits_0^1 \left|-\frac{1}{2}t^{\frac{3}{2}}\right|\, dt = \frac{1}{4}\int\limits_0^1 t^{\frac{3}{2}}\, dt = \frac{1}{4}\cdot\frac{2}{5}t^{\frac{5}{2}}\Big|_0^1
$$

$$
= \frac{1}{10}\cdot(1 - 0) = \frac{1}{10}.
$$

Aufgabe 9

(a) Wenn man die Funktion f um die x-Achse rotieren lässt, muss f folgendermaßen aussehen, damit als Rotationskörper ein Zylinder mit Höhe h, dessen Boden und Deckel Radius r haben, entsteht (siehe Abb. A.15).

Abb. A.15 Zylinder

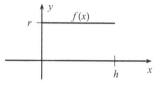

Abb. A.16 Kegel

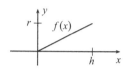

Also gilt $f(x) = r$ für $x \in [0, h]$. Aus der Formel für das Volumen von Rotationskörpern folgt daher für das Volumen V des Zylinders

$$V = \pi \int_0^h f^2(x)\, dx = \pi \int_0^h r^2\, dx = \pi r^2 \int_0^h 1\, dx = \pi r^2 \cdot (h - 0) = \pi r^2 h.$$

(b) Wenn man die Funktion f um die x-Achse rotieren lässt, muss f folgendermaßen aussehen, damit als Rotationskörper ein Kreiskegel mit Höhe h, dessen Grundfläche ein Kreis mit Radius r ist, entsteht (siehe Abb. A.16).

Also gilt $f(x) = mx$ für $x \in [0, h]$, wobei m so gewählt ist, dass $f(h) = r$ gilt. Dies ist für $m = \frac{r}{h}$ erfüllt. Somit folgt $f(x) = \frac{r}{h}x$ für $x \in [0, h]$. Aus der Formel für das Volumen von Rotationskörpern folgt daher für das Volumen V des Kreiskegels

$$V = \pi \int_0^h f^2(x)\, dx = \pi \int_0^h \frac{r^2}{h^2}x^2\, dx = \frac{\pi r^2}{h^2} \int_0^h x^2\, dx = \frac{\pi r^2}{h^2} \cdot \frac{1}{3}x^3 \Big|_0^h$$

$$= \frac{\pi r^2}{3h^2} \cdot (h^3 - 0) = \frac{\pi r^2}{3h^2} h^3 = \frac{\pi}{3} r^2 h.$$

Lösungen der Übungen Kapitel 5

Aufgabe 1
(a) Es sei $x_k := \frac{3}{2k+1}$ für $k \in (\mathbb{N} \setminus \{0\})$. Dann gilt für alle $k \geq 1$

$$x_k = \frac{3}{2k+1} \geq \frac{3}{2k+k} = \frac{3}{3k} = \frac{1}{k}.$$

Da $t_k := \frac{1}{k} \geq 0$ für alle $k \geq 1$ gilt und die Reihe $\sum\limits_{k=1}^{\infty} t_k = \sum\limits_{k=1}^{\infty} \frac{1}{k}$ divergent ist, ist nach

dem Vergleichstest (Teil (b)) die Reihe $\sum\limits_{k=1}^{\infty} x_k = \sum\limits_{k=1}^{\infty} \frac{3}{2k+1}$ auch divergent.

(b) Es sei $x_k := \frac{2k^3+1}{3k^3+2k}$ für $k \in (\mathbb{N} \setminus \{0\})$. Dann gilt

$$\lim_{k\to\infty} x_k = \lim_{k\to\infty} \frac{2k^3 + 1}{3k^3 + 2k} = \lim_{k\to\infty} \frac{k^3 \left(2 + \frac{1}{k^3}\right)}{k^3 \left(3 + \frac{2}{k^2}\right)} = \lim_{k\to\infty} \frac{2 + \frac{1}{k^3}}{3 + \frac{2}{k^2}} = \frac{2+0}{3+0} = \frac{2}{3}.$$

Da also $\lim_{k\to\infty} x_k \neq 0$ gilt, ist die Reihe $\sum\limits_{k=1}^{\infty} x_k = \sum\limits_{k=1}^{\infty} \frac{2k^3+1}{3k^3+2k}$ nach Satz 5.1 divergent.

(c) Es sei $x_k := \frac{5}{2^k+3}$ für $k \in \mathbb{N}$. Dann gilt für alle $k \in \mathbb{N}$

$$|x_k| = \left| \frac{5}{2^k + 3} \right| = \frac{5}{2^k + 3} \leq \frac{5}{2^k} = 5 \cdot \left(\frac{1}{2}\right)^k.$$

Es sei $t_k := 5 \cdot \left(\frac{1}{2}\right)^k$ für $k \in \mathbb{N}$. Wegen $\left|\frac{1}{2}\right| < 1$ ist die Reihe $\sum\limits_{k=0}^{\infty} \left(\frac{1}{2}\right)^k$ konvergent und

sogar absolut konvergent, da $\left(\frac{1}{2}\right)^k \geq 0$. Daher ist nach den Rechenregeln für Reihen

(Satz 5.10) auch die Reihe $\sum\limits_{k=0}^{\infty} t_k = \sum\limits_{k=0}^{\infty} 5 \cdot \left(\frac{1}{2}\right)^k$ absolut konvergent. Da wie oben

gezeigt $|x_k| \leq |t_k|$ gilt (wegen $t_k \geq 0$ ist $|t_k| = t_k$), ist nach dem Vergleichstest (Teil

a)) auch die Reihe $\sum\limits_{k=0}^{\infty} x_k = \sum\limits_{k=0}^{\infty} \frac{5}{2^k+3}$ absolut konvergent, also auch konvergent.

(d) Es sei $x_k := \frac{3^k \cdot \sin(k)}{4 \cdot 3^k - 1}$ für $k \in (\mathbb{N} \setminus \{0\})$. Dann gilt für alle $k \geq 1$

$$x_k = \sin(k) \cdot \frac{3^k}{4 \cdot 3^k - 1} = \sin(k) \cdot \frac{3^k}{3^k \left(4 - \frac{1}{3^k}\right)} = \sin(k) \cdot \frac{1}{4 - \frac{1}{3^k}}.$$

Da

$$\lim_{k\to\infty} \frac{1}{4 - \frac{1}{3^k}} = \frac{1}{4 - 0} = \frac{1}{4} \neq 0$$

gilt und $\lim_{k\to\infty} \sin(k)$ nicht existiert, existiert auch $\lim_{k\to\infty} x_k$ nicht. Somit gilt

$x_k \nrightarrow 0$ für $k \to \infty$. Daher ist die Reihe $\sum\limits_{k=1}^{\infty} x_k = \sum\limits_{k=1}^{\infty} \frac{3^k \cdot \sin(k)}{4 \cdot 3^k - 1}$ nach Satz 5.1 divergent.

Aufgabe 2

(a) Es sei $x_k := \left(\frac{-1}{\log(k)}\right)^k$ für $k \geq 2$. Dann gilt für alle $k \geq 2$

$$|x_k|^{\frac{1}{k}} = \left| \frac{-1}{\log(k)} \right|^{k \cdot \frac{1}{k}} = \left(\frac{1}{\log(k)}\right)^1 = \frac{1}{\log(k)}.$$

Wegen $\log(k) \to \infty$ für $k \to \infty$ gilt somit

$$\lim_{k \to \infty} |x_k|^{\frac{1}{k}} = \lim_{k \to \infty} \frac{1}{\log(k)} = 0 < 1.$$

Daher ist die Reihe $\sum_{k=2}^{\infty} x_k = \sum_{k=2}^{\infty} \left(\frac{-1}{\log(k)}\right)^k$ nach dem Wurzeltest absolut konvergent, also auch konvergent.

(b) Es sei $x_k := \frac{2^k \cdot k!}{3^k}$ für $k \geq 1$. Dann gilt für alle $k \geq 1$

$$\left|\frac{x_{k+1}}{x_k}\right| = \frac{2^{k+1} \cdot (k+1)!}{3^{k+1}} \cdot \frac{3^k}{2^k \cdot k!} = \frac{2^k \cdot 2 \cdot (k+1) \cdot k!}{3^k \cdot 3} \cdot \frac{3^k}{2^k \cdot k!} = \frac{2(k+1)}{3}.$$

Somit gilt

$$\lim_{k \to \infty} \left|\frac{x_{k+1}}{x_k}\right| = \lim_{k \to \infty} \frac{2(k+1)}{3} = +\infty > 1.$$

Daher ist die Reihe $\sum_{k=1}^{\infty} x_k = \sum_{k=1}^{\infty} \frac{2^k \cdot k!}{3^k}$ nach dem Quotiententest divergent.

(c) Es sei $x_k := \frac{(k!)^2}{(2k)!}$ für $k \geq 1$. Dann gilt für alle $k \geq 1$

$$\left|\frac{x_{k+1}}{x_k}\right| = \frac{((k+1)!)^2}{(2(k+1))!} \cdot \frac{(2k)!}{(k!)^2} = \frac{((k+1)!)^2}{(2k+2)!} \cdot \frac{(2k)!}{(k!)^2}$$

$$= \frac{((k+1) \cdot k!)^2}{(2k+2) \cdot (2k+1) \cdot (2k)!} \cdot \frac{(2k)!}{(k!)^2} = \frac{(k+1)^2}{(2k+2) \cdot (2k+1)}$$

$$= \frac{(k+1)^2}{2(k+1) \cdot (2k+1)} = \frac{k+1}{2(2k+1)} = \frac{k\left(1 + \frac{1}{k}\right)}{k\left(4 + \frac{2}{k}\right)} = \frac{1 + \frac{1}{k}}{4 + \frac{2}{k}}.$$

Somit gilt

$$\lim_{k \to \infty} \left|\frac{x_{k+1}}{x_k}\right| = \lim_{k \to \infty} \frac{1 + \frac{1}{k}}{4 + \frac{2}{k}} = \frac{1 + 0}{4 + 0} = \frac{1}{4} < 1.$$

Daher ist die Reihe $\sum_{k=1}^{\infty} x_k = \frac{(k!)^2}{(2k)!}$ nach dem Quotiententest absolut konvergent, also auch konvergent.

(d) Es sei $x_k := \left(\frac{2k^2 + 5}{(k+4)^2}\right)^{2k}$ für $k \in \mathbb{N}$. Dann gilt für alle $k \in \mathbb{N}$

$$|x_k|^{\frac{1}{k}} = \left|\frac{2k^2 + 5}{(k+4)^2}\right|^{2k \cdot \frac{1}{k}} = \left(\frac{2k^2 + 5}{(k+4)^2}\right)^2 = \left(\frac{2k^2 + 5}{k^2 + 8k + 16}\right)^2$$

$$= \left(\frac{k^2\left(2 + \frac{5}{k^2}\right)}{k^2\left(1 + \frac{8}{k} + \frac{16}{k^2}\right)}\right)^2 = \left(\frac{2 + \frac{5}{k^2}}{1 + \frac{8}{k} + \frac{16}{k^2}}\right)^2.$$

Somit gilt nach den Grenzwertsätzen

$$\lim_{k \to \infty} |x_k|^{\frac{1}{k}} = \lim_{k \to \infty} \left(\frac{2 + \frac{5}{k^2}}{1 + \frac{8}{k} + \frac{16}{k^2}} \right)^2 = \left(\frac{2 + 0}{1 + 0 + 0} \right)^2 = 2^2 = 4 > 1.$$

Daher ist die Reihe $\sum\limits_{k=0}^{\infty} x_k = \sum\limits_{k=0}^{\infty} \left(\frac{2k^2+5}{(k+4)^2} \right)^{2k}$ nach dem Wurzeltest divergent.

Aufgabe 3

(a) Es sei $x_k := \frac{(-1)^k}{\sqrt{k}+1}$ und $a_k := \frac{1}{\sqrt{k}+1}$ für $k \geq 1$. Es gilt $a_k \geq 0$ für alle $k \geq 1$. Außerdem gilt $\sqrt{k} \leq \sqrt{k+1}$ für alle $k \geq 1$, sodass

$$a_k = \frac{1}{\sqrt{k}+1} \geq \frac{1}{\sqrt{k+1}+1} = a_{k+1}$$

für alle $k \geq 1$ folgt. Somit ist die Folge $(a_k)_{k \geq 1}$ eine monoton fallende Folge. Wegen $\lim_{k \to \infty} \sqrt{k} = +\infty$ gilt außerdem

$$\lim_{k \to \infty} a_k = \lim_{k \to \infty} \frac{1}{\sqrt{k}+1} = 0.$$

Daher ist die Reihe $\sum\limits_{k=1}^{\infty} (-1)^k a_k = \sum\limits_{k=1}^{\infty} \frac{(-1)^k}{\sqrt{k}+1}$ nach der Leibniz-Regel konvergent. Nun ist die Reihe $\sum\limits_{k=1}^{\infty} \frac{(-1)^k}{\sqrt{k}+1} = \sum\limits_{k=1}^{\infty} x_k$ genau dann absolut konvergent, wenn $\sum\limits_{k=1}^{\infty} |x_k|$ konvergent ist. Es gilt $\sqrt{k} \leq k$ für alle $k \geq 1$, sodass für alle $k \geq 1$ folgt

$$|x_k| = \left| \frac{(-1)^k}{\sqrt{k}+1} \right| = \frac{1}{\sqrt{k}+1} \geq \frac{1}{k+k} = \frac{1}{2k} = \frac{1}{2} \cdot \frac{1}{k}.$$

Da $t_k := \frac{1}{2} \cdot \frac{1}{k} \geq 0$ für alle $k \geq 1$ gilt und die Reihe $\sum\limits_{k=1}^{\infty} \frac{1}{k}$ divergent ist, ist auch die Reihe $\sum\limits_{k=1}^{\infty} t_k = \frac{1}{2} \cdot \sum\limits_{k=1}^{\infty} \frac{1}{k}$ divergent. Somit ist nach dem Vergleichstest die Reihe $\sum\limits_{k=1}^{\infty} |x_k| = \sum\limits_{k=1}^{\infty} \frac{1}{\sqrt{k}+1}$ auch divergent. Da die Reihe $\sum\limits_{k=1}^{\infty} |x_k|$ divergent ist, ist die Reihe $\sum\limits_{k=1}^{\infty} \frac{(-1)^k}{\sqrt{k}+1} = \sum\limits_{k=1}^{\infty} x_k$ **nicht** absolut konvergent.

(b) Es sei $x_k := (-1)^k \cdot \left(\frac{1}{3} - \frac{k-1}{3k-2} \right)$ und $a_k := \frac{1}{3} - \frac{k-1}{3k-2}$ für $k \geq 1$. Es gilt für $k \geq 1$

$$a_k = \frac{1}{3} - \frac{k-1}{3k-2} = \frac{3k-2-3(k-1)}{3(3k-2)} = \frac{3k-2-3k+3}{3(3k-2)} = \frac{1}{3(3k-2)}.$$

Daher gilt $a_k \geq 0$ für alle $k \geq 1$, da $3k - 2 \geq 1 > 0$ für alle $k \geq 1$ gilt. Außerdem gilt für alle $k \geq 1$

$$a_k = \frac{1}{3(3k - 2)} \geq \frac{1}{3(3(k + 1) - 2)} = a_{k+1}.$$

Somit ist die Folge $(a_k)_{k \geq 1}$ eine monoton fallende Folge. Weiter gilt

$$\lim_{k \to \infty} a_k = \lim_{k \to \infty} \frac{1}{3(3k - 2)} = \lim_{k \to \infty} \frac{1}{k\left(9 - \frac{6}{k}\right)} = \lim_{k \to \infty} \left(\frac{1}{k} \cdot \frac{1}{9 - \frac{6}{k}}\right) = 0 \cdot \frac{1}{9 - 0}$$

$$= 0 \cdot \frac{1}{9} = 0.$$

Daher ist die Reihe $\sum\limits_{k=1}^{\infty} (-1)^k a_k = \sum\limits_{k=1}^{\infty} (-1)^k \cdot \left(\frac{1}{3} - \frac{k-1}{3k-2}\right)$ nach der Leibniz-Regel konvergent.

Nun ist die Reihe $\sum\limits_{k=1}^{\infty} (-1)^k \cdot \left(\frac{1}{3} - \frac{k-1}{3k-2}\right) = \sum\limits_{k=1}^{\infty} x_k$ genau dann absolut konvergent, wenn $\sum\limits_{k=1}^{\infty} |x_k|$ konvergent ist. Es gilt für alle $k \geq 1$

$$|x_k| = \left| (-1)^k \cdot \left(\frac{1}{3} - \frac{k-1}{3k-2}\right) \right| = \left| \frac{1}{3} - \frac{k-1}{3k-2} \right| = \left| \frac{1}{3(3k-2)} \right| = \frac{1}{3(3k-2)}$$

$$= \frac{1}{9k - 6} \geq \frac{1}{9k} = \frac{1}{9} \cdot \frac{1}{k}.$$

Da $t_k := \frac{1}{9} \cdot \frac{1}{k} \geq 0$ für alle $k \geq 1$ gilt und die Reihe $\sum\limits_{k=1}^{\infty} \frac{1}{k}$ divergent ist, ist auch die Reihe $\sum\limits_{k=1}^{\infty} t_k = \frac{1}{9} \cdot \sum\limits_{k=1}^{\infty} \frac{1}{k}$ divergent. Somit ist nach dem Vergleichstest die Reihe $\sum\limits_{k=1}^{\infty} |x_k|$ auch divergent. Da die Reihe $\sum\limits_{k=1}^{\infty} |x_k|$ divergent ist, ist die Reihe $\sum\limits_{k=1}^{\infty} (-1)^k \cdot \left(\frac{1}{3} - \frac{k-1}{3k-2}\right) = \sum\limits_{k=1}^{\infty} x_k$ **nicht** absolut konvergent.

Aufgabe 4

(a) Es sei $x_k := \frac{1}{(k+1)\cdot(\log(k+1))^2}$ für $k \geq 1$ und $f : [1, \infty) \to \mathbb{R}, x \mapsto f(x) := \frac{1}{(x+1)\cdot(\log(x+1))^2}$. Dann ist f eine stetige Funktion mit $f(x) \geq 0$ für alle $x \in [1, \infty)$ (da $\log(x + 1) \geq \log(2) > 0$ für alle $x \in [1, \infty)$ gilt). $x + 1, \log(x + 1)$ sind monoton steigend. So gilt $(x + 1)\log(x + 1)^2$ für $x \in [1, \infty)$. Somit ist die Funktion f monoton fallend.

Weiter gilt wegen $x_k = f(k) \geq 0$ für alle $k \geq 1$ auch $|x_k| = f(k)$, also auch $|x_k| \leq f(k)$ für alle $k \geq 1$. Wir müssen nun prüfen, ob das Integral $\int\limits_1^{\infty} f(x)\, dx$

existiert. Für $R > 1$ gilt mit $u = \log(x+1)$ auch $\frac{du}{dx} = \frac{1}{x+1}$, also $du = \frac{1}{x+1}dx$. Somit folgt

$$\int\limits_1^R f(x)\,dx = \int\limits_1^R \frac{1}{(x+1)} \cdot \frac{1}{(\log(x+1))^2}\,dx = \int\limits_{\log(2)}^{\log(R+1)} \frac{1}{u^2}\,du = \int\limits_{\log(2)}^{\log(R+1)} u^{-2}\,du$$

$$= -u^{-1}\bigg|_{\log(2)}^{\log(R+1)} = -\frac{1}{\log(R+1)} + \frac{1}{\log(2)}.$$

Wegen $\log(R+1) \to +\infty$ für $R \to \infty$ folgt

$$\lim_{R\to\infty} \int\limits_1^R f(x)\,dx = \lim_{R\to\infty} \left(-\frac{1}{\log(R+1)} + \frac{1}{\log(2)} \right) = 0 + \frac{1}{\log(2)} = \frac{1}{\log(2)}.$$

Daher existiert das Integral $\int\limits_1^\infty f(x)\,dx$ und es gilt $\int\limits_1^\infty f(x)\,dx = \frac{1}{\log(2)}$. Es sind also alle Voraussetzungen des Integraltests erfüllt, sodass die Reihe $\sum\limits_{k=1}^\infty x_k = \sum\limits_{k=1}^\infty \frac{1}{(k+1)\cdot(\log(k+1))^2}$ nach dem Integraltest konvergent ist.

(b) Es sei $x_k := \frac{(\log(k+1))^2}{k+1}$ für $k \geq 1$. Dann gilt für alle $k \geq 1$

$$x_k = \frac{(\log(k+1))^2}{k+1} \geq \frac{(\log(2))^2}{k+1} \geq \frac{(\log(2))^2}{k+k} = \frac{(\log(2))^2}{2k} = \frac{(\log(2))^2}{2} \cdot \frac{1}{k}.$$

Da $t_k := \frac{(\log(2))^2}{2} \cdot \frac{1}{k} \geq 0$ für alle $k \geq 1$ gilt und die Reihe $\sum\limits_{k=1}^\infty \frac{1}{k}$ divergent ist, ist auch die Reihe $\sum\limits_{k=1}^\infty t_k = \frac{(\log(2))^2}{2} \cdot \sum\limits_{k=1}^\infty \frac{1}{k}$ divergent. Somit ist nach dem Vergleichstest die Reihe $\sum\limits_{k=1}^\infty x_k = \sum\limits_{k=1}^\infty \frac{(\log(k+1))^2}{k+1}$ auch divergent.

(c) Es sei $x_k := \frac{k}{e^{(k^2)}}$ für $k \geq 1$ und $f : [1,\infty) \to \mathbb{R}, x \mapsto f(x) := \frac{x}{e^{(x^2)}}$. Dann ist f eine stetige Funktion mit $f(x) \geq 0$ für alle $x \in [1,\infty)$ (da $e^{(x^2)} > 0$ für alle $x \in [1,\infty)$ gilt). Außerdem gilt mit $g(x) = x$ und $h(x) = e^{(x^2)}$ auch $g'(x) = 1$ und (mit der Kettenregel) $h'(x) = 2x \cdot e^{(x^2)}$ für $x \in [1,\infty)$. Es folgt

$$f'(x) = \left(\frac{g}{h}\right)'(x) = \frac{g'(x) \cdot h(x) - g(x) \cdot h'(x)}{(h(x))^2}$$

$$= \frac{1 \cdot e^{(x^2)} - x \cdot 2x \cdot e^{(x^2)}}{e^{(2x^2)}} = \frac{(1 - 2x^2) \cdot e^{(x^2)}}{e^{(2x^2)}} < 0$$

für alle $x \in [1, \infty)$. Somit ist die Funktion f monoton fallend.

Weiter gilt wegen $x_k = f(k) \geq 0$ für alle $k \geq 1$ auch $|x_k| = f(k)$, also auch $|x_k| \leq f(k)$ für alle $k \geq 1$. Wir müssen nun prüfen, ob das Integral $\int\limits_{1}^{\infty} f(x)\, dx$ existiert. Für $R > 1$ gilt mit $u = x^2$ auch $\frac{du}{dx} = 2x$, also $du = 2x\, dx$. Somit folgt

$$\int\limits_{1}^{R} f(x)\, dx = \int\limits_{1}^{R} \frac{x}{e^{(x^2)}}\, dx = \frac{1}{2} \int\limits_{1^2}^{R^2} \frac{1}{e^u}\, du = \frac{1}{2} \int\limits_{1}^{R^2} e^{-u}\, du$$

$$= -\frac{1}{2} e^{-u} \bigg|_{1}^{R^2} = -\frac{1}{2} e^{(-R^2)} + \frac{1}{2} e^{-1} = -\frac{1}{2} e^{(-R^2)} + \frac{1}{2e}.$$

Also folgt

$$\lim_{R \to \infty} \int\limits_{1}^{R} f(x)\, dx = \lim_{R \to \infty} \left(-\frac{1}{2} e^{(-R^2)} + \frac{1}{2e} \right) = 0 + \frac{1}{2e} = \frac{1}{2e}.$$

Daher existiert das Integral $\int\limits_{1}^{\infty} f(x)\, dx$, und es gilt $\int\limits_{1}^{\infty} f(x)\, dx = \frac{1}{2e}$. Es sind also alle Voraussetzungen des Integraltests erfüllt, sodass die Reihe $\sum\limits_{k=1}^{\infty} x_k = \sum\limits_{k=1}^{\infty} \frac{k}{e^{(k^2)}}$ nach dem Integraltest konvergent ist.

(d) Es sei $x_k := \frac{2}{k^3+5}$ für $k \geq 1$ und $f : [1, \infty) \to \mathbb{R}$, $x \mapsto f(x) := \frac{2}{x^3}$. Dann ist f eine stetige Funktion mit $f(x) \geq 0$ für alle $x \in [1, \infty)$. Außerdem gilt wegen $f(x) = 2x^{-3}$

$$f'(x) = 2 \cdot (-3) x^{-4} = -\frac{6}{x^4} < 0$$

für alle $x \in [1, \infty)$. Somit ist die Funktion f monoton fallend.

Weiter gilt

$$|x_k| = \left| \frac{2}{k^3+5} \right| = \frac{2}{k^3+5} \leq \frac{2}{k^3} = f(k)$$

für alle $k \geq 1$. Wir müssen nun prüfen, ob das Integral $\int\limits_{1}^{\infty} f(x)\, dx$ existiert. Für $R > 1$ gilt

$$\int\limits_{1}^{R} f(x)\, dx = \int\limits_{1}^{R} \frac{2}{x^3}\, dx = 2 \int\limits_{1}^{R} x^{-3}\, dx = 2 \cdot \left(-\frac{1}{2} \right) x^{-2} \bigg|_{1}^{R} = -x^{-2} \bigg|_{1}^{R} = -\frac{1}{R^2} + 1.$$

Somit folgt:

$$\lim_{R \to \infty} \int\limits_{1}^{R} f(x)\, dx = \lim_{R \to \infty} \left(-\frac{1}{R^2} + 1 \right) = 0 + 1 = 1.$$

Daher existiert das Integral $\int\limits_{1}^{\infty} f(x)\, dx$ und es gilt $\int\limits_{1}^{\infty} f(x)\, dx = 1$. Es sind also alle

Voraussetzungen des Integraltests erfüllt, sodass die Reihe $\sum\limits_{k=1}^{\infty} x_k = \sum\limits_{k=1}^{\infty} \frac{2}{k^3 + 5}$ nach

dem Integraltest konvergent ist.

Aufgabe 5

(a) Es seien $x \in \mathbb{R}$ und $y_k := \frac{k+1}{2^k} \cdot x^k$ für $k \geq 1$. Dann gilt für alle $k \geq 1$

$$\left| \frac{y_{k+1}}{y_k} \right| = \frac{(k+2) \cdot |x|^{k+1}}{2^{k+1}} \cdot \frac{2^k}{(k+1) \cdot |x|^k} = \frac{(k+2) \cdot |x|^k \cdot |x|}{2^k \cdot 2} \cdot \frac{2^k}{(k+1) \cdot |x|^k}$$

$$= \frac{(k+2) \cdot |x|}{2(k+1)} = \frac{|x|}{2} \cdot \frac{k+2}{k+1} = \frac{|x|}{2} \cdot \frac{k \left(1 + \frac{2}{k} \right)}{k \left(1 + \frac{1}{k} \right)} = \frac{|x|}{2} \cdot \frac{1 + \frac{2}{k}}{1 + \frac{1}{k}}.$$

Somit gilt

$$\lim_{k \to \infty} \left| \frac{y_{k+1}}{y_k} \right| = \lim_{k \to \infty} \left(\frac{|x|}{2} \cdot \frac{1 + \frac{2}{k}}{1 + \frac{1}{k}} \right) = \frac{|x|}{2} \cdot \frac{1 + 0}{1 + 0} = \frac{|x|}{2}.$$

Nach dem Quotiententest ist daher die Reihe $\sum\limits_{k=1}^{\infty} \frac{k+1}{2^k} \cdot x^k = \sum\limits_{k=1}^{\infty} y_k$ konvergent für

$\frac{|x|}{2} < 1$, also für $|x| < 2$, und divergent für $\frac{|x|}{2} > 1$, also für $|x| > 2$. Somit ist $r = 2$

der Konvergenzradius der Potenzreihe $\sum\limits_{k=1}^{\infty} \frac{k+1}{2^k} \cdot x^k$.

(b) Es seien $x \in \mathbb{R}$ und $y_k := \frac{k^2}{3} \cdot x^k$ für $k \geq 1$. Dann gilt für alle $k \geq 1$

$$\left| \frac{y_{k+1}}{y_k} \right| = \frac{(k+1)^2 \cdot |x|^{k+1}}{3} \cdot \frac{3}{k^2 \cdot |x|^k} = \frac{(k+1)^2 \cdot |x|}{k^2} = |x| \cdot \left(\frac{k+1}{k} \right)^2$$

$$= |x| \cdot \left(1 + \frac{1}{k} \right)^2.$$

Somit gilt mit den Grenzwertsätzen

$$\lim_{k \to \infty} \left| \frac{y_{k+1}}{y_k} \right| = \lim_{k \to \infty} \left(|x| \cdot \left(1 + \frac{1}{k} \right)^2 \right) = |x| \cdot (1 + 0)^2 = |x|.$$

Nach dem Quotiententest ist daher die Reihe $\sum\limits_{k=1}^{\infty} \frac{k^2}{3} \cdot x^k = \sum\limits_{k=1}^{\infty} y_k$ konvergent für $|x| < 1$ und divergent für $|x| > 1$. Somit ist $r = 1$ der Konvergenzradius der Potenzreihe $\sum\limits_{k=1}^{\infty} \frac{k^2}{3} \cdot x^k$.

(c) Es seien $x \in \mathbb{R}$ und $y_k := \frac{x^k}{\sqrt{k!}}$ für $k \in \mathbb{N}$. Dann gilt für alle $k \in \mathbb{N}$

$$\left| \frac{y_{k+1}}{y_k} \right| = \frac{|x|^{k+1}}{\sqrt{(k+1)!}} \cdot \frac{\sqrt{k!}}{|x|^k} = \frac{|x| \cdot \sqrt{k!}}{\sqrt{(k+1) \cdot k!}} = |x| \cdot \sqrt{\frac{k!}{(k+1) \cdot k!}}$$

$$= |x| \cdot \frac{1}{\sqrt{k+1}}.$$

Somit gilt

$$\lim_{k \to \infty} \left| \frac{y_{k+1}}{y_k} \right| = \lim_{k \to \infty} \left(|x| \cdot \frac{1}{\sqrt{k+1}} \right) = |x| \cdot 0 = 0 < 1.$$

Nach dem Quotiententest ist daher die Reihe $\sum\limits_{k=0}^{\infty} \frac{x^k}{\sqrt{k!}} = \sum\limits_{k=0}^{\infty} y_k$ konvergent für alle $x \in \mathbb{R}$. Somit ist $r = +\infty$ der Konvergenzradius der Potenzreihe $\sum\limits_{k=0}^{\infty} \frac{x^k}{\sqrt{k!}}$.

(d) Es seien $x \in \mathbb{R}$ und $y_k := k^k \cdot x^k$ für $k \geq 1$. Dann gilt für alle $k \geq 1$

$$|y_k|^{\frac{1}{k}} = \left| k^k \cdot x^k \right|^{\frac{1}{k}} = k^1 \cdot |x|^1 = k \cdot |x|.$$

Es gilt daher für $x = 0$

$$\lim_{k \to \infty} |y_k|^{\frac{1}{k}} = \lim_{k \to \infty} k \cdot 0 = 0 < 1$$

sowie für $x \neq 0$

$$\lim_{k \to \infty} |y_k|^{\frac{1}{k}} = \lim_{k \to \infty} k \cdot |x| = +\infty > 1.$$

Nach dem Wurzeltest ist daher die Reihe $\sum\limits_{k=1}^{\infty} k^k \cdot x^k = \sum\limits_{k=1}^{\infty} y_k$ konvergent für $x = 0$ und divergent für alle $x \in (\mathbb{R} \setminus \{0\})$. Somit ist $r = 0$ der Konvergenzradius der Potenzreihe $\sum\limits_{k=1}^{\infty} k^k \cdot x^k$.

Aufgabe 6

(a) Da $r = 1$ der Konvergenzradius der Potenzreihe $\sum\limits_{k=0}^{\infty} x^k$ ist, ist f nach Satz 5.13 (b) auf $(-1, 1)$ differenzierbar (und sogar beliebig oft differenzierbar). Daher gilt für $x \in$

$(-1, 1)$ wegen $f(x) = \sum\limits_{k=0}^{\infty} x^k$

$$f'(x) = \sum_{k=1}^{\infty} k \cdot x^{k-1} \qquad \text{und} \qquad f''(x) = \sum_{k=2}^{\infty} k(k-1) \cdot x^{k-2}.$$

Außerdem gilt für $x \in (-1, 1)$ wegen $f(x) = \frac{1}{1-x} = (1-x)^{-1}$ mit der Kettenregel

$$f'(x) = -(1-x)^{-2} \cdot (-1) = (1-x)^{-2} = \frac{1}{(1-x)^2} \qquad \text{und}$$

$$f''(x) = -2(1-x)^{-3} \cdot (-1) = \frac{2}{(1-x)^3}.$$

Daher folgt für $x \in (-1, 1)$

$$\frac{1}{(1-x)^2} = f'(x) = \sum_{k=1}^{\infty} k \cdot x^{k-1} = \sum_{n=0}^{\infty} (n+1) \cdot x^n$$

(mit $n = k - 1$) sowie

$$\frac{1}{(1-x)^3} = \frac{1}{2} f''(x) = \frac{1}{2} \sum_{k=2}^{\infty} k(k-1) \cdot x^{k-2} = \sum_{k=2}^{\infty} \frac{k(k-1)}{2} \cdot x^{k-2}$$

$$= \sum_{m=0}^{\infty} \frac{(m+2)(m+1)}{2} \cdot x^m$$

(mit $m = k - 2$). Es gilt also $a_k = k + 1$ und $b_k = \frac{(k+2)(k+1)}{2}$ für $k \in \mathbb{N}$.

(b) Es seien $x \in \mathbb{R}$ und $y_k := \frac{(-1)^k}{2k+1} \cdot x^{2k+1}$ für $k \in \mathbb{N}$. Dann gilt für alle $k \geq 1$

$$\left| \frac{y_{k+1}}{y_k} \right| = \frac{|(-1)^{k+1}| \cdot |x|^{2k+3}}{2k+3} \cdot \frac{2k+1}{|(-1)^k| \cdot |x|^{2k+1}} = \frac{(2k+1) \cdot |x|^2}{2k+3}$$

$$= |x|^2 \cdot \frac{k \left(2 + \frac{1}{k}\right)}{k \left(2 + \frac{3}{k}\right)} = |x|^2 \cdot \frac{2 + \frac{1}{k}}{2 + \frac{3}{k}}.$$

Somit gilt

$$\lim_{k \to \infty} \left| \frac{y_{k+1}}{y_k} \right| = \lim_{k \to \infty} \left(|x|^2 \cdot \frac{2 + \frac{1}{k}}{2 + \frac{3}{k}} \right) = |x|^2 \cdot \frac{2 + 0}{2 + 0} = |x|^2.$$

Nach dem Quotientantest ist daher die Reihe $\sum\limits_{k=0}^{\infty} \frac{(-1)^k}{2k+1} \cdot x^{2k+1} = \sum\limits_{k=0}^{\infty} y_k$ konvergent für $|x|^2 < 1$, also für $|x| < 1$, und divergent für $|x|^2 > 1$, also für $|x| > 1$. Somit ist $r = 1$ der Konvergenzradius der Potenzreihe $\sum\limits_{k=0}^{\infty} \frac{(-1)^k}{2k+1} \cdot x^{2k+1}$.

Nach Satz 5.13 (b) ist daher f auf $(-1, 1)$ differenzierbar, und es gilt für $x \in (-1, 1)$

$$f'(x) = \sum_{k=0}^{\infty} \frac{(-1)^k}{2k + 1} \cdot (2k + 1) x^{2k} = \sum_{k=0}^{\infty} (-1)^k \cdot x^{2k} = \sum_{k=0}^{\infty} (-1)^k \cdot (x^2)^k$$

$$= \sum_{k=0}^{\infty} ((-1) \cdot x^2)^k = \sum_{k=0}^{\infty} (-x^2)^k = \frac{1}{1 - (-x^2)} = \frac{1}{1 + x^2},$$

da $|-x^2| = |x|^2 < 1$ gilt.

Aufgabe 7

(a) Für $y \in (-1, 1)$ gilt

$$\frac{1}{1 - y^2} = \sum_{k=0}^{\infty} (y^2)^k = \sum_{k=0}^{\infty} y^{2k}.$$

Daher ist die Reihe $\sum_{k=0}^{\infty} y^{2k}$ für alle $y \in (-1, 1)$ konvergent. Für $x \in (-1, 1)$ gilt $[0, x] \subset (-1, 1)$ (im Fall $x \geq 0$) bzw. $[x, 0] \subset (-1, 1)$ (im Fall $x < 0$). Daher gilt nach Satz 5.13 (c) für $x \in (-1, 1)$

$$\int_0^x \frac{1}{1 - y^2} \, dy = \int_0^x \left(\sum_{k=0}^{\infty} y^{2k} \right) dy = \sum_{k=0}^{\infty} \int_0^x y^{2k} \, dy = \sum_{k=0}^{\infty} \left(\frac{1}{2k + 1} y^{2k+1} \Big|_0^x \right)$$

$$= \sum_{k=0}^{\infty} \frac{1}{2k + 1} \left(x^{2k+1} - 0^{2k+1} \right) = \sum_{k=0}^{\infty} \frac{1}{2k + 1} \cdot x^{2k+1}.$$

Es gilt also $a_{2k+1} = \frac{1}{2k+1}$ und $a_{2k} = 0$ für $k \in \mathbb{N}$.

(b) Für $y \in \mathbb{R}$ gilt

$$e^{(y^2)} = \sum_{k=0}^{\infty} \frac{(y^2)^k}{k!} = \sum_{k=0}^{\infty} \frac{y^{2k}}{k!}.$$

Daher ist die Reihe $\sum_{k=0}^{\infty} \frac{y^{2k}}{k!}$ für alle $y \in \mathbb{R}$ konvergent. Für $x \in \mathbb{R}$ gilt $[0, x] \subset \mathbb{R}$ (im Fall $x \geq 0$) bzw. $[x, 0] \subset \mathbb{R}$ (im Fall $x < 0$). Daher gilt nach Satz 5.13 (c) für $x \in \mathbb{R}$

$$\int_0^x e^{(y^2)} \, dy = \int_0^x \left(\sum_{k=0}^{\infty} \frac{y^{2k}}{k!} \right) dy = \sum_{k=0}^{\infty} \int_0^x \frac{y^{2k}}{k!} \, dy = \sum_{k=0}^{\infty} \left(\frac{1}{(2k + 1) \cdot k!} y^{2k+1} \Big|_0^x \right)$$

$$= \sum_{k=0}^{\infty} \frac{1}{(2k + 1) \cdot k!} \left(x^{2k+1} - 0^{2k+1} \right) = \sum_{k=0}^{\infty} \frac{1}{(2k + 1) \cdot k!} \cdot x^{2k+1}.$$

Es gilt also $a_{2k+1} = \frac{1}{(2k+1) \cdot k!}$ und $a_{2k} = 0$ für $k \in \mathbb{N}$.

(c) Nach Aufgabe 1(a) ist $r = 2$ der Konvergenzradius der Reihe $\sum\limits_{k=1}^{\infty} \frac{k+1}{2^k} \cdot x^k$. Wegen $[\frac{1}{3}, \frac{1}{2}] \subset (-2, 2)$ gilt daher nach Satz 5.13 (c)

$$\int\limits_{\frac{1}{3}}^{\frac{1}{2}} \left(\sum_{k=1}^{\infty} \frac{k+1}{2^k} \cdot x^k \right) dx = \sum_{k=1}^{\infty} \int\limits_{\frac{1}{3}}^{\frac{1}{2}} \frac{k+1}{2^k} \cdot x^k \, dx = \sum_{k=1}^{\infty} \frac{k+1}{2^k \cdot (k+1)} \cdot x^{k+1} \Bigg|_{\frac{1}{3}}^{\frac{1}{2}}$$

$$= \sum_{k=1}^{\infty} \frac{1}{2^k} \left(\left(\frac{1}{2}\right)^{k+1} - \left(\frac{1}{3}\right)^{k+1} \right).$$

Dies kann man nun folgendermaßen ausrechnen:

$$\int\limits_{\frac{1}{3}}^{\frac{1}{2}} \left(\sum_{k=1}^{\infty} \frac{k+1}{2^k} \cdot x^k \right) dx$$

$$= \sum_{k=1}^{\infty} \left(\frac{1}{2}\right)^k \cdot \left(\frac{1}{2} \cdot \left(\frac{1}{2}\right)^k - \frac{1}{3} \cdot \left(\frac{1}{3}\right)^k \right)$$

$$= \frac{1}{2} \sum_{k=1}^{\infty} \left(\frac{1}{4}\right)^k - \frac{1}{3} \sum_{k=1}^{\infty} \left(\frac{1}{6}\right)^k$$

$$= \frac{1}{2} \left(\sum_{k=1}^{\infty} \left(\frac{1}{4}\right)^k + 1 - 1 \right) - \frac{1}{3} \left(\sum_{k=1}^{\infty} \left(\frac{1}{6}\right)^k + 1 - 1 \right)$$

$$= \frac{1}{2} \left(\sum_{k=1}^{\infty} \left(\frac{1}{4}\right)^k + \left(\frac{1}{4}\right)^0 - 1 \right) - \frac{1}{3} \left(\sum_{k=1}^{\infty} \left(\frac{1}{6}\right)^k + \left(\frac{1}{6}\right)^0 - 1 \right)$$

$$= \frac{1}{2} \left(\sum_{k=0}^{\infty} \left(\frac{1}{4}\right)^k - 1 \right) - \frac{1}{3} \left(\sum_{k=0}^{\infty} \left(\frac{1}{6}\right)^k - 1 \right)$$

$$= \frac{1}{2} \left(\frac{1}{1 - \frac{1}{4}} - 1 \right) - \frac{1}{3} \left(\frac{1}{1 - \frac{1}{6}} - 1 \right) = \frac{1}{2} \left(\frac{1}{\frac{3}{4}} - 1 \right) - \frac{1}{3} \left(\frac{1}{\frac{5}{6}} - 1 \right)$$

$$= \frac{1}{2} \left(\frac{4}{3} - 1 \right) - \frac{1}{3} \left(\frac{6}{5} - 1 \right) = \frac{1}{2} \cdot \frac{1}{3} - \frac{1}{3} \cdot \frac{1}{5} = \frac{1}{6} - \frac{1}{15} = \frac{5-2}{30} = \frac{3}{30} = \frac{1}{10}.$$

Aufgabe 8

(a) Für $f(x) = \sum\limits_{k=0}^{\infty} a_k x^k$ gilt nach Satz 5.13 (b)

$$f'(x) = \sum_{k=1}^{\infty} k \cdot a_k \cdot x^{k-1} \quad \text{und} \quad f''(x) = \sum_{k=2}^{\infty} k(k-1) \cdot a_k \cdot x^{k-2}$$

für $x \in (-r, r)$, wobei r der Konvergenzradius der Potenzreihe $\sum\limits_{k=0}^{\infty} a_k x^k$ ist. Es soll nun $f'' + f' + 2f = 0$ gelten. Also muss gelten

$$0 = \sum_{k=2}^{\infty} k(k-1) \cdot a_k \cdot x^{k-2} + \sum_{k=1}^{\infty} k \cdot a_k \cdot x^{k-1} + 2 \sum_{k-0}^{\infty} a_k \cdot x^k$$

$$= \sum_{k=2}^{\infty} k(k-1) \cdot a_k \cdot x^{k-2} + \sum_{k=1}^{\infty} k \cdot a_k \cdot x^{k-1} + \sum_{k=0}^{\infty} 2a_k \cdot x^k.$$

Nun muss man die Koeffizienten von x^{k-2} für $k \geq 2$ vergleichen. Dann folgt

$$0 = k(k-1) \cdot a_k + (k-1) \cdot a_{k-1} + 2a_{k-2}, \qquad k \geq 2.$$

Also muss für $k \geq 2$

$$a_k = -\frac{1}{k(k-1)} \cdot ((k-1) \cdot a_{k-1} + 2a_{k-2}) = -\frac{1}{k} \cdot a_{k-1} - \frac{2}{k(k-1)} \cdot a_{k-2} \quad \text{(A.15)}$$

gelten. Nun gilt

$$2 = f(0) = \sum_{k=0}^{\infty} a_k \cdot 0^k = a_0 \cdot 0^0 + \sum_{k=1}^{\infty} a_k \cdot 0^k = a_0 \cdot 1 + 0 = a_0$$

und

$$3 = f'(0) = \sum_{k=1}^{\infty} k \cdot a_k \cdot 0^{k-1} = 1 \cdot a_1 \cdot 0^0 + \sum_{k=2}^{\infty} k \cdot a_k \cdot 0^{k-1} = a_1 \cdot 1 + 0 = a_1.$$

Mit $a_0 = 2$ und $a_1 = 3$ folgt dann mit (A.15)

$$a_2 = -\frac{1}{2} \cdot a_1 - \frac{2}{2 \cdot 1} \cdot a_0 = -\frac{1}{2} \cdot 3 - 1 \cdot 2 = -\frac{3}{2} - 2 = -\frac{7}{2},$$

$$a_3 = -\frac{1}{3} \cdot a_2 - \frac{2}{3 \cdot 2} \cdot a_1 = -\frac{1}{3} \cdot \left(-\frac{7}{2}\right) - \frac{1}{3} \cdot 3 = \frac{7}{6} - 1 = \frac{1}{6},$$

$$a_4 = -\frac{1}{4} \cdot a_3 - \frac{2}{4 \cdot 3} \cdot a_2 = -\frac{1}{4} \cdot \frac{1}{6} - \frac{1}{6} \cdot \left(-\frac{7}{2}\right) = -\frac{1}{24} + \frac{7}{12} = \frac{13}{24},$$

$$a_5 = -\frac{1}{5} \cdot a_4 - \frac{2}{5 \cdot 4} \cdot a_3 = -\frac{1}{5} \cdot \frac{13}{24} - \frac{1}{10} \cdot \frac{1}{6} = -\frac{13}{120} - \frac{1}{60} = -\frac{15}{120} = -\frac{1}{8}.$$

(b) Für $f(x) = \sum\limits_{k=0}^{\infty} a_k x^k$ gilt nach Satz 5.13 (b)

$$f'(x) = \sum_{k=1}^{\infty} k \cdot a_k \cdot x^{k-1} \qquad \text{und} \qquad f''(x) = \sum_{k=2}^{\infty} k(k-1) \cdot a_k \cdot x^{k-2}$$

für $x \in (-r, r)$, wobei r der Konvergenzradius der Potenzreihe $\sum\limits_{k=0}^{\infty} a_k x^k$ ist. Es soll nun $f'' + 4f = 0$ gelten. Also muss gelten

$$0 = \sum_{k=2}^{\infty} k(k-1) \cdot a_k \cdot x^{k-2} + 4 \sum_{k=0}^{\infty} a_k \cdot x^k$$

$$= \sum_{k=2}^{\infty} k(k-1) \cdot a_k \cdot x^{k-2} + \sum_{k=0}^{\infty} 4 a_k \cdot x^k.$$

Nun muss man die Koeffizienten von x^{k-2} für $k \geq 2$ vergleichen. Dann folgt

$$0 = k(k-1) \cdot a_k + 4 a_{k-2}, \qquad k \geq 2.$$

Also muss für $k \geq 2$

$$a_k = -\frac{4}{k(k-1)} \cdot a_{k-2} \tag{A.16}$$

gelten. Nun gilt

$$5 = f(0) = \sum_{k=0}^{\infty} a_k \cdot 0^k = a_0 \cdot 0^0 + \sum_{k=1}^{\infty} a_k \cdot 0^k = a_0 \cdot 1 + 0 = a_0$$

und

$$0 = f'(0) = \sum_{k=1}^{\infty} k \cdot a_k \cdot 0^{k-1} = 1 \cdot a_1 \cdot 0^0 + \sum_{k=2}^{\infty} k \cdot a_k \cdot 0^{k-1} = a_1 \cdot 1 + 0 = a_1.$$

Mit $a_0 = 5$ und $a_1 = 0$ folgt dann mit (A.16) für $n \geq 1$

$$a_{2n} = \frac{-4}{2n \cdot (2n-1)} \cdot a_{2n-2} = \frac{(-4)^1}{2n \cdot (2n-1)} \cdot a_{2(n-1)}$$

$$= \frac{(-4)^1}{2n \cdot (2n-1)} \cdot \frac{-4}{(2n-2) \cdot (2n-3)} a_{2n-4}$$

$$= \frac{(-4)^2}{2n \cdot (2n-1) \cdot \ldots \cdot (2n-3)} \cdot a_{2(n-2)}$$

$$= \ldots = \frac{(-4)^n}{2n \cdot (2n-1) \cdot \ldots \cdot (2n-(2n-1))} \cdot a_{2(n-n)}$$

$$= \frac{(-4)^n}{2n \cdot (2n-1) \cdot \ldots \cdot 1} a_0$$

$$= \frac{(-4)^n}{(2n)!} \cdot 5.$$

und

$$a_3 = -\frac{4}{3 \cdot 2} \cdot a_1 = 0, \qquad a_5 = -\frac{4}{5 \cdot 4} \cdot a_3 = 0, \qquad a_7 = -\frac{4}{7 \cdot 6} \cdot a_5 = 0,$$

$$\ldots, \qquad a_{2n+1} = 0 \qquad \text{für alle } n \in \mathbb{N}.$$

Also gilt

$$f(x) = \sum_{k=0}^{\infty} a_k x^k = \sum_{n=0}^{\infty} a_{2n} x^{2n} + \sum_{n=0}^{\infty} a_{2n+1} x^{2n+1} = \sum_{n=0}^{\infty} 5 \cdot \frac{(-4)^n}{(2n)!} x^{2n} + 0$$

$$= 5 \sum_{n=0}^{\infty} \frac{((-1) \cdot 2^2)^n}{(2n)!} x^{2n} = 5 \sum_{n=0}^{\infty} \frac{(-1)^n \cdot 2^{2n}}{(2n)!} x^{2n} = 5 \sum_{n=0}^{\infty} \frac{(-1)^n}{(2n)!} (2x)^{2n}$$

$$= 5 \cdot \cos(2x).$$

Lösungen der Übungen Kapitel 6

Aufgabe 1

(a) Wegen $|u| = 3$ liegt u auf dem Kreis mit Mittelpunkt 0 und Radius 3. Das Argument von u ist $\frac{\pi}{2}$, sodass u auf dem Schnittpunkt dieses Kreises mit dem positiven Teil der imaginären Achse liegt (die imaginäre Achse ist die y-Achse).

Wegen $|v| = 1$ liegt v auf dem Kreis mit Mittelpunkt 0 und Radius 1. Das Argument von v ist π, sodass v auf dem Schnittpunkt dieses Kreises mit dem negativen Teil der reellen Achse liegt (die reelle Achse ist die x-Achse).

w hat Realteil 2 und Imaginärteil -3, während z Realteil 2 und Imaginärteil 5 hat. Somit ergibt sich folgende Skizze in der komplexen Zahlenebene (siehe Abb. A.17).

(b) Es gilt

$$uv = 3 e^{\frac{\pi}{2} i} \cdot e^{\pi i} = 3 e^{\frac{\pi}{2} i + \pi i} = 3 e^{\frac{3\pi}{2} i}$$

sowie

$$\frac{u}{v} = \frac{3 e^{\frac{\pi}{2} i}}{e^{\pi i}} = 3 e^{\frac{\pi}{2} i - \pi i} = 3 e^{-\frac{\pi}{2} i}.$$

(c) Es gilt

$$w + z = 2 - 3i + 2 + 5i = 4 + 2i$$

sowie wegen $i^2 = -1$

$$zw = (2+5i)(2-3i) = 4 + 10i - 6i - 15i^2 = 4 + 4i - 15 \cdot (-1) = 4 + 4i + 15 = 19 + 4i.$$

Weiter gilt

$$\frac{1}{z} = \frac{\bar{z}}{|z|^2} = \frac{2-5i}{(\operatorname{Re}(z))^2 + (\operatorname{Im}(z))^2} = \frac{2-5i}{2^2 + 5^2} = \frac{2-5i}{4+25} = \frac{2-5i}{29}.$$

Abb. A.17 Skizze in der komplexen Zahlenebene

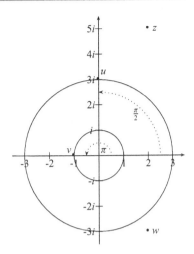

Es folgt daher:

$$\frac{w}{z} = (2 - 3i) \cdot \frac{2 - 5i}{29} = \frac{(2 - 3i)(2 - 5i)}{29} = \frac{4 - 6i - 10i + 15i^2}{29}$$
$$= \frac{4 - 16i + 15 \cdot (-1)}{29} = \frac{4 - 16i - 15}{29} = \frac{-11 - 16i}{29} = -\frac{11}{29} - \frac{16}{29}i.$$

Aufgabe 2

(a) Um $\bar{w}$ zu berechnen, muss man das Vorzeichen des Imaginärteils ändern. Daher gilt wegen $\sin(-x) = -\sin(x)$ und $\cos(x) = \cos(-x)$, $x \in \mathbb{R}$,

$$\bar{w} = 2\left(\cos\left(\frac{\pi}{4}\right) - i\,\sin\left(\frac{\pi}{4}\right)\right) = 2\left(\cos\left(\frac{\pi}{4}\right) + i\,\sin\left(-\frac{\pi}{4}\right)\right)$$
$$= 2\left(\cos\left(-\frac{\pi}{4}\right) + i\,\sin\left(-\frac{\pi}{4}\right)\right).$$

Die Polarform von $\bar{w}$ ist also

$$\bar{w} = 2\left(\cos\left(-\frac{\pi}{4}\right) + i\,\sin\left(-\frac{\pi}{4}\right)\right).$$

Da w in der Polarform vorliegt, gilt $|w| = 2$. Somit folgt

$$\frac{1}{w} = \frac{\bar{w}}{|w|^2} = \frac{2\left(\cos\left(-\frac{\pi}{4}\right) + i\,\sin\left(-\frac{\pi}{4}\right)\right)}{2^2} = \frac{1}{2}\left(\cos\left(-\frac{\pi}{4}\right) + i\,\sin\left(-\frac{\pi}{4}\right)\right).$$

Letzteres ist die Polarform von $\frac{1}{w}$. Um w in der Form $x + yi$ darzustellen, ist zu beachten, dass $\cos(\frac{\pi}{4}) = \sin(\frac{\pi}{4}) = \frac{1}{\sqrt{2}}$ gilt. Damit folgt

$$w = 2\left(\cos\left(\frac{\pi}{4}\right) + i\,\sin\left(\frac{\pi}{4}\right)\right) = 2\left(\frac{1}{\sqrt{2}} + i\,\frac{1}{\sqrt{2}}\right) = \frac{2}{\sqrt{2}} + \frac{2}{\sqrt{2}}i = \sqrt{2} + \sqrt{2}i.$$

(b) Um $\bar{z}$ zu berechnen, muss man das Vorzeichen des Imaginärteils ändern. Daher gilt

$$\bar{z} = \sqrt{3} - i.$$

Weiter gilt

$$|z| = \sqrt{(Re(z))^2 + (Im(z))^2} = \sqrt{(\sqrt{3})^2 + 1^2} = \sqrt{3 + 1} = \sqrt{4} = 2$$

und daher

$$\frac{1}{z} = \frac{\bar{z}}{|z|^2} = \frac{\sqrt{3} - i}{2^2} = \frac{\sqrt{3} - i}{4} = \frac{\sqrt{3}}{4} - \frac{1}{4}i.$$

Um z in die Polarform zu bringen, sei φ das Argument von z. Dann gilt

$$z = |z|(\cos(\varphi) + i\,\sin(\varphi)) = 2(\cos(\varphi) + i\,\sin(\varphi)).$$

Außerdem ist

$$z = \sqrt{3} + i = 2\left(\frac{\sqrt{3}}{2} + i\frac{1}{2}\right).$$

Es muss also $\cos(\varphi) = \frac{\sqrt{3}}{2}$ und $\sin(\varphi) = \frac{1}{2}$ gelten. Dies ist für $\varphi = \frac{\pi}{6}$ erfüllt. (Man kann φ auch berechnen, indem man die Bedingung

$$\tan(\varphi) = \frac{Im(z)}{Re(z)} = \frac{1}{\sqrt{3}}$$

verwendet. Auch dann folgt $\varphi = \frac{\pi}{6}$.)
Daher ist

$$z = 2\left(\cos\left(\frac{\pi}{6}\right) + i\,\sin\left(\frac{\pi}{6}\right)\right)$$

die Polarform von z.

(c) Es gilt in der Form $x + y\,i$

$$w + z = (\sqrt{2} + \sqrt{2}\,i) + (\sqrt{3} + i) = (\sqrt{2} + \sqrt{3}) + (\sqrt{2} + 1)i.$$

Aus den Polarformen von w und z kann man $w + z$ nur berechnen, wenn man vorher w und z in die Form $x + y\,i$ bringt. Für wz gilt in der Polarform

$$wz = |w| \cdot |z|(\cos(\text{Arg}(w) + \text{Arg}(z)) + \sin(\text{Arg}(w) + \text{Arg}(z)))$$
$$= 2 \cdot 2\left(\cos\left(\frac{\pi}{4} + \frac{\pi}{6}\right) + i\,\sin\left(\frac{\pi}{4} + \frac{\pi}{6}\right)\right)$$
$$= 4\left(\cos\left(\frac{3\pi + 2\pi}{12}\right) + i\,\sin\left(\frac{3\pi + 2\pi}{12}\right)\right)$$
$$= 4\left(\cos\left(\frac{5\pi}{12}\right) + i\,\sin\left(\frac{5\pi}{12}\right)\right)$$

Abb. A.18 Menge M_1

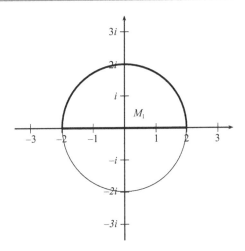

und in der Form $x + yi$

$$wz = (\sqrt{2} + \sqrt{2}\,i) \cdot (\sqrt{3} + i) = \sqrt{6} + \sqrt{6}\,i + \sqrt{2}\,i + \sqrt{2}\,i^2$$
$$= \sqrt{6} + (\sqrt{6} + \sqrt{2})\,i + \sqrt{2} \cdot (-1) = \sqrt{6} + (\sqrt{6} + \sqrt{2})\,i - \sqrt{2}$$
$$= (\sqrt{6} - \sqrt{2}) + (\sqrt{6} + \sqrt{2})\,i.$$

Aufgabe 3

(a) Es gilt $M_1 = A \cap B$ mit

$$A := \{z \in \mathbb{C} \ : \ |z| \le 2\}, \qquad B := \{z \in \mathbb{C} \ : \ \mathrm{Im}(z) \ge 0\}.$$

Nun besteht A aus den komplexen Zahlen z, die in der komplexen Ebene innerhalb oder auf dem Rand des Kreises um 0 mit Radius 2 liegen. B besteht aus den komplexen Zahlen z, die in der komplexen Ebene oberhalb oder auf der reellen Achse (also oberhalb oder auf der x-Achse) liegen. M_1 besteht nun aus den komplexen Zahlen z, die beide Bedingungen erfüllen. Somit ergibt sich folgende Zeichnung (wobei der Rand der Menge M_1 zur Menge M_1 gehört) (siehe Abb A.18).

(b) Es gilt $M_2 = C \cap D$ mit

$$C := \{z \in \mathbb{C} \ : \ \mathrm{Re}(z) < 1\}, \qquad D := \left\{z \in \mathbb{C} \ : \ \mathrm{Arg}(z) \in \left(0, \frac{\pi}{2}\right)\right\}.$$

Nun besteht C aus den komplexen Zahlen z, die in der komplexen Ebene links von der Parallelen zur imaginären Achse (y-Achse) durch 1 liegen. D besteht aus den komplexen Zahlen z, die in der komplexen Ebene oberhalb der reellen Achse und rechts von der imaginären Achse (also oberhalb der x-Achse und rechts von der y-Achse) liegen. M_2 besteht nun aus den komplexen Zahlen z, die beide Bedingungen erfüllen. Somit ergibt sich folgende Zeichnung (wobei der Rand der Menge M_2 **nicht** zur Menge M_2 gehört) (siehe Abb. A.19).

Abb. A.19 Menge M_2

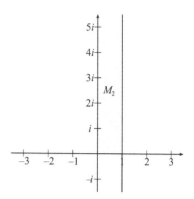

(c) Sei $z \in \mathbb{C}$ und $x := \mathrm{Re}(z)$ sowie $y := \mathrm{Im}(z)$. Dann gilt

$$|z| = |x + y\,i| = \sqrt{x^2 + y^2}$$

und

$$|z - 2| = |(x - 2) + y\,i| = \sqrt{(x - 2)^2 + y^2}.$$

Also gilt

$$
\begin{aligned}
z \in M_3 \quad &\Longleftrightarrow \quad |z - 2| \leq |z| \quad \Longleftrightarrow \quad \sqrt{(x - 2)^2 + y^2} \leq \sqrt{x^2 + y^2} \\
&\Longleftrightarrow \quad (x - 2)^2 + y^2 \leq x^2 + y^2 \quad \Longleftrightarrow \quad x^2 - 4x + 4 \leq x^2 \\
&\Longleftrightarrow \quad -4x + 4 \leq 0 \quad \Longleftrightarrow \quad 4 \leq 4x \quad \Longleftrightarrow \quad x \geq 1 \\
&\Longleftrightarrow \quad \mathrm{Re}(z) \geq 1.
\end{aligned}
$$

Daher folgt

$$M_3 = \{z \in \mathbb{C} \ : \ \mathrm{Re}(z) \geq 1\}.$$

Also besteht M_3 aus den komplexen Zahlen z, die in der komplexen Ebene rechts von oder auf der Parallelen zur imaginären Achse (y-Achse) durch 1 liegen. Somit ergibt sich folgende Abb. A.20 (wobei der Rand der Menge M_3 zur Menge M_3 gehört).

Aufgabe 4

(a) Wegen $i^2 = 1$ und der binomischen Formel gilt für $x \in \mathbb{R}$

$$
\begin{aligned}
(\sin(x))^3 &= \left(\frac{1}{2i} \left(e^{ix} - e^{-ix} \right) \right)^3 \\
&= \frac{1}{8 \cdot i^3} \left((e^{ix})^3 + 3\,(e^{ix})^2 \cdot (-e^{-ix}) + 3\,e^{ix} \cdot (-e^{-ix})^2 + (-e^{-ix})^3 \right) \\
&= \frac{1}{8 \cdot i^2 \cdot i} \left(e^{3ix} - 3\,e^{2ix - ix} + 3\,e^{ix - 2ix} - e^{-3ix} \right)
\end{aligned}
$$

Abb. A.20 Menge M_3

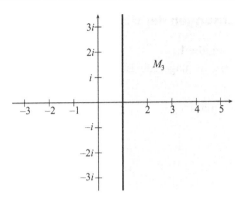

$$= \frac{1}{8 \cdot (-1) \cdot i} \left(e^{3ix} - 3\,e^{ix} + 3\,e^{-ix} - e^{-3ix} \right)$$

$$= -\frac{1}{8i} \left(e^{3ix} - e^{-3ix} - 3(e^{ix} - e^{-ix}) \right) = -\frac{e^{i(3x)} - e^{-i(3x)}}{8i} + \frac{3(e^{ix} - e^{-ix})}{8i}$$

$$= -\frac{1}{4} \cdot \frac{e^{i(3x)} - e^{-i(3x)}}{2i} + \frac{3}{4} \cdot \frac{e^{ix} - e^{-ix}}{2i} = -\frac{1}{4} \sin(3x) + \frac{3}{4} \sin(x).$$

(b) Mit $u = 3x$ gilt $\frac{du}{dx} = 3$, also $du = 3\,dx$. Daher folgt mit Teil (a)

$$\int_0^{\frac{\pi}{2}} (\sin(x))^3 \, dx = \int_0^{\frac{\pi}{2}} \left(\frac{3}{4} \sin(x) - \frac{1}{4} \sin(3x) \right) \, dx$$

$$= \frac{3}{4} \int_0^{\frac{\pi}{2}} \sin(x) \, dx - \frac{1}{4 \cdot 3} \int_0^{\frac{\pi}{2}} 3 \cdot \sin(3x) \, dx$$

$$= \frac{3}{4} \int_0^{\frac{\pi}{2}} \sin(x) \, dx - \frac{1}{12} \int_{3 \cdot 0}^{3 \cdot \frac{\pi}{2}} \sin(u) \, du$$

$$= -\frac{3}{4} \cos(x) \Big|_0^{\frac{\pi}{2}} - \left(-\frac{1}{12} \cos(u) \right) \Big|_0^{\frac{3\pi}{2}}$$

$$= -\frac{3}{4} \left(\cos\left(\frac{\pi}{2} \right) - \cos(0) \right) + \frac{1}{12} \left(\cos\left(\frac{3\pi}{2} \right) - \cos(0) \right)$$

$$= -\frac{3}{4} (0 - 1) + \frac{1}{12} (0 - 1) = \frac{3}{4} - \frac{1}{12} = \frac{9 - 1}{12} = \frac{8}{12} = \frac{2}{3}.$$

Lösungen der Übungen Kapitel 7

Aufgabe 1

(a) f ist ungerade. Es folgt, dass

$$a_k = 0 \quad \forall k$$

gilt. Es gilt

$$b_k = \frac{1}{\pi} \int_{-\pi}^{\pi} f(x) \sin(kx) \, dx$$

$$= \frac{1}{\pi} \int_{-\pi}^{\pi} x \sin(kx) \, dx = \frac{2}{\pi} \int_0^{\pi} x \sin(kx) \, dx$$

$$= \frac{2}{\pi} \left\{ -\frac{\cos kx}{k} x \Big|_0^{\pi} - \int_0^{\pi} -\frac{\cos kx}{k} \, dx \right\} \quad \text{(nach partieller Integration)}$$

$$= -\frac{2}{k} (-1)^k.$$

Also ist

$$\sum_{k=1}^{+\infty} \frac{2}{k} (-1)^{k+1} \sin(kx)$$

die Fourier-Reihe von f.

(b) Nach Satz 7.6 gilt

$$\frac{\pi}{2} = f\left(\frac{\pi}{2}\right) = 2 \sum_{k=1}^{+\infty} \frac{(-1)^{k+1}}{k} \sin\left(k \frac{\pi}{2}\right).$$

(c) Wir wissen $\sin(2n+1)\frac{\pi}{2} = \cos 2n\frac{\pi}{2} = (-1)^n$, $\sin\left(2n\frac{\pi}{2}\right) = \sin n\pi = 0$. Folglich ist

$$\frac{\pi}{4} = \sum_{n=0}^{+\infty} \frac{(-1)^n}{2n+1}$$

(diese Reihe konvergiert – siehe Satz 5.8).

Aufgabe 2

$$a_k = \frac{1}{\pi} \int_0^{2\pi} f(x) \cos kx \, dx = \frac{1}{\pi} \left\{ \frac{\sin kx}{k} f(x) \Big|_0^{2\pi} - \int_0^{2\pi} \frac{\sin kx}{k} f'(x) \, dx \right\}$$

$$= -\frac{1}{\pi k} \left\{ \int_0^{2\pi} \sin(kx) f'(x) \, dx \right\}.$$

Da

$$\left| \int_0^{2\pi} \sin(kx) f'(x)\, dx \right| \leq \int_0^{2\pi} |\sin(kx)| |f'(x)|\, dx \leq \int_0^{2\pi} |f'(x)|\, dx$$

beschränkt ist, folgt das Ergebnis. Der Beweis ist identisch für b_k.

Aufgabe 3 Die Funktion

$$g(x) = f\left(\frac{T}{2\pi} x\right)$$

ist 2π-periodisch, da

$$g(x + 2\pi) = f\left(\frac{T}{2\pi}(x + 2\pi)\right) = f\left(\frac{T}{2\pi} x + T\right) = f\left(\frac{Tx}{2\pi}\right) = g(x) \quad \forall x.$$

Nach Satz 7.6 gilt

$$g(x) = \frac{a_0}{2} + \sum_{k=1}^{+\infty} a_k \cos(kx) + b_k \sin(kx)$$

mit

$$a_k = \frac{1}{\pi} \int_0^{2\pi} g(x) \cos(kx)\, dx, \qquad b_k = \frac{1}{\pi} \int_0^{2\pi} g(x) \sin(kx)\, dx.$$

Es folgt, dass

$$f(x) = g\left(\frac{2\pi x}{T}\right) = \frac{a_0}{2} + \sum_{k=1}^{+\infty} a_k \cos\left(\frac{2k\pi x}{T}\right) + b_k \sin\left(\frac{2k\pi x}{T}\right)$$

mit

$$a_k = \frac{1}{\pi} \int_0^{2\pi} f\left(\frac{T}{2\pi} x\right) \cos(kx)\, dx, \qquad b_k = \frac{1}{\pi} \int_0^{2\pi} f\left(\frac{T}{2\pi} x\right) \sin(kx)\, dx.$$

Nach der Substitution durch $y = \frac{T}{2\pi} x$ gilt

$$a_k = \frac{1}{\pi} \int_0^T f(y) \cos\left(\frac{2k\pi y}{T}\right) \frac{2\pi}{T}\, dy = \frac{2}{T} \int_0^T f(y) \cos\left(\frac{2k\pi y}{T}\right) dy.$$

Die Berechnung für b_k ist identisch.

Aufgabe 4

(a) f ist gerade, also ist die Fourier-Reihe von f eine Kosinusreihe. Es gilt

$$a_0 = \frac{1}{2\pi} \int_{-\pi}^{\pi} |x|\, dx = \frac{1}{\pi} \int_{0}^{\pi} x = \frac{1}{\pi} \frac{x^2}{2} \Big|_0^{\pi}$$

$$= \frac{\pi}{2}.$$

$$a_k = \frac{1}{\pi} \int_{-\pi}^{\pi} |x| \cos(kx)\, dx = \frac{2}{\pi} \int_{0}^{\pi} x \cos(kx)\, dx \quad (|x| \text{ ist gerade})$$

$$= \frac{2}{\pi} \left\{ \frac{\sin kx}{k} x \Big|_0^{\pi} - \int_{0}^{\pi} \frac{\sin kx}{k}\, dx \right\}$$

$$= \frac{2}{\pi} \frac{\cos kx}{k^2} \Big|_0^{\pi}$$

$$= \frac{2}{\pi} \frac{(-1)^k - 1}{k^2}$$

$$= 0 \text{ für } k = 2n, \qquad -\frac{4}{\pi(2n+1)^2} \text{ für } k = 2n+1.$$

Die Fourier-Reihe von f ist dann

$$\frac{\pi}{2} - \sum_{n=0}^{+\infty} \frac{4}{\pi(2n+1)^2} \cos(2n+1)x.$$

(b) Nach Satz 7.6 gilt

$$f(0) = 0 = \frac{\pi}{2} - \sum_{n=0}^{+\infty} \frac{4}{\pi} \frac{\cos((2n+1)0)}{(2n+1)^2},$$

d. h.

$$\sum_{n=0}^{+\infty} \frac{1}{(2n+1)^2} = \frac{\pi^2}{8}.$$

Es gilt

$$S =: \sum_{k=1}^{+\infty} \frac{1}{k^2} = \sum_{n=1}^{+\infty} \frac{1}{(2n)^2} + \sum_{n=1}^{+\infty} \frac{1}{(2n+1)^2}$$

$$= \frac{1}{4} S + \sum_{n=1}^{+\infty} \frac{1}{(2n+1)^2}$$

$$= \frac{1}{4} S + \frac{\pi^2}{8}.$$

Es folgt

$$\frac{3}{4}S = \frac{\pi^2}{8} \quad \Rightarrow \quad S = \frac{\pi^2}{6}.$$

Aufgabe 5 Nach Satz 7.3 gilt

$$\int_0^{2\pi} P_n(x)^2\, dx = \int_0^{2\pi} \left(a_0 + \sum_{k=1}^{n} a_k \cos kx + b_k \sin kx \right)^2 dx$$

$$= \int_0^{2\pi} a_0^2 + \sum_{k=1}^{n} a_k^2 \cos(kx)^2 + b_k^2 (\sin kx)^2\, dx$$

$$= \pi \left\{ 2a_0^2 + \sum_{k=1}^{+\infty} a_k^2 + b_k^2 \right\}.$$

Nach Satz 7.4 und Satz 7.5 minimiert P_n das Integral $\int_0^{2\pi} (f(x) - P(x))^2\, dx$, und es gilt

$$\int_0^{2\pi} P_n(x)^2\, dx = \int_0^{2\pi} f(x)^2\, dx - \int_0^{2\pi} (f(x) - P_n(x))^2\, dx.$$

Das Ergebnis folgt dann aus Satz 7.6.

Lösungen der Übungen Kapitel 8

Aufgabe 1

(a_1) Die Lösung von

$$y' + 2y = 0$$

ist gegeben durch $y(t) = Ce^{-2t}$. Variation der Konstanten liefert für C

$$C'(t)e^{-2t} = \sin t$$

$$C'(t) = e^{2t} \sin t$$

$$\Rightarrow \quad C(t) = \int e^{2t} \sin t\, dt + k.$$

Mit partieller Integration folgt

$$\int e^{2t} \sin t \, dt = -\cos t e^{2t} - \int -\cos t 2 e^{2t} \, dt$$

$$= -\cos t e^{2t} + 2 \int \cos t e^{2t} \, dt$$

$$= -\cos t e^{2t} + 2 \left\{ \sin t e^{2t} - \int \sin t 2 e^{2t} \, dt \right\}$$

$$\Rightarrow \quad 5 \int e^{2t} \sin t \, dt = 2 \sin t e^{2t} - \cos t e^{2t}$$

$$\Leftrightarrow \quad \int e^{2t} \sin t \, dt = \frac{e^{2t}}{5} (2 \sin t - \cos t).$$

Die Lösung der Gleichung ist dann

$$y(t) = \frac{1}{5} (2 \sin t - \cos t) + C e^{-2t}.$$

(a_2) Die homogene Gleichung besitzt die Lösung

$$y = C e^{-\frac{t^2}{2}}.$$

$y = 1$ ist eine Lösung der Gleichung. Die allgemeine Lösung lautet

$$y = 1 + C e^{-\frac{t^2}{2}}.$$

(b)   Die Lösung der homogenen Gleichung ist

$$y = C e^{\frac{t^2}{2}}.$$

Da $y = t$ eine Lösung ist, gilt

$$y = t + C e^{\frac{t^2}{2}}.$$

Mit $y(0) = 1$ erhält man $C = 1$.

Aufgabe 2 Es gilt

$$y' > y^2 \quad \Leftrightarrow \quad \left(-\frac{1}{y} \right)' > 1.$$

Nach Integration zwischen 0 und t erhält man

$$-\frac{1}{y(t)} + 1 > t \quad \Leftrightarrow \quad \frac{1}{y(t)} < 1 - t \quad \Leftrightarrow \quad y(t) > \frac{1}{1-t} \to +\infty \text{ für } t \to 1.$$

Aufgabe 3 $y \equiv 0$ ist eine Lösung. Für $y \neq 0$ ist

$$y' = \sqrt{y} \quad \Leftrightarrow \quad \frac{y'}{\sqrt{y}} = 1 \quad \Leftrightarrow \quad (2\sqrt{y})' = 1 \quad \Leftrightarrow \quad 2\sqrt{y} = t + C.$$

$$\Leftrightarrow \quad y = \frac{(t+C)^2}{4}.$$

Für alle $\alpha > 0$ ist

$$\begin{cases} y(t) = 0 & \text{für } t < \alpha, \\ y(t) = \frac{1}{4}(t - \alpha)^2 & \text{für } t \geq \alpha \end{cases}$$

eine Lösung.

Aufgabe 4

$$x x' + y y' = -xy + xy = 0$$
$$\Leftrightarrow \quad (x^2 + y^2)' = 0, \quad \text{also} \quad x^2 + y^2 = \text{Konstante} = x(0)^2 + y(0)^2 = 1.$$

Die Lösung ist daher

$$(x(t), y(t)) = (\cos t, \sin t).$$

Aufgabe 5
(a) Wir setzen

$$Y(t) = \int_0^t y(s) \, ds.$$

Es gilt

$$Y'(t) - L Y(t) \leq 0, \qquad Y(0) = 0.$$

Das heißt

$$(e^{-Lt} Y)' \leq 0, \qquad Y(0) = 0.$$

Die Funktion $e^{-Lt} Y$ ist monoton fallend, nichtnegativ, gleich null für $t = 0$. Diese Funktion verschwindet identisch für $t > 0$ und $Y(t) = y(t) = 0 \; \forall \, t \geq 0$.
(b) Es seien y, z zwei Lösungen dieses Anfangswertproblems

$$y' - z' = (y - z)' = f(t, y(t)) - f(t, z(t)).$$

Nach Integration auf $0, t$ erhält man

$$y(t) - z(t) = \int\limits_0^t f(s, y(s)) - f(s, z(s)) \, ds$$

$$\Rightarrow \quad 0 \le |y(t) - z(t)| \le \int\limits_0^t |f(s, y(s)) - f(s, z(s))| \, ds$$

$$\le L \int\limits_0^t |y(s) - z(s)| \, ds.$$

Es folgt aus Teil a), dass $y - z = 0$ ist.

Aufgabe 6 Es gilt

$$x'(t_k) \simeq \frac{x(t_{k+1}) - x(t_k)}{h}, \qquad y'(t_k) \simeq \frac{y(t_{t_{k+1}}) - y(t_k)}{h}, \quad t_k = kh.$$

Aus (8.7) erhält man

$$x(t_{k+1}) \simeq x(t_k) + h(a y(t_k) - b) x(t_k),$$
$$y(t_{k+1}) \simeq y(t_k) + h(c - d x(t_k)) y(t_k),$$

und ein Algorithmus ist dann

$$\begin{cases} x_0, y_0 \text{ gegeben,} \\ x_{k+1} = x_k + h(a y_k - b) x_k, \quad k \ge 0, \\ y_{k+1} = y_k + h(c - d x_k) y_k, \quad k \ge 0. \end{cases}$$

Lösungen der Übungen Kapitel 9

Aufgabe 1

(a) Es sei f_0 die Nullfunktion (d. h. $f_0(x) = 0 \; \forall \, x$). Sei $f \in \mathbb{R}^{\mathbb{R}}$. $f + f_0$ ist die Funktion definiert durch

$$(f + f_0)(x) \overset{\text{Def}}{=} f(x) + f_0(x) = f(x) \quad \forall \, x \in \mathbb{R}.$$

So gilt $f + f_0 = f$. Ebenso zeigt man, dass $f_0 + f = f$ und f_0 daher das Neutralelement ist.

(b) Sei g definiert durch

$$g(x) = -f(x) \quad \forall\, x \in \mathbb{R}.$$

Es gilt

$$(f+g)(x) \overset{\text{Def}}{=} f(x) + g(x) = f(x) - f(x) = 0 = f_0(x) \quad \forall\, x,$$

$$(g+f)(x) \overset{\text{Def}}{=} g(x) + f(x) = -f(x) + f(x) = 0 = f_0(x) \quad \forall\, x.$$

Da $f + g = g + f = f_0$ gilt, ist g das inverse Element zu f.

(c) Es seien $f_1, f_2 \in U$. Es gilt

$$(f_1 + f_2)(0) \overset{\text{Def}}{=} f_1(0) + f_2(0) = 0 + 0 = 0,$$

$$(\lambda f_1)(0) \overset{\text{Def}}{=} \lambda f_1(0) = \lambda \cdot 0 = 0$$

und daher $f_1 + f_2, \lambda f_1 \in U$. U ist also ein Unterraum von $\mathbb{R}^{\mathbb{R}}$.

(d) Für $p, q \in P_n$ gilt $p + q, \lambda p \in P_n$. P_n ist also ein Unterraum von $\mathbb{R}^{\mathbb{R}}$.

Aufgabe 2 Es sei U ein Unterraum von V. Für $u_1, u_2 \in U$, $\lambda \in \mathbb{R}$ definieren wir

$$u_1 + u_2 = u_1 + u_2 \quad (\text{Addition in } V),$$

$$\lambda u_1 = \lambda u_1 \quad (\text{Multiplikation in } V).$$

Diese Operationen erfüllen die Eigenschaften (i)–(viii), da sie mit den Operationen auf V übereinstimmen.

Aufgabe 3 Es sei $x = (1, -1, 0) \in U$. Es gilt $2x = (2, -2, 0) \notin U$, da $x_2 = -2 \neq -4 = -x_1^2$. U ist also kein Unterraum.

Aufgabe 4 Es seien

$$s = \sum_{i=1}^{n} \alpha_i s_i, \quad \tilde{s} = \sum_{j=1}^{m} \beta_j \tilde{s}_j \in [S].$$

Dann ist $s + \tilde{s}$ eine Linearkombination von Elementen aus S, also $s + \tilde{s} \in [S]$. Ebenso ist

$$\lambda s = \sum_{i=1}^{n} (\lambda \alpha_i) s_i \in [S].$$

Das zeigt, dass $[S]$ ein Unterraum von V ist.

Aufgabe 5

(a) Es seien $x = (x_1, x_2, x_3)$, $y = (y_1, y_2, y_3) \in U$. Dann gilt

$$x_1 + x_2 + x_3 = 0, \; y_1 + y_2 + y_3 = 0 \Rightarrow (x_1 + y_1) + (x_2 + y_2) + (x_3 + y_3)$$
$$= 0 \Rightarrow x + y \in U,$$
$$x_1 + x_2 + x_3 = 0 \Rightarrow \lambda x_1 + \lambda x_2 + \lambda x_3 = 0 \Rightarrow \lambda x \in U,$$

d. h., U ist ein Unterraum von $\mathbb{R}^3$.

(b) Es gilt z. B. $(1, 1, 1) \notin U$ und daher $U \subsetneqq \mathbb{R}^3$.

(c) Es ist $U = \{ x \mid x_3 = -x_1 - x_2 \} = \{ x = (x_1, x_2, -x_1 - x_2) \} = \{ x = x_1(1, 0, -1) + x_2(0, 1, -1) \}$, d. h. $(1, 0, -1)$, $(0, 1, -1)$ erzeugen U.

(d) Es seien $v_1 = (1, 0, -1) - (0, 1, -1) = (1, -1, 0)$, $v_2 = (1, 0, -1) + (0, 1, -1) = (1, 1, -2)$. Es gilt $(1, 0, -1) = \frac{v_1 + v_2}{2}$, $(0, 1, -1) = \frac{v_2 - v_1}{2}$ und

$$U = \left\{ x = x_1 \left(\frac{v_1 + v_2}{2} \right) + x_2 \left(\frac{v_2 - v_1}{2} \right) \right\} = \left\{ x = \left(\frac{x_1 - x_2}{2} \right) v_1 + \left(\frac{x_1 + x_2}{2} \right) v_2 \right\},$$

d. h. v_1, v_2 erzeugen U.

Aufgabe 6

(a) Es seien $u, v \in U_1 \cap U_2$.

$$\left. \begin{array}{l} u, v \in U_1 \Rightarrow \alpha u + \beta v \in U_1 \quad \forall \alpha, \beta \in \mathbb{R} \\ u, v, \in U_2 \Rightarrow \alpha u + \beta v \in U_2 \quad \forall \alpha, \beta \in \mathbb{R} \end{array} \right\} \Rightarrow \alpha u + \beta v \in U_1 \cap U_2.$$

(b) In $\mathbb{R}^2$ seien $e_1 = (1, 0)$, $e_2 = (0, 1)$,

$$U_1 = [e_1], \qquad U_2 = [e_2].$$

Dann ist $e_1, e_2 \in U_1 \cup U_2$, jedoch $e_1 + e_2 = (1, 1) \notin U_1 \cup U_2$. Folglich ist $U_1 \cup U_2$ kein Unterraum von $\mathbb{R}^2$.

Aufgabe 7 Es seien $p, q \in U$. Es gilt

$$p' + 2p'' = 0, \; q' + 2q'' = 0 \Rightarrow p' + q' + 2p'' + q'' = (p + q)' + 2(p + q)'' = 0,$$

d. h. $p + q \in U$. (Die Ableitung einer Summe ist die Summe der Ableitungen.) Ebenso gilt

$$p' + 2p'' = 0 \Rightarrow \lambda(p' + 2p'') = (\lambda p)' + 2(\lambda p)'' = 0 \Rightarrow \lambda p \in U.$$

U ist folglich ein Unterraum von P_3.

Lösungen der Übungen Kapitel 10

Aufgabe 1
(a) Es gilt:

$$\alpha(1,0,0) + \beta(1,1,0) + \gamma(1,1,1) = 0$$
$$\Leftrightarrow \quad (\alpha + \beta + \gamma, \beta + \gamma, \gamma) = 0 = (0,0,0)$$
$$\Leftrightarrow \quad \gamma = 0, \beta + \gamma = 0, \alpha + \beta + \gamma = 0 \quad \Leftrightarrow \quad \alpha = \beta = \gamma = 0.$$

(b) Wegen $(2,1,0) = (1,0,0) + (1,1,0)$ sind die Vektoren abhängig.

Aufgabe 2   In $\mathbb{R}^{[0,2\pi]}$ ist das Neutralelement die Nullfunktion

$$\alpha f_1 + \beta f_2 + \gamma f_2 = \text{ das Neutralelement}$$
$$\Leftrightarrow \quad \alpha f_1 + \beta f_2 + \gamma f_2 = 0 \quad \text{auf } [0, 2\pi]$$
$$\Leftrightarrow \quad \alpha \cos x + \beta \sin x + \gamma \sin 2x = 0 \quad \forall\, x \in [0, 2\pi]$$
$$x = 0 \Rightarrow \alpha = 0 \Rightarrow \beta \sin x + \gamma \sin 2x = 0 \quad \forall\, x \in [0, 2\pi]$$
$$x = \frac{\pi}{2} \Rightarrow \beta = 0 \left(\text{wegen } \sin \frac{\pi}{2} = 1, \sin \pi = 0 \right) \Rightarrow \gamma \sin 2x = 0 \quad \forall\, x \in [0, 2\pi]$$
$$\Rightarrow \gamma = 0.$$

Also sind f_1, f_2, f_3 unabhängig.

Aufgabe 3
(a) Es gilt

$$U = \{\, x \mid x_3 = -x_2 - 3x_1 \,\} = \{\, x = (x_1, x_2, -x_2 - 3x_1) \,\}$$
$$= \{\, x_1(1, 0, -3) + x_2(0, 1, -1) \,\}.$$

$\{(1, 0, -3), (0, 1, -1)\}$ ist eine Basis von U (die Vektoren sind unabhängig und erzeugen U), d. h. $\dim U = 2$.
(b) Seien $v_1 = (1, 0, -3)$, $v_2 = (0, 1, -1)$. $\{v_1 + v_2, v_1 - v_2\} = \{(1, 1, -4), (1, -1, -2)\}$ ist eine zweite Basis.

Aufgabe 4 U ist ein Unterraum von P_3 (siehe Aufgabe 7 von Kap. 9).

$$U = \{\, a_0 + a_1 x + a_2 x^2 + a_3 x^3 \mid a_1 + 2a_2 x + 3a_3 x^2 + 2(2a_2 + 6a_3 x) = 0 \,\}$$
$$= \{\, a_0 + a_1 x + a_2 x^2 + a_3 x^3 \mid (a_1 + 4a_2) + (2a_2 + 12a_3)x + 3a_3 x^2 = 0 \,\}$$
$$= \{\, a_0 + a_1 x + a_2 x^2 + a_3 x^3 \mid a_3 = 0, 2a_2 + 12a_3 = 0, a_1 + 4a_2 = 0 \,\}$$
$$= \{\, a_0 + a_1 x + a_2 x^2 + a_3 x^3 \mid a_1 = a_2 = a_3 = 0 \,\} = \{a_0\} = \{p = a_0 1\}.$$

Es gilt $\dim U = 1$, d. h. $\{1\}$ ist eine Basis.

Aufgabe 5 Die Vektoren

$$e_i = (0, 0, \ldots, 1, 0, \ldots, 0, \ldots) \quad (1 \text{ an der } i\text{ten Stelle})$$

sind unabhängig.

Aufgabe 6 Es genügt zu zeigen, dass die Vektoren unabhängig sind. Es gilt

$$\alpha_1 v_1 + \alpha_2 v_2 + \alpha_3 v_3 + \alpha_4 v_4 = 0 = (0, 0, 0, 0)$$

$\Leftrightarrow (\alpha_1, \alpha_1, 0, 0) + (\alpha_2, 0, \alpha_2, 0) + (\alpha_3, 0, 0, \alpha_3) + (2\alpha_4, 0, 0, 0) = (0, 0, 0, 0)$
$\Leftrightarrow \alpha_1 + \alpha_2 + \alpha_3 + 2\alpha_4 = 0, \alpha_1 = 0, \alpha_2 = 0, \alpha_3 = 0$
$\Leftrightarrow \alpha_i = 0 \ \forall i.$
Also ist $\{v_1, v_2, v_3, v_3\}$ eine Basis.

Aufgabe 7 Es gilt $\dim P_n = (n + 1)$ (da $1, x, \ldots, x^n$ eine Basis ist). Es genügt zu zeigen, dass diese Vektoren unabhängig sind.

$$a_0 1 + a_1 (1 + x) + a_2 (1 + x + x^2) + \cdots + a_n (1 + x + x^2 + \cdots + x^n) = 0$$
$$\Leftrightarrow \quad (a_0 + a_1 + a_2 + \cdots + a_n) + (a_1 + a_2 + \cdots + a_n)x + (a_2 + \cdots + a_n)x^2$$
$$+ \cdots + a_n x^n = 0$$
$$\Leftrightarrow \quad a_0 + a_1 + \cdots + a_n = 0$$
$$a_1 + \cdots + a_n = 0$$
$$a_2 + \cdots + a_n = 0 \quad \Rightarrow a_n = 0 \Rightarrow a_{n-1} = 0 \Rightarrow a_i = 0 \quad \forall i$$
$$\vdots$$
$$a_{n-1} + a_n = 0$$
$$a_n = 0.$$

Die Unabhängigkeit der Vektoren folgt.

Lösungen der Übungen Kapitel 11

Aufgabe 1
(a) Es seien $x = (x_1, x_2, x_3, x_4)$, $y = (y_1, y_2, y_3, y_4)$, $\lambda \in \mathbb{R}$

$$f(x + y) = f(x_1 + y_1, x_2 + y_2, x_3 + y_3, x_4 + y_4)$$
$$= (x_1 + y_1 + x_4 + y_4, x_2 + y_2 + x_3 + y_3)$$
$$= (x_1 + x_4, x_2 + x_3) + (y_1 + y_4, y_2 + y_3) = f(x) + f(y)$$
$$f(\lambda x) = f(\lambda x_1, \lambda x_2, \lambda x_3, \lambda x_4) = (\lambda x_1 + \lambda x_4, \lambda x_2 + \lambda x_3)$$
$$= \lambda(x_1 + x_4, x_2 + x_3) = \lambda f(x).$$

Das zeigt, dass $f \in \mathcal{L}(\mathbb{R}^4, \mathbb{R}^2)$ ist.

(b) Wir haben

$$\text{Ker } f = \{\, x \mid x_1 + x_4 = 0, x_2 + x_3 = 0 \,\}$$
$$= \{ x = (x_1, x_2, -x_2 - x_1) \} = \{ x_1 (1, 0, 0, -1) + x_2 (0, 1, -1, 0) \}.$$

Es gilt $\dim \text{Ker } f = 2$. Wegen $4 = \dim \mathbb{R}^4 = \dim \text{Ker } f + \dim \text{Im } f$ gilt $\dim \text{Im } f = 2$, also ist $\text{Im } f = \mathbb{R}^2$.

Aufgabe 2
(a) Die Linearität folgt entsprechend Aufgabe 1.
(b)

$$\text{Ker } f = \{\, x \mid x_1 + x_2 = 0, x_2 + x_3 = 0, x_3 + x_1 = 0 \,\}$$
$$= \{\, x \mid x_2 = -x_1, x_3 = -x_2, x_1 = -x_3 \,\}.$$

Es folgt für $x \in \text{Ker } f$

$$x_1 = -x_3 = x_2, \quad x_1 = -x_2 \quad \Rightarrow \quad x_1 = x_2 = x_3 = 0.$$

Daher gilt $\text{Ker } f = \{0\}$ und f ist bijektiv (siehe Satz 11.13).

Aufgabe 3 $\text{Ker } f = \{\, x \mid x_1 = 0, x_1 + x_2 = 0 \,\} = \{0\}$. f ist ein Automorphismus nach Satz 11.13.

$$(x_1, x_1 + x_2) = (y_1, y_2) \quad \Leftrightarrow \quad (x_1 = y_1, x_2 = y_2 - y_1)$$
$$f^{-1}(y_1, y_2) = (y_1, y_2 - y_1).$$

Aufgabe 4 Es gilt

$$\text{Ker } f = \{\, P \mid p + p' = 0 \,\} = \{\, p \mid (p + p') e^x = 0 \,\}$$
$$= \{\, p \mid (p e^x)' = 0 \,\}$$
$$= \{\, p \mid p e^x = C \,\}$$
$$= \{0\}$$

($p = C e^{-x} \in P_n \Leftrightarrow C = 0$). Es folgt aus Satz 11.13, dass f ein Automorphismus ist.

Aufgabe 5
(a) Es sei $v \in \text{Ker } g \cap \text{Im } g$. Dann existiert w mit $v = g(w)$. Da $v \in \text{Ker } g$ ist, gilt $0 = g(v) = g(g(w)) = g^2(w) = g(w) = v$. Deshalb gilt

$$\text{Ker } f \cap \text{Im } g = \{0\}.$$

(b) Die Aussage folgt aus $\dim \text{Ker } f + \dim \text{Im } g = \dim V$.
(c) $\text{Ker } g = \{\, x \mid x_1 = x_2 = 0 \,\} = \{ x_3 (0, 0, 1) \}$,
   $\text{Im } g = \{\, x \mid x_3 = 0 \,\}$ (wegen $g^2 = g$).

Lösungen der Übungen Kapitel 12

Aufgabe 1
(a)

$$\begin{pmatrix} 1 & 2 & 3 \\ 3 & 1 & 2 \end{pmatrix} \begin{pmatrix} 1 & 3 \\ 2 & 1 \\ 3 & 2 \end{pmatrix} = \begin{pmatrix} 14 & 11 \\ 11 & 14 \end{pmatrix}.$$

(b)

$$\begin{pmatrix} i & 1 \\ 1 & i \end{pmatrix}^2 = \begin{pmatrix} i & 1 \\ 1 & i \end{pmatrix}\begin{pmatrix} i & 1 \\ 1 & i \end{pmatrix} = \begin{pmatrix} 0 & 2i \\ 2i & 0 \end{pmatrix}$$

$$\begin{pmatrix} i & 1 \\ 1 & i \end{pmatrix}^3 = \begin{pmatrix} 0 & 2i \\ 2i & 0 \end{pmatrix}\begin{pmatrix} i & 1 \\ 1 & i \end{pmatrix} = \begin{pmatrix} 2i & -2 \\ -2 & 2i \end{pmatrix}.$$

(c)

$$\begin{pmatrix} i & -i & i \\ -i & i & -i \\ i & -i & i \end{pmatrix}^2 = \begin{pmatrix} i & -i & i \\ -i & i & -i \\ i & -i & i \end{pmatrix}\begin{pmatrix} i & -i & i \\ -i & i & -i \\ i & -i & i \end{pmatrix} = \begin{pmatrix} -3 & 3 & -3 \\ 3 & -3 & 3 \\ -3 & 3 & -3 \end{pmatrix}.$$

(d)

$$\begin{pmatrix} \cos\theta & \sin\theta \\ -\sin\theta & \cos\theta \end{pmatrix}^2 = \begin{pmatrix} \cos\theta & \sin\theta \\ -\sin\theta & \cos\theta \end{pmatrix}\begin{pmatrix} \cos\theta & \sin\theta \\ -\sin\theta & \cos\theta \end{pmatrix}$$

$$= \begin{pmatrix} \cos^2\theta - \sin^2\theta & 2\sin\theta\cos\theta \\ -2\sin\theta\cos\theta & \cos^2\theta - \sin^2\theta \end{pmatrix} = \begin{pmatrix} \cos 2\theta & \sin 2\theta \\ -\sin 2\theta & \cos 2\theta \end{pmatrix}.$$

Induktionsannahme:

$$\begin{pmatrix} \cos\theta & \sin\theta \\ -\sin\theta & \cos\theta \end{pmatrix}^{n-1} = \begin{pmatrix} \cos(n-1)\theta & \sin(n-1)\theta \\ -\sin(n-1)\theta & \cos(n-1)\theta \end{pmatrix}.$$

Dann gilt

$$\begin{pmatrix} \cos\theta & \sin\theta \\ -\sin\theta & \cos\theta \end{pmatrix}^{n} = \begin{pmatrix} \cos(n-1)\theta & \sin(n-1)\theta \\ -\sin(n-1)\theta & \cos(n-1)\theta \end{pmatrix}\begin{pmatrix} \cos\theta & \sin\theta \\ -\sin\theta & \cos\theta \end{pmatrix} =$$

$$\begin{pmatrix} \cos(n-1)\theta\cos\theta - \sin(n-1)\theta\sin\theta & \cos(n-1)\theta\sin\theta + \sin(n-1)\theta\cos\theta \\ -\cos(n-1)\theta\sin\theta - \sin(n-1)\theta\cos\theta & \cos(n-1)\theta\cos\theta - \sin(n-1)\theta\sin\theta \end{pmatrix}$$

$$= \begin{pmatrix} \cos n\theta & \sin n\theta \\ -\sin n\theta & \cos n\theta \end{pmatrix}.$$

(e) Es sei f die lineare Abbildung von $\mathbb{R}^n$ nach $\mathbb{R}^n$ mit

$$M(f) = \begin{pmatrix} 0 & 1 & \cdots & \cdots & 1 \\ 0 & 0 & 1 & \cdots & 1 \\ \vdots & & & 0 & 1 \\ 0 & \cdots & \cdots & \cdots & 0 \end{pmatrix}$$

in der kanonischen Basis. Es gilt

$$f(e_1) = 0,\, f(e_2) = e_1,\, f(e_3) = e_1 + e_2, \ldots,\, f(e_n) = e_1 + \cdots + e_{n-1}.$$

Durch Induktion zeigen wir, dass

$$f^i(e_i) = 0$$

gilt.

• Dies ist klar für $i = 1$.
• Nehmen wir an, dass $f^{i-1}(e_{i-1}) = 0$ gilt. Wir folgern

$$f(e_i) = e_1 + \cdots + e_{i-1}$$
$$\Rightarrow \quad f^i(e_i) = f^{i-1}(e_1) + \cdots + f^{i-1}(e_{i-1}) = 0$$

$$\text{(aufgrund der Induktionsannahme)}.$$

Es folgt, dass $f^n \equiv 0$ gilt, also $M^n = 0$.

Aufgabe 2 Es seien $e_1 = (1, 0, 0)$, $e_2 = (0, 1, 0)$, $e_3 = (0, 0, 1)$ die kanonische Basis von $\mathbb{R}^3$. Es gilt

$$f(e_1) = (1, 0, 0) = e_1, \quad f(e_2) = (0, 1, 1) = e_2 + e_3, \quad f(e_3) = (1, 0, 1) = e_1 + e_3$$

und

$$M(f) = \begin{pmatrix} 1 & 0 & 1 \\ 0 & 1 & 0 \\ 0 & 1 & 1 \end{pmatrix},$$

$$M(f^2) = M(f)^2 = \begin{pmatrix} 1 & 0 & 1 \\ 0 & 1 & 0 \\ 0 & 1 & 1 \end{pmatrix} \begin{pmatrix} 1 & 0 & 1 \\ 0 & 1 & 0 \\ 0 & 1 & 1 \end{pmatrix} = \begin{pmatrix} 1 & 1 & 2 \\ 0 & 1 & 0 \\ 0 & 2 & 1 \end{pmatrix}.$$

Aufgabe 3

(a) Rang $\left(\begin{smallmatrix} 1 & 1 \\ 0 & 0 \end{smallmatrix}\right) = 1$ (zwei identische Spalten).

(b) Wir bringen die Matrix in Zeilenstufenform. Wir subtrahieren die erste Zeile von der letzten

$$\begin{pmatrix} 1 & 0 & 1 \\ 0 & 1 & 1 \\ 1 & 0 & 0 \end{pmatrix} \rightarrow \begin{pmatrix} 1 & 0 & 1 \\ 0 & 1 & 1 \\ 0 & 0 & -1 \end{pmatrix} \quad \text{Rang} = 3.$$

(c) Wir bringen die Matrix in Zeilenstufenform.

$$\begin{pmatrix} 2 & 1 & 1 & 3 \\ 1 & 2 & 3 & 1 \\ 2 & 1 & 1 & 4 \\ 1 & 2 & 3 & 1 \end{pmatrix} \rightarrow \begin{pmatrix} 1 & 2 & 3 & 1 \\ 2 & 1 & 1 & 3 \\ 2 & 1 & 1 & 4 \\ 1 & 2 & 3 & 2 \end{pmatrix} \quad \text{(Vertauschung der zwei ersten Zeilen)}$$

$$\rightarrow \begin{pmatrix} 1 & 2 & 3 & 1 \\ 0 & -3 & -5 & 1 \\ 0 & -3 & -5 & 2 \\ 0 & 0 & 0 & 1 \end{pmatrix} \quad \begin{array}{l} \text{(wir addieren das } (-1)\text{- bzw. } (-2)\text{-Fache} \\ \text{der ersten Zeile zur anderen)} \end{array}$$

$$\rightarrow \begin{pmatrix} 1 & 2 & 3 & 1 \\ 0 & -3 & -5 & 1 \\ 0 & 0 & 0 & 1 \\ 0 & 0 & 0 & 1 \end{pmatrix}, \quad \text{d.\,h., der Rang ist 3.}$$

Aufgabe 4

(a) Beim Vertauschen von zwei Zeilen werden zwei Vektoren der kanonischen Basis von $\mathbb{R}^m$ vertauscht. Die Koordinaten sind dieselben, und der Rang ändert sich nicht, wenn man eine Zeile i_0 mit $\alpha \neq 0$ multipliziert. Die Vektoren, die wir erhalten, haben die Koordinaten der früheren Spalten in der Basis $e_1 \ldots \alpha e_{i_0} \ldots e_m$ von $\mathbb{R}^m$. Der Rang ändert sich nicht. Wenn wir das α-Fache der i_1-ten Zeile zur i_0-ten Zeile addieren, ändern sich die Spaltenvektoren wie folgt:

$$\begin{pmatrix} a_{ij} \\ \vdots \\ \vdots \\ a_{mj} \end{pmatrix} \rightarrow \begin{pmatrix} a_{ij} \\ a_{i_0 j} + \alpha a_{i_1 j} \\ \vdots \\ a_{mj} \end{pmatrix}.$$

$a^{j_1} - a^{j_k}$ sind linear unabhängig, wenn

$$\begin{pmatrix} a_{1 j_1} \\ a_{i_0 j_1} + \alpha a_{i_1 j_1} \\ a_{m j_1} \end{pmatrix} \cdots \begin{pmatrix} a_{1 j_k} \\ a_{i_0 j_k} + \alpha a_{i_1 j_k} \\ a_{m j_k} \end{pmatrix}$$

linear unabhängig sind. Um das zu sehen, bemerken wir, dass

$$\sum_{\ell=1}^{k} \alpha_\ell a^{j_\ell} = 0 \Rightarrow \sum_{\ell=1}^{k} \alpha_\ell a_{i_1 j_\ell} = 0$$

$$\Rightarrow \sum_{\ell=1}^{k} \alpha_\ell \begin{pmatrix} a_{1 j_\ell} \\ a_{i_0 j_\ell} + \alpha a_{i_1 j_\ell} \\ a_{m j_\ell} \end{pmatrix} = 0. \tag{$*$}$$

Umgekehrt impliziert die Gleichung $(*)$, dass

$$\sum_{\ell=1}^{k} \alpha_\ell a_{i_1 j_\ell} = 0$$

und $\sum_{\ell=1}^{k} \alpha_\ell a^{j_\ell} = 0$ gelten.

(b) Der Zeilenraum ändert sich nicht nach elementaren Zeilenoperationen. Sei A' die Zeilenstufenform von A, d. h.

$$A' = \begin{pmatrix} 0 & \dots & 0 & 1 & \dots & \dots & \dots & \dots & \dots & \dots \\ \vdots & & & & \dots & 1 & \dots & \dots & \dots & \dots \\ \vdots & & & & \dots & \dots & \dots & \dots & \dots & 1 \\ \vdots & & & & \dots & \dots & \dots & \dots & \dots & 0 & 0 \\ 0 & \dots & \dots & \dots & \dots & \dots & \dots & \dots & 0 & 0 \end{pmatrix} \quad \updownarrow \; r\text{-Zeilen} \quad .$$

Die r oberen Zeilen sind linear unabhängig. Die r Spalten mit 1 am Boden sind eine Basis des Spaltenraums, und der Satz gilt.

Aufgabe 5

(a) Man bringt A in Zeilenstufenform

$$\begin{pmatrix} 1 & 0 & -1 \\ 0 & 1 & 0 \\ 1 & 0 & 1 \end{pmatrix} \rightarrow \begin{pmatrix} 1 & 0 & -1 \\ 0 & 1 & 0 \\ 0 & 0 & -2 \end{pmatrix}.$$

Es ist jetzt klar, dass Rang $A = 3$ ist.

(b)

$$A \begin{pmatrix} x_1 \\ x_2 \\ x_3 \end{pmatrix} = \begin{pmatrix} y_1 \\ y_2 \\ y_3 \end{pmatrix} \Leftrightarrow \begin{cases} x_1 - x_3 = y_1 \\ \qquad x_2 = y_2 \\ x_1 + x_3 = y_3 \end{cases} \Leftrightarrow \begin{cases} x_1 = \dfrac{y_1 + y_3}{2} \\ x_2 = y_2 \\ x_3 = \dfrac{y_3 - y_1}{2} \end{cases}$$

$$\Leftrightarrow \begin{pmatrix} x_1 \\ x_2 \\ x_3 \end{pmatrix} = \begin{pmatrix} \frac{1}{2} & 0 & \frac{1}{2} \\ 0 & 1 & 0 \\ -\frac{1}{2} & 0 & \frac{1}{2} \end{pmatrix} \begin{pmatrix} y_1 \\ y_2 \\ y_3 \end{pmatrix} \Rightarrow A^{-1} = \begin{pmatrix} \frac{1}{2} & 0 & \frac{1}{2} \\ 0 & 1 & 0 \\ -\frac{1}{2} & 0 & \frac{1}{2} \end{pmatrix}.$$

Lösungen der Übungen Kapitel 13

Aufgabe 1
(a)

$$\begin{vmatrix} 1 & 0 & 1 \\ 1 & 1 & 1 \\ 1 & -1 & 0 \end{vmatrix} = \begin{vmatrix} 1 & 0 & 1 \\ 2 & 0 & 1 \\ 1 & -1 & 0 \end{vmatrix} \quad \text{(wir addieren die letzte Zeile zur zweiten)}$$

$$= \begin{vmatrix} 1 & 1 \\ 2 & 1 \end{vmatrix} \quad \text{(Entwicklung nach zweiter Spalte)}$$

$$= -1.$$

(b)

$$\begin{vmatrix} 1 & 0 & 1 & 0 \\ -1 & 0 & 0 & 0 \\ 1 & 0 & -1 & 1 \\ 0 & 1 & 1 & 1 \end{vmatrix} = \begin{vmatrix} 0 & 1 & 0 \\ 0 & -1 & 1 \\ 1 & 1 & 1 \end{vmatrix} \quad \text{(Entwicklung nach zweiter Zeile)}$$

$$= \begin{vmatrix} 1 & 0 \\ -1 & 1 \end{vmatrix} = 1 \quad \text{(Entwicklung nach erster Spalte).}$$

Aufgabe 2 Man berechnet

$$\begin{vmatrix} 1 & 2 & 3 \\ 1 & 3 & 2 \\ 3 & 1 & 2 \end{vmatrix} \quad \text{(Subtraktion des } \tfrac{1}{3}\text{-Fachen der ersten Zeile von der } \tfrac{2.}{3.} \text{ Zeile)}$$

$$= \begin{vmatrix} 1 & 2 & 3 \\ 0 & 1 & -1 \\ 0 & -5 & -7 \end{vmatrix} = \begin{vmatrix} 1 & -1 \\ -5 & -7 \end{vmatrix} = -7 - 5 = -12 \neq 0.$$

Die Vektoren sind also unabhängig.

Aufgabe 3 Entwicklung nach der ersten Zeile liefert

$$
\Delta_n =
\begin{vmatrix}
0 & 1 & 0 & 0 & 0 & \ldots & 0 \\
1 & 0 & 1 & 0 & 0 & \ldots & 0 \\
0 & 1 & 0 & 1 & 0 & \ldots & 0 \\
 & & & & & & \\
0 & 0 & \ldots & \ldots & \ldots & 1 & 0
\end{vmatrix}
= (-1)
\begin{vmatrix}
1 & 1 & 0 & \ldots & \ldots & \ldots & 0 \\
0 & 0 & 1 & 0 & \ldots & \ldots & 0 \\
0 & 1 & 0 & 0 & \ldots & \ldots & 0 \\
0 & 0 & 1 & 0 & 1 & \ldots & 0 \\
 & & & & & & \\
0 & \ldots & \ldots & \ldots & \ldots & 1 & 0
\end{vmatrix}
$$

$$= (-1)\Delta_{n-2} \quad \text{(Entwicklung nach erster Spalte)}.$$

Es gilt

$$
\Delta_2 =
\begin{vmatrix}
0 & 1 \\
1 & 0
\end{vmatrix}
= -1, \qquad
\Delta_3 =
\begin{vmatrix}
0 & 1 & 0 \\
1 & 0 & 1 \\
0 & 1 & 0
\end{vmatrix}
= 0 \quad \text{(zwei Vektoren gleich)}.
$$

Dann gilt nach Induktion

$$\Delta_{2k} = (-1)^k, \qquad \Delta_{2k+1} = 0.$$

Aufgabe 4

(a) Wir subtrahieren das 2-Fache der ersten Zeile von der zweiten Zeile und erhalten

$$
\begin{vmatrix}
1 & 2 & 0 \\
2 & 1 & 1 \\
0 & 1 & 2
\end{vmatrix}
=
\begin{vmatrix}
1 & 2 & 0 \\
0 & -3 & 1 \\
0 & 1 & 2
\end{vmatrix}
=
\begin{vmatrix}
-3 & 1 \\
1 & 2
\end{vmatrix}
= -7.
$$

(b) $((-1)^{i+j} M_{ij}) = \begin{pmatrix} 1 & -4 & 2 \\ -4 & 2 & -1 \\ 2 & -1 & -3 \end{pmatrix}.$

(c) Es folgt $A^{-1} = -\dfrac{1}{7}\begin{pmatrix} 1 & -4 & 2 \\ -4 & 2 & -1 \\ 2 & -1 & -3 \end{pmatrix}.$

Aufgabe 5 Wir subtrahieren die erste Spalte von der $\frac{2}{3}$. Spalte:

$$\begin{vmatrix} 1 & 1 & 1 \\ x_1 & x_2 & x_3 \\ x_1^2 & x_2^2 & x_3^2 \end{vmatrix} = \begin{vmatrix} 1 & 0 & 0 \\ x_1 & x_2 - x_1 & x_3 - x_1 \\ x_1^2 & x_2^2 - x_1^2 & x_3^2 - x_1^2 \end{vmatrix}$$

$$= \begin{vmatrix} (x_2 - x_1) & (x_3 - x_1) \\ (x_2 - x_1)(x_2 + x_1) & (x_3 - x_1)(x_3 + x_1) \end{vmatrix}$$

$$= (x_2 - x_1)(x_3 - x_1) \begin{vmatrix} 1 & 1 \\ x_2 + x_1 & x_3 + x_1 \end{vmatrix}$$

$$= (x_2 - x_1)(x_3 - x_1)(x_3 - x_2).$$

Aufgabe 6 Es seien

$$v = (x_1, x_2), \qquad w = (y_1, y_2).$$

Wir nehmen an, dass $y_2 = 0$ gilt. Dann ist

$$\text{Fläche}(0, v, w) = \frac{1}{2}|x_2 y_1| = \frac{1}{2}|\det(v, w)|.$$

Lösungen der Übungen Kapitel 14

Aufgabe 1

(a) Wir subtrahieren das 2-Fache der zweiten Gleichung von der ersten und erhalten

$$\begin{cases} 2x_1 + x_2 = 1 \\ x_1 - 3x_2 = 2 \end{cases} \Leftrightarrow \begin{cases} 2x_1 + x_2 = 1 \\ 7x_2 = -3 \end{cases} \Leftrightarrow \begin{aligned} 2x_1 &= 1 + \frac{3}{7} = \frac{10}{7} \\ x_2 &= -\frac{3}{7} \end{aligned}$$

$$\Leftrightarrow \quad x_1 = \frac{5}{7}, \quad x_2 = -\frac{3}{7}.$$

Mit der Cramer'schen Formel ergibt sich

$$x_1 = \begin{vmatrix} 1 & 1 \\ 2 & -3 \end{vmatrix} \Big/ \begin{vmatrix} 2 & 1 \\ 1 & -3 \end{vmatrix} = -5/-7 = \frac{5}{7},$$

$$x_2 = \begin{vmatrix} 2 & 1 \\ 1 & 2 \end{vmatrix} \Big/ \begin{vmatrix} 2 & 1 \\ 1 & -3 \end{vmatrix} = 3/-7 = -\frac{3}{7}.$$

(b) Wir subtrahieren das $\frac{3}{2}$-Fache der zweiten Gleichung von der $\frac{1}{3}$. Gleichung und erhalten

$$\begin{cases} 3x_1 + 2x_2 + x_3 = 0 \\ x_1 - 2x_2 + x_3 = 1 \\ 2x_1 - x_2 - x_3 = 2 \end{cases} \Leftrightarrow \begin{cases} x_1 - 2x_2 + x_3 = 1 \\ 8x_2 - 2x_3 = -3 \\ 3x_2 - 3x_3 = 0 \end{cases}$$

$$\Leftrightarrow \begin{cases} x_1 - 2x_2 + x_3 = 1 \\ 6x_2 = -3 \\ x_3 = x_2 \end{cases}$$

$$\Leftrightarrow \quad x_2 = x_3 = -\frac{1}{2} \qquad x_1 = \frac{1}{2}.$$

Mit der Cramer'schen Formel ergibt sich

$$x_1 = \begin{vmatrix} 0 & 2 & 1 \\ 1 & -2 & 1 \\ 2 & -1 & -1 \end{vmatrix} \bigg/ \begin{vmatrix} 3 & 2 & 1 \\ 1 & -2 & 1 \\ 2 & -1 & -1 \end{vmatrix}.$$

Wir addieren die letzte Zeile zu der anderen. Es folgt

$$x_1 = \begin{vmatrix} 2 & 1 & 0 \\ 3 & -3 & 0 \\ 2 & -1 & -1 \end{vmatrix} \bigg/ \begin{vmatrix} 5 & 1 & 0 \\ 3 & -3 & 0 \\ 2 & -1 & -1 \end{vmatrix} = -\begin{vmatrix} 2 & 1 \\ 3 & -3 \end{vmatrix} \bigg/ -\begin{vmatrix} 5 & 1 \\ 3 & -3 \end{vmatrix}$$

$$= 9/18 = \frac{1}{2}.$$

(c) Wir addieren die zweite Zeile zur ersten und erhalten

$$\begin{cases} x_1 + x_2 + x_3 + x_4 = 1, \\ x_1 - x_2 - x_3 - x_4 = -1, \\ x_1 - 2x_2 = 1, \\ x_1 - x_2 + x_4 = 0, \end{cases} \Leftrightarrow \begin{cases} x_1 = 0, \\ x_1 - x_2 - x_3 - x_4 = -1, \\ x_1 - 2x_2 = 1, \\ x_1 - x_2 + x_4 = 0, \end{cases}$$

$$\Leftrightarrow \begin{cases} x_1 = 0, \\ x_3 = 2, \\ x_2 = -\frac{1}{2}, \\ x_4 = -\frac{1}{2}. \end{cases}$$

Mit der Cramer'schen Formel erhalten wir für x_3

$$x_3 = \begin{vmatrix} 1 & 1 & 1 & 1 \\ 1 & -1 & -1 & -1 \\ 1 & -2 & 1 & 0 \\ 1 & -1 & 0 & 1 \end{vmatrix} \Bigg/ \begin{vmatrix} 1 & 1 & 1 & 1 \\ 1 & -1 & -1 & -1 \\ 1 & -2 & 0 & 0 \\ 1 & -1 & 0 & 1 \end{vmatrix}.$$

Wir subtrahieren die erste Zeile von den übrigen. Dies ergibt

$$x_3 = \begin{vmatrix} 1 & 1 & 1 & 1 \\ 0 & -2 & -2 & -2 \\ 0 & -3 & 0 & -1 \\ 0 & -2 & -1 & 0 \end{vmatrix} \Bigg/ \begin{vmatrix} 1 & 1 & 1 & 1 \\ 0 & -2 & -2 & -2 \\ 0 & -3 & -1 & -1 \\ 0 & -2 & -1 & 0 \end{vmatrix}$$

$$= \begin{vmatrix} -2 & -2 & -2 \\ -3 & 0 & -1 \\ -2 & -1 & 0 \end{vmatrix} \Bigg/ \begin{vmatrix} -2 & -2 & -2 \\ -3 & -1 & -1 \\ -2 & -1 & 0 \end{vmatrix}$$

$$= \begin{vmatrix} 4 & -2 & 0 \\ -3 & 0 & -1 \\ -2 & -1 & 0 \end{vmatrix} \Bigg/ \begin{vmatrix} 4 & 0 & 0 \\ -3 & 0 & -1 \\ -2 & -1 & 0 \end{vmatrix}$$

$$= \begin{vmatrix} 4 & -2 \\ -2 & -1 \end{vmatrix} \Bigg/ \begin{vmatrix} 4 & 0 \\ -2 & -1 \end{vmatrix} = -8/-4 = 2.$$

Aufgabe 2

(a)

$$\begin{cases} x_1 - x_2 - x_3 = 1, \\ x_1 + x_2 + x_3 = 0, \end{cases} \Leftrightarrow \begin{cases} x_1 - x_2 - x_3 = 1, \\ 2x_1 = 1, \end{cases} \Leftrightarrow \begin{cases} x_2 + x_3 = -\frac{1}{2}, \\ x_1 = \frac{1}{2}. \end{cases}$$

Es gibt unendlich viele Lösungen.

(b)

$$\begin{cases} x_1 + x_2 = 1, \\ x_1 - x_2 = 0, \\ 3x_1 + x_2 = 1, \end{cases} \Leftrightarrow \begin{cases} 2x_1 = 1, \\ x_1 = x_2, \\ 4x_1 = 1. \end{cases}$$

Das System hat also keine Lösung.

Aufgabe 3 Die Determinante des Systems ist

$$\begin{vmatrix} a & 1 & 1 \\ 1 & a & 1 \\ 1 & 1 & a \end{vmatrix} = a \begin{vmatrix} a & 1 \\ 1 & a \end{vmatrix} - \begin{vmatrix} 1 & 1 \\ 1 & a \end{vmatrix} + \begin{vmatrix} 1 & 1 \\ a & 1 \end{vmatrix}$$

$$= a(a^2 - 1) - (a - 1) + (1 - a)$$
$$= (a - 1)\{a(a + 1) - 2\}$$
$$= (a - 1)\{a^2 + a - 2\} = (a - 1)(a - 1)(a + 2)$$
$$= (a - 1)^2(a + 2).$$

Für $a \notin \{1, -2\}$ besitzt das System eine einzige Lösung, die durch

$$x_1 = \begin{vmatrix} 1 & 1 & 1 \\ 0 & a & 1 \\ a & 1 & a \end{vmatrix} \Big/ (a - 1)^2(a + 2)$$

$$= \begin{vmatrix} 1 & 1 & 0 \\ 0 & a & 1 \\ a & 1 & 0 \end{vmatrix} \Big/ (a - 1)^2(a + 2) = (a - 1)/(a - 1)^2(a + 2)$$

$$= \frac{1}{(a - 1)(a + 2)},$$

$$x_2 = \begin{vmatrix} a & 1 & 1 \\ 1 & 0 & 1 \\ 1 & a & a \end{vmatrix} \Big/ (a - 1)^2(a + 2) = \begin{vmatrix} a & 1 & 0 \\ 1 & 0 & 1 \\ 1 & a & 0 \end{vmatrix} \Big/ (a - 1)^2(a + 2)$$

$$= (1 - a^2)/(a - 1)^2(a + 2)$$
$$= \frac{1 + a}{(1 - a)(a + 2)},$$

$$x_3 = \begin{vmatrix} a & 1 & 1 \\ 1 & a & 0 \\ 1 & 1 & a \end{vmatrix} \Big/ (a - 1)^2(a + 2) = \begin{vmatrix} 1 & a \\ 1 & 1 \end{vmatrix} + a \begin{vmatrix} a & 1 \\ 1 & a \end{vmatrix} \Big/ (a - 1)^2(a + 2)$$

$$= (1 - a) + a(a^2 - 1)/(a - 1)^2(a + 2)$$
$$= (a - 1)(a^2 + a - 1)/(a - 1)^2(a + 2)$$
$$= (a^2 + a - 1)/(a - 1)(a + 2)$$

gegeben ist. Für $a = 1$ ist das System äquivalent zu

$$\begin{cases} x_1 + x_2 + x_3 = 1, \\ x_1 + x_2 + x_3 = 0. \end{cases}$$

Es gibt keine Lösung. Für $a = -2$ ist das System äquivalent zu

$$\begin{cases} -2x_1 + x_2 + x_3 = 1, \\ x_1 + -2x_2 + x_3 = 0, \\ x_1 + x_2 + -2x_3 = -2. \end{cases}$$

Nach der Addition der Gleichungen folgt $-1 = 0$, also hat das System keine Lösung.

Lösungen der Übungen Kapitel 15

Aufgabe 1
(i)

$$(\alpha p_1 + \beta p_2, q) = \int\limits_0^1 (\alpha p_1 + \beta p_2) q \, dx$$

$$= \int\limits_0^1 (\alpha p_1 q + \beta p_2 q) \, dx$$

$$= \alpha \int\limits_0^1 p_1 q \, dx + \beta \int\limits_0^1 p_2 q \, dx = \alpha(p_1, q) + \beta(p_2 q),$$

da das Integral linear ist.

(ii) Da $pq = qp$ ist, gilt $(p, q) = (q, p)$.

(iii) $(p, p) = \int_0^1 p^2(x) \, dx \geq 0$.

Falls $p \not\equiv 0$ ist, gibt es – da p stetig ist – ein Intervall $(x_0 - \varepsilon, x_0 + \varepsilon)$ mit

$$p^2(x) \geq \delta > 0$$

für $x \in (x_0 - \varepsilon, x_0 + \varepsilon)$. Dann ist $\int_0^1 p^2(x) \, dx \geq \int_{x_0 - \varepsilon}^{x_0 + \varepsilon} p^2(x) \, dx \geq 2\delta\varepsilon > 0$.

Aufgabe 2
(i) $d(x, y) = 0 \Leftrightarrow x = y$.

(ii) Es ist klar, dass $d(x, y) = d(y, x)$ gilt.

(iii) Es seien $x, y, z \in M$. Falls $x = y$ ist, gilt

$$0 = d(x, y) \leq d(x, z) + d(z, y).$$

Im Fall $x \neq y$ gilt $z \neq x$ oder $z \neq y$, d.h. $d(x, z) = 1$ oder $d(z, y) = 1$. Dann folgt

$$1 = d(x, y) \leq d(x, z) + d(z, y).$$

Aufgabe 3

(i)

$$\|x\|_1 = \sum_{i=1}^{n} |x_i| = 0 \quad \Leftrightarrow \quad x_i = 0 \quad \forall i \quad \Leftrightarrow \quad x = 0.$$

$$\|x\|_\infty = \underset{i}{\mathrm{Max}} \, |x_i| = 0 \quad \Leftrightarrow \quad x_i = 0 \quad \forall i \quad \Leftrightarrow \quad x = 0.$$

(ii)

$$\|\lambda x\|_1 = \sum_{i=1}^{n} |\lambda x_i| = \sum_{i=1}^{n} |\lambda||x_i| = |\lambda| \sum_{i=1}^{n} |x_i| = |\lambda| \|x\|_1 \quad \forall x.$$

$$\|\lambda x\|_\infty = \underset{i}{\mathrm{Max}} \, |\lambda x_i| = \underset{i}{\mathrm{Max}} \, |\lambda||x_i| = |\lambda| \underset{i}{\mathrm{Max}} \, |x_i| = |\lambda| \|x\|_\infty \quad \forall x.$$

(iii) Es seien $x = (x_1, x_2, \ldots, x_n)$, $y = (y_1, y_2, \ldots, y_n) \in \mathbb{R}^n$. Dann ist

$$\|x + y\|_1 = \|(x_1 + y_1, \ldots, x_n + y_n)\|_1 = \sum_{i=1}^{n} |x_i + y_i|.$$

Da $|x_i + y_i| \leq |x_i| + |y_i|$ gilt, folgt

$$\|x + y\|_1 \leq \sum_{i=1}^{n} |x_i| + |y_i| = \sum_{i=1}^{n} |x_i| + \sum_{i=1}^{n} |y_i| = \|x\|_1 + \|y\|_1,$$

$$\|x + y\|_\infty = \underset{i}{\mathrm{Max}} \, |x_i + y_i| \leq \underset{i}{\mathrm{Max}} \{|x_i| + |y_i|\} \leq \underset{i}{\mathrm{Max}} \, |x_i| + \underset{i}{\mathrm{Max}} \, |y_i|$$

$$= \|x\|_\infty + \|y\|_\infty.$$

Sei i_0 so gewählt, dass

$$|x_{i_0}| = \underset{i}{\mathrm{Max}} \, |x_i| = \|x\|_\infty$$

gilt. Dann folgt

$$|x_{i_0}| \leq \sum_{i=1}^{n} |x_i| \leq \sum_{i=1}^{n} |x_{i_0}| = n|x_{i_0}|$$

$$\Leftrightarrow \qquad \|x\|_\infty \leq \|x\|_1 \leq n\|x\|_\infty \quad \forall x \in \mathbb{R}^n.$$

Aufgabe 4 Wir setzen

$$v_1 = \begin{pmatrix} \frac{1}{\sqrt{2}} \\ -\frac{1}{\sqrt{2}} \\ 0 \end{pmatrix}, \qquad v_2 = \begin{pmatrix} \frac{1}{\sqrt{2}} \\ \frac{1}{\sqrt{2}} \\ 0 \end{pmatrix}, \qquad v_3 = \begin{pmatrix} 0 \\ 0 \\ 1 \end{pmatrix}.$$

$$\|v_1\|^2 = \left(\frac{1}{\sqrt{2}}\right)^2 + \left(-\frac{1}{\sqrt{2}}\right)^2 = \frac{1}{2} + \frac{1}{2} = 1, \qquad \|v_2\| = 1, \qquad \|v_3\| = 1.$$

$$(v_1, v_2) = \frac{1}{\sqrt{2}} \cdot \frac{1}{\sqrt{2}} - \frac{1}{\sqrt{2}} \cdot \frac{1}{\sqrt{2}} = 0, \qquad (v_1, v_3) = (v_2, v_3) = 0.$$

Aufgabe 5

(a) Es sei $w_2 = \alpha w_1 + v_2$. Es folgt

$$(w_1, w_2) = (w_1, \alpha w_1 + v_2) = \alpha \|w_1\|^2 + (w_1, v_2) = \alpha + (w_1, v_2).$$

Wir setzen $\alpha = -(w_1, v_2)$, dann gilt $(w_1, w_2) = 0$. Da v_1, v_2 linear unabhängig sind, ist $w_2 \neq 0$ und $\{w_1, w_2/\|w_2\|\}$ ist eine Basis von $[v_1, v_2]$.

(b) Beweis durch Induktion: Es seien bereits p orthonormale Vektoren $v_1, \ldots, v_p$ konstruiert, wobei $p < \dim V$ gelte. Wir konstruieren v_{p+1} so, dass $v_1, \ldots, v_{p+1}$ orthonormale Vektoren sind. Nach (a) war die Konstruktion möglich für $p = 1$. Falls $p < \dim V$ ist, existiert ein w mit $w \notin [v_1, \ldots, v_p]$. Wir setzen

$$v'_{p+1} = -(w, v_1)v_1 - (w, v_2)v_2 \cdots - (w, v_p)v_p + w.$$

Es gilt

$$(v'_{p+1}, v_i) = -(w, v_i)\|v_i\|^2 + (w, v_i) = 0 \quad \forall\, i.$$

Es ist $v'_{p+1} \neq 0$, sonst wären $v_1, \ldots, v_p, w$ linear abhängig. Wir setzen

$$v_{p+1} = v'_{p+1}/\|v'_{p+1}\|.$$

Nach n Schritten dieses Verfahrens haben wir eine orthonormale Basis von V.

Aufgabe 6

(a) ist äquivalent zu

$$\left(\frac{a}{\|a\|}, \frac{b}{\|b\|}\right) = \cos\theta,$$

d. h. man kann $\|a\| = \|b\| = 1$ annehmen.
Pb ist orthogonal zu a (siehe Abb. A.21). Dann gilt

$$(a, b) = (a, 0P + Pb) = (a, 0P) = (a, a\cos\theta) = \cos\theta\|a\|^2 = \cos\theta.$$

Abb. A.21 Figur

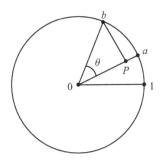

(b) Es seien $a = (a_1, a_2, a_3)$, $b = (b_1, b_2, b_3)$. Es gilt

$$\|a \times b\|^2 = \|(a_2b_3 - a_3b_2, a_3b_1 - a_1b_3, a_1b_2 - a_2b_1)\|^2$$
$$= (a_2b_3 - a_3b_2)^2 + (a_3b_1 - a_1b_3)^2 + (a_1b_2 - a_2b_1)^2.$$

Man kann immer die Koordinatenachsen wählen, sodass $a_3 = b_3 = 0$ gilt. Dann folgt

$$\|a \times b\|^2 = (a_1b_2 - a_2b_1)^2 = (a, b^\perp)^2 \quad \text{mit} \quad b^\perp = \begin{pmatrix} b_2 \\ -b_1 \end{pmatrix},$$
$$= \left(\|a\| \|b\| \cos\left(\theta + \frac{\pi}{2} \right) \right)^2$$
$$= \|a\|^2 \|b\|^2 \sin\theta^2.$$

Aufgabe 7 Formal – siehe Satz 15.5 – gilt

$$\begin{pmatrix} 1 \\ 1 \\ 0 \end{pmatrix} \times \begin{pmatrix} 0 \\ 1 \\ 1 \end{pmatrix} = \begin{vmatrix} 1 & 0 & e_1 \\ 1 & 1 & e_2 \\ 0 & 1 & e_3 \end{vmatrix} = e_1 - e_2 + e_3 = \begin{pmatrix} 1 \\ -1 \\ 1 \end{pmatrix}.$$

Aufgabe 8 $(b \times c)$ ist orthogonal zu b und c. $a \times (b \times c)$ ist orthogonal zu $b \times c$ und liegt daher in der durch b, c aufgespannten Ebene, d. h. $\exists \alpha, \beta$ mit

$$a \times (b \times c) = \alpha b + \beta c.$$

Da $a \times (b \times c)$ orthogonal zu a ist, gilt

$$\alpha(b, a) + \beta(c, a) = 0,$$

d. h. $(\alpha, \beta) = \gamma((c, a), -(b, a))$ und

$$a \times (b \times c) = \gamma\{(c, a)b - (b, a)c\}.$$

$a = e_1, b = e_1, c = e_2$ liefert

$$-e_2 = \gamma(-e_2) \quad \Rightarrow \quad \gamma = 1$$

(siehe Aufgabe 9).

Aufgabe 9 Mit Matrizen $F = M(f)$, $G = M(g)$ gilt

$$F x = \lambda(x) G x$$

$$\Leftrightarrow \quad \sum_{j=1}^{n} f_{ij} x_j = \lambda(x) \sum_{j=1}^{n} g_{ij} x_j \quad \forall i = 1, \ldots, m \quad F = (f_{ij}), \quad G = (g_{ij}).$$

Falls das Ergebnis für $m = 1$ wahr ist, ist die Rechnung abgeschlossen. Es seien $a, b \in \mathbb{R}^n$ Vektoren mit $a \neq 0$ und

$$\sum_{j=1}^{n} a_j x_j = \lambda(x) \sum_{j=1}^{n} b_j x_j \quad \forall x. \tag{$*$}$$

Da $a \neq 0$ gilt, ist auch $b \neq 0$. Es seien

$$\text{Ker } g = \left\{ x \,\middle|\, \sum_{j=1}^{n} b_j x_j = 0 \right\}, \quad \text{Ker } f = \left\{ x \,\middle|\, \sum_{j=1}^{n} a_j x_j = 0 \right\}.$$

Es gilt nach $(*)$

$$\text{Ker } g \subset \text{Ker } f$$

und

$$\dim \text{Ker } g = \dim \text{Ker } f = n - 1$$

(beide sind Hyperebenen). Es folgt

$$\text{Ker } g = \text{Ker } f$$

und $a = \lambda b$, d. h. $f = \lambda g$.

Lösungen der Übungen Kapitel 16

Aufgabe 1

(a) *Eigenwerte*

$$\begin{vmatrix} 1-\lambda & -1 \\ -1 & 1-\lambda \end{vmatrix} = (1-\lambda)^2 - 1 = \lambda(\lambda - 2).$$

Die Eigenwerte sind $\lambda = 0, 2$.

Eigenvektor

$$\lambda = 0 \quad v_1 = (x_1, x_2) \text{ erfüllt } x_1 - x_2 = 0 \quad \Rightarrow \quad v_1 = \begin{pmatrix} 1 \\ 1 \end{pmatrix} \text{ ist Eigenvektor.}$$

$$\lambda = 2 \quad v_2 = (x_1, x_2) \text{ erfüllt } x_1 + x_2 = 0 \quad \Rightarrow \quad v_2 = \begin{pmatrix} 1 \\ -1 \end{pmatrix} \text{ ist Eigenvektor.}$$

Es sei $P = \begin{pmatrix} 1 & 1 \\ 1 & -1 \end{pmatrix}$, $P^{-1} = \frac{1}{2}\begin{pmatrix} 1 & 1 \\ 1 & -1 \end{pmatrix}$. Dann ist

$$\begin{pmatrix} 0 & 0 \\ 0 & 2 \end{pmatrix} = P^{-1} A P.$$

(b) *Eigenwerte*

$$\begin{vmatrix} -1-\lambda & -2 & 2 \\ -2 & -1-\lambda & 2 \\ -2 & -2 & 3-\lambda \end{vmatrix}$$

$$= \begin{vmatrix} -1-\lambda & -2 & 2 \\ -2 & -1-\lambda & 2 \\ 0 & \lambda-1 & 1-\lambda \end{vmatrix} \quad \text{(2. Zeile von der 3. Zeile subtrahieren)}$$

$$= (1-\lambda)\begin{vmatrix} -1-\lambda & -2 & 2 \\ -2 & -1-\lambda & 2 \\ 0 & -1 & 1 \end{vmatrix} \quad \text{(3. Spalte zur 2. Spalte addieren)}$$

$$= (1-\lambda)\begin{vmatrix} -1-\lambda & 0 & 2 \\ -2 & 1-\lambda & 2 \\ 0 & 0 & 1 \end{vmatrix} \quad = -(1-\lambda)^2(1+\lambda).$$

Die Eigenwerte sind ± 1.

Eigenvektoren zu $\lambda = 1$:

$$-2x_1 - 2x_2 + 2x_3 = 0 \quad \Leftrightarrow \quad x_3 = x_1 + x_2$$

ist zu lösen, wobei

$$v_1 = \begin{pmatrix} 1 \\ 0 \\ 1 \end{pmatrix}, \qquad v_2 = \begin{pmatrix} 0 \\ 1 \\ 1 \end{pmatrix}$$

zwei unabhängige Eigenvektoren sind.

$\lambda = -1$:

$$\begin{cases} -2x_2 + 2x_3 = 0 \\ -2x_1 + 2x_3 = 0 \end{cases} \quad \Leftrightarrow \quad \begin{cases} x_3 = x_2 \\ x_3 = x_1 \end{cases} \quad \Leftrightarrow \quad v_3 = \begin{pmatrix} 1 \\ 1 \\ 1 \end{pmatrix}$$

ist zu lösen.

Die Matrix P des Basiswechsels ist

$$P = \begin{pmatrix} 1 & 0 & 1 \\ 0 & 1 & 1 \\ 1 & 1 & 1 \end{pmatrix}.$$

Um P^{-1} zu berechnen, lösen wir in x_i

$$\begin{cases} x_1 + x_3 = y_1, \\ x_2 + x_3 = y_2, \\ x_1 + x_2 + x_3 = y_3, \end{cases} \quad \Leftrightarrow \quad \begin{cases} x_3 = y_1 - y_3 + y_2, \\ x_2 = y_3 - y_1, \\ x_1 = y_3 - y_2, \end{cases}$$

und es gilt

$$P^{-1} = \begin{pmatrix} 0 & -1 & 1 \\ -1 & 0 & 1 \\ 1 & 1 & -1 \end{pmatrix}.$$

Es folgt

$$\begin{pmatrix} 1 & 0 & 0 \\ 0 & 1 & 0 \\ 0 & 0 & -1 \end{pmatrix} = P^{-1}BP.$$

Aufgabe 2

(a) Nach einer Addition folgt

$$\begin{cases} y_1' = y_1 - y_2, \\ y_2' = -y_1 + y_2, \end{cases} \quad \Leftrightarrow \quad \begin{cases} y_1' = y_1 - y_2, \\ y_1' + y_2' = 0, \end{cases} \quad \Leftrightarrow \quad \begin{cases} y_1' = y_1 - y_2, \\ y_2 = -y_1 + C, \end{cases}$$

wobei C eine Kostante ist. Das System ist dann äquivalent zu

$$\begin{cases} y_1' = 2y_1 - C, \\ y_2 = -y_1 + C. \end{cases}$$

Die erste Gleichung ist äquivalent zu

$$(y_1' - 2y_1)e^{-2t} = -Ce^{-2t}$$

$$\Leftrightarrow \quad (y_1 e^{-2t})' = -Ce^{-2t}$$

$$\Leftrightarrow \quad y_1 e^{-2t} = \frac{C}{2}e^{-2t} + C' \quad \text{(wobei } C' \text{ eine Konstante ist)}$$

$$\Leftrightarrow \quad y_1 = C'e^{2t} + \frac{C}{2} \quad \text{und} \quad y_2 = -C'e^{2t} + \frac{C}{2}.$$

(b) Mit $Y(t) = \begin{pmatrix} y_1 \\ y_2 \\ y_3 \end{pmatrix}$ ist das System

$$Y' = BY.$$

Nach Aufgabe 1 gilt

$$B = P \begin{pmatrix} 1 & 0 & 0 \\ 0 & 1 & 0 \\ 0 & 0 & -1 \end{pmatrix} P^{-1},$$

d. h. $Z = P^{-1}Y$ löst

$$Z' = \begin{pmatrix} 1 & 0 & 0 \\ 0 & 1 & 0 \\ 0 & 0 & -1 \end{pmatrix} Z. \qquad (*)$$

Es sei $z = \begin{pmatrix} z_1 \\ z_2 \\ z_3 \end{pmatrix}$. $(*)$ ist äquivalent zu

$$z_1' = z_1, \qquad z_2' = z_1, \qquad z_3' = -z_3$$

$$\Leftrightarrow \quad z_1 = a_1 e^t, \qquad z_2 = a_2 e^t, \qquad z_3 = a_3 e^{-t},$$

wobei a_1, a_2, a_3 Konstanten sind. Es folgt

$$Y = PZ = \begin{pmatrix} 1 & 0 & 1 \\ 0 & 1 & 1 \\ 1 & 1 & 1 \end{pmatrix} \begin{pmatrix} a_1 e^t \\ a_2 e^t \\ a_3 e^{-t} \end{pmatrix}$$

$$\Leftrightarrow \quad y_1 = a_1 e^t + a_3 e^{-t}, \qquad y_2 = a_2 e^t + a_3 e^{-t}, \qquad y_3 = a_1 e^t + a_2 e^t + a_3 e^{-t}.$$

Lösung der Übung Anhang A

1. $F(\text{Dreieck } OBP) = \frac{1}{2}|OP||BP| = \frac{1}{2}\cos x \sin x = \frac{1}{2}\sin\frac{\pi}{n}\cos\frac{\pi}{n}$,

   $F(\text{Dreieck } OBQ) = \frac{1}{2}|BQ| = \frac{1}{2}\tan x = \frac{1}{2}\tan\frac{\pi}{n}$.

   Es folgt

   $$\sin\frac{\pi}{n}\cos\frac{\pi}{n} \leq F(\text{Sektor } 0AB) \leq \tan\frac{\pi}{n}.$$

2. C_1 ist mit n Sektoren des Typen OAB bedeckt. Dann gilt

   $$n\sin\frac{\pi}{n}\cos\frac{\pi}{n} \leq F(C_1) \leq n\tan\frac{\pi}{n}.$$

3. Die Ungleichung oben ist äquivalent zu

   $$\pi\frac{n}{\pi}\sin\frac{\pi}{n}\cos\frac{\pi}{n} \leq F(C_1) \leq \pi\frac{n}{\pi}\frac{\sin\frac{\pi}{n}}{\cos\frac{\pi}{n}}$$

   $$\Leftrightarrow \quad \pi\frac{\sin\frac{\pi}{n}}{\frac{\pi}{n}}\cos\frac{\pi}{n} \leq F(C_1) \leq \pi\frac{\sin\frac{\pi}{n}}{\frac{\pi}{n}}\cos\frac{\pi}{n}.$$

Es gilt $\lim_{x\to 0}\frac{\sin x}{x} = 1 = \lim_{n\to+\infty}\frac{\sin\frac{\pi}{n}}{\frac{\pi}{n}}$, $\lim_{n\to+\infty}\cos\frac{\pi}{n} = \cos 0 = 1$. Daher folgt

$$\pi \leq F(C_1) \leq \pi \quad \Rightarrow \quad F(C_1) = \pi.$$

Sachverzeichnis

Printed in the United States
By Bookmasters